XINBIAN GAOZHI GAOZHUAN GUIHUA JIAOCAI

新编高职高专规划教材

C#2005程序设计案例教程

C# 2005 CHENGXU SHEJI ANLI JIAOCHENG

主　编：李正吉　朱连庆

副主编：王树忠　徐少波　刘明伟

参　编：张　玉　张　磊　张言上

马桂婷　孙　杰　田　峰

崔　璀　王茹香

中国科学技术大学出版社

内 容 简 介

本书围绕 C♯ 程序设计,用案例的方式,阐述了 . NET 2. 0 平台 Visual Studio . NET 2005 集成环境中用 C♯ 语言进行程序开发的基础知识。首先介绍了大案例项目的设计和开发工具的使用、面向对象程序设计的基础、C♯ 语言基础;接着讲解了基本的 Windows 窗体程序设计和文件操作程序设计,并在此基础上,系统地讨论了数据库应用程序的设计、网络应用程序设计和多媒体应用程序设计。

本书以大案例贯穿各章节,每章都有实用的小案例和实训环节,还有本章要点、本章小结和习题。

本书可作为高职高专院校计算机应用专业或其他相关专业的教材,也可作为软件技术人员的培训教程或自学参考书。

图书在版编目(CIP)数据

C♯ 2005 程序设计案例教程/李正吉,朱连庆主编. —合肥:中国科学技术大学出版社,2006.8(2010.1 重印)

ISBN 978-7-312-01967-8

Ⅰ. C… Ⅱ.①李… ②朱… Ⅲ. C 语言—程序设计—教材 Ⅳ. TP312

中国版本图书馆 CIP 数据核字(2006)第 071493 号

出版	中国科学技术大学出版社
	安徽省合肥市金寨路 96 号,230026
	网址:http://press. ustc. edu. cn
印刷	合肥现代印务有限公司
发行	中国科学技术大学出版社
经销	全国新华书店
开本	787 mm×1092 mm 1/16
印张	20.75
字数	498 千
版次	2006 年 8 月第 1 版
印次	2010 年 1 月第 2 次印刷
定价	32.00 元

前　　言

短短几年时间,Microsoft . NET 框架已经成为 Windows 操作系统软件开发的主流平台。与其他语言相比,C♯仍然是一种新的编程语言,它博采众家之长,为. NET 平台量身定做,具有简单、类型安全和面向对象等特征,在语法结构上和 C、C++类似。

尽管. NET 平台是语言无关的,但对于. NET 平台的初学者来说,C♯必然是首选的编程语言。若有 C 的基础,C♯将十分容易上手;即使对于学过 C++的人来说,转到 C♯所带来的麻烦,可能并不比转到. NET 平台托管的 C++所遇到的困难更大。

编程语言早已经不是孤立的,我们早已经习惯语言背后有一个强大的支持库。Microsoft . NET 框架就是目前最先进的一个类库。在很大程度上,与其说学习 C♯编程语言,不如说学习使用 C♯语言去调用. NET 类库。

Visual Studio . NET 是第一个基于. NET 平台的可视化开发环境。它的风格与 Microsoft Office 十分接近,和 Delphi 等开发环境同样易学易用,甚至更胜一筹。多种代码重构、智能的代码助手、可视化的设计器、支持大纲视图的代码编辑器、强劲的调试器等使程序员的工作快速而高效。解决方案管理器、良好的程序发布升级功能等则使程序员可以开发出完整生命周期的企业级应用程序。

目前的有关的书籍非常多,好书也很多,但适合作教材的并不多。有的重应用不重基础,概念不清;有的洋洋百万言,巨细无遗。我们很多学生的实际情况是:有 C 语言基础,但不了解现代编程理念;会编写程序,但仅限于一些计算机考试的层次,对如何编写实用的程序几乎毫无所知。我们希望能够编写一本适合此类读者的书。

本书作者长期从事 C、C++、Delphi 和 C♯的教学实践,同时又是一个开发团队,有丰富的软件开发经验。本书试图以培养读者的实用软件开发能力为目标,兼顾基础概念、基本知识框架。本书采用先叙述概念、介绍知识,再结合案例的传统思路,但在处理上注意更好地将知识的高度与案例的深度密切结合,对案例进行精选,对知识进行删减,降低构建完整知识体系的要求,降低了将基本知识一直深入到应用的难度。本书尽量注意了语言简明,叙述准确。

本书正文包含 8 章的内容:第 1 章是案例规划和开发环境介绍;第 2 章介绍面向对象程序设计基础知识;第 3 章讲解 C♯语言的语法知识;第 4 章介绍基本的 Windows 窗体程序设计;第 5 章介绍常见的文件操作程序设计;第 6 章结合 SQL Server 的数据库应用程序设计,从开发者的角度,详细介绍了多种场合下的数据库编程方案;第 7 章介绍基于套接字编程的网络应用程序设计;第 8 章介绍多媒体编程技术,包括图形的绘制、填充和图像处理。前 3 章是基础内容,第 4、5 章是基本内容,第 6—8 章是比较实用的重点内容,其中第 6 章是本书篇幅最多的一章。

本书建议总学时数为 90 学时,第 8 章可以选学。大案例可以安排课程设计。

　　本书以大案例贯穿各章节,每章都有实用的小案例和实训环节,还有本章要点、本章小结和习题。考虑到读者可能对考试系统项目背景比较熟悉,大案例是一个 C♯上机考试系统,学完本书,读者可以用自己编写的考试系统进行上机考试。本书中大、小案例是完整程序,普通例子限于篇幅未必完整。

　　本书主要是面向高职学生的,可作为高职院校计算机应用专业或其他相关专业的教材,也可作为软件技术人员的培训教程或自学参考书。

　　本书共分 8 章,由李正吉、朱连庆任主编,王树忠、徐少波、刘明伟任副主编。朱连庆编写了第 1 章,徐少波编写了第 2、3 章,刘明伟编写了第 4、5 章,张言上编写了第 6 章,王树忠编写了第 7 章,张玉、张磊、马桂婷、孙杰、田峰、崔瑾、王茹香合作编写了第 8 章。非常感谢赵华增教授给予的大力支持和帮助。

　　尽管作者非常认真地编写了本书,但由于行业知识更新很快,尤其是时间短,水平有限,错误和不足之处在所难免,敬请读者批评指正。

　　本书支持网站:www. taoli. name;www. taoli. info。相关资料也可在中国科学技术大学出版社网站上免费下载,网址为:press. ustc. edu. cn/software. asp。

编　者

目　　录

第 1 章 绪 论

我们使用过许多考试系统,它们是怎样实现的? 尤其是如何自动评分? 本书将带领大家完成一个考试系统,同时以该系统为线索,逐步掌握 MicroSoft .NET 平台的 Visual Studio. NET 软件开发工具。

一个软件项目的开发过程,可以粗略地划分为分析、设计、实施、部署、维护等几个阶段,本书介绍的大案例将按照这一过程来展开。但本书主要篇幅都是为程序员而不是软件工程师准备的,关于本书未详细讨论的内容,读者可以查阅本书参考文献。

对软件项目来说,先有分析、设计,然后才选择合适的程序设计工具,因此,本章将从大案例的分析、设计开始,引出 Visual Studio .NET 软件开发工具。

1.1 "C♯上机考试系统"大案例

1.1.1 系统需求分析

1. 领域分析
领域分析(Domain analysis)是软件工程师了解项目背景信息的过程,然后才能描述问题并提出解决方案。

(1)引言

本案例的领域为"C♯程序设计上机考试"。为了考查考生实际操作能力,要开发一个新系统,提供考生上机进行 C♯程序设计考试的功能,要用程序实现考试的各个环节,可以推广到其他程序设计语言的上机考试。此领域不同于全部用客观试题进行无纸考试的领域。

(2)术语表

◇ 题库:考试前建立的、包含足够数量试题的集合,包含每题的标准答案。

◇ 组卷:或称抽题,是从题库中随机抽取试题,产生固定总分值的一份试卷的过程。
组卷一般有约束条件,如卷面总分、知识点分布、题型分布等。在考查考生程序设计能力的考试系统中,往往只有一个题目,所以也就没有约束条件。

◇ 考试管理:包括考生登录、登出、重新登录、重新抽题、强制结束考试,以及考试时限管理、评分标准管理等。

◇ 登录：考生提供身份信息，向考试管理机申请试题。

◇ 登出：考生考试完毕，自动评分并将考分登记到一个数据表。

◇ 重新登录：指考生开始做题后，退出考试系统而又重新进入。退出系统期间不停止考试计时。

◇ 重新抽题：经监考老师允许，考生开始做题后，重新申请试题。

◇ 强制结束考试：监考老师通过考试管理机命令指定考生的考试系统进行评分。

◇ 考试时限管理：考试计时并提示，在考试时间用完时，自动执行交卷。

◇ 评分标准管理：通过考试管理机设置考生答案和标准答案的匹配度阈值。

◇ 创建考试环境：包括创建考生文件夹、创建试题需要的已知条件等。例如，对于以下题目：用 C♯ 编写一个名为 Exam 的 Windows 应用程序，包含一个"打开"菜单项，单击此菜单，可以将考生文件夹下的 in.dat 文件中的内容读入一个文本框中。需要在抽题后立即创建考生文件夹，并在考生文件夹下生成 in.dat 文件，供考生编程使用。

◇ 防止作弊：防止考生修改考试用时、直接修改评分结果数据表等操作。

◇ 异常处理：死机、网络故障等异常情况处理。

（3）基本知识

"C♯程序设计上机考试"的一般流程是：任课教师事先在题库服务器上建立题库，添加试题，包括标准答案、评分标准和考试环境要求；监考教师安装考试管理机程序和考生用考试客户端程序；监考老师运行考试管理机程序并做必要设置；考生运行考试客户端程序并登录；程序自动抽题，创建考试环境，提示考生注意事项及考试时间；考生在 Visual Studio .NET 环境下做题；若考生交卷或考试时间终了，立即自动评分，并记录到数据库；若发生死机或网络故障，则转入异常处理。

（4）用户

在这个领域中，任课教师和学生是主体。该系统应该能减轻任课教师的工作量，任课教师在建立标准题库后，可以用标准题库去考查学生的编程操作能力，另外对各届学生只需补充题库，不需要在阅卷和登记成绩上做太多工作。学生使用该系统，应该感到清晰明了、使用方便、评分客观。

（5）环境

当前教学和考试环境的硬件主流是运行 Windows 操作系统的 PC 机组成的 10M/100M 以太网，本系统应该在此基础上开发。

2. 需求分析

需求是关于系统将要完成什么工作的一段描述语句，它们必须经过所有相关人员（包括用户、开发人员及其管理者）的认可，其目的是彻底解决客户的问题。

（1）问题

考试管理和自动评分。

（2）背景信息

参见领域分析，并考虑以下问题：

问题 1：如何进行题库管理？

选项 1.1:编写专门的子系统。

优点:使用方便,减少错误。

选项 1.2:直接使用数据库服务器提供的管理工具。

优点:项目规模小。

缺点:大二进制对象编辑困难。

解决:选择选项 1.1。

问题 2:组卷需要约束条件吗?

解决:不需要,使用单题试卷。

问题 3:评分采用百分制吗?

解决:采用五分制。

问题 4:考生信息包含哪些?

选项 4.1:准考证号和身份证号。

优点:具有通用性。

选项 4.2:班级和学号。

优点:适合课程考试。

解决:选择选项 4.2。

问题 5:记录考生重新抽题和重新登录过程吗?

解决:不记录。

问题 6:记录延时时间吗?

解决:记录。

问题 7:如何提示考试时间?

解决:始终有秒表数字提示,考试时间终了前五分钟出现对话框提示。

问题 8:如何评分?

解决:从三个方面评分:①源程序中是否包含若干关键字符串;②题目输出文件是否正确;③是否通过编译产生了可执行文件。其中,判别时设置一个匹配阈值,若考生源程序中关键字符串与标准答案中的关键字符串匹配程度高于此阈值,则①判为成立,判别②时也可以采用此方法。三个方面全部为成立,得 5 分;仅②或③不成立,得 4 分;仅①成立,得 3 分;②和③均成立,而①不成立,得 2 分;仅②或③成立,得 1 分;①②③均不成立,得 0 分。考虑到程序设计试题的灵活性,①中关键字符串的选择,由建立题库的任课教师把握,一般应在试题中进行规定性说明。

(3)环境和系统模型

系统环境为运行 Windows 操作系统及其配套软件的 PC 机组成的 10M/100M 以太网。

(4)功能性需求

对于任课教师:

• 可以自动建立标准的空白题库。

• 可以进行文件级的题库转移,以便于在办公用机上维护完题库后,通过网络或移动存储器将题库文件转移到考试题库服务器上。

• 能够进行查找、添加、删除、修改题库操作,对各试题信息可以进行编辑。

对于监考教师:

- 可以开始和停止通信。
- 控制是否响应登录请求。
- 监视考试状态。
- 监视通信状态。
- 对选中考生做允许重新抽题、延时、强制评分等操作。

对于考生：

- 可以随时查看和隐藏试题要求和提示信息。
- 可以在考试时间终了前获得保存提示。
- 可以提前交卷。
- 可以重新登录，考试过程继续进行。
- 不能够通过修改考试机时间等手段进行考试时间方面的作弊。
- 不能够通过手工修改输出文件等手段进行作弊。

（5）非功能性需求

- 系统在考试机或网络故障时应该是健壮的，并在导致系统不可用的故障出现时，提供手工评分的入口。
- 应使用现代程序设计语言，以提供较高的安全性和可维护性。
- 应使用成熟的数据库管理系统。
- 系统的运行效率是相对次要的因素。

1.1.2　系统体系结构设计

在进行了系统需求分析后，就应该进行系统体系结构的设计了。软件体系结构是设计软件系统整体组织结构的过程，包括将软件分解为子系统，确定子系统之间如何交互以及它们的接口。此时不会涉及任何程序语言或软件开发工具。

软件开发可以和建筑房屋做类比。设计体系结构在建筑房屋时是最核心的工作，建筑物的体系结构可以用一系列计划描述，它们反映了该建筑物的各个方面，例如从电气、排水系统、建筑结构等角度进行描述。建筑设计师负责整个项目，他有责任确保建筑物可靠、经济，并使客户满意。软件体系结构与之相似，虽然表述出来只是一些文档视图，但在软件开发中却是核心的部分，对以后的设计过程有很大的影响。

好的体系结构应该划分子系统，并描述子系统之间共享的数据，以使参与开发的每个人更好地理解系统，并允许开发人员分别开发系统中的独立部分。这样的结构化模型，更利于系统的扩展和重用。

软件体系结构通常用一些 UML 图表示，关于 UML 的知识，请参阅相关书籍。

根据前面的需求分析，尤其是功能性需求部分，我们考虑将本系统分为三个子系统：考试子系统，考试管理子系统，题库管理子系统，如图 1-1 所示。

考试子系统针对考生用户，在考试管理子系统的支持下完成考生所需的功能性需求。为了减少各个子系统之间的耦合，同时便于监考教师实现考试控制，考试子系统通过考试管理子系统而不是直接访问数据库。题库管理子系统由任课教师用来完成题库的建立和维护功能。

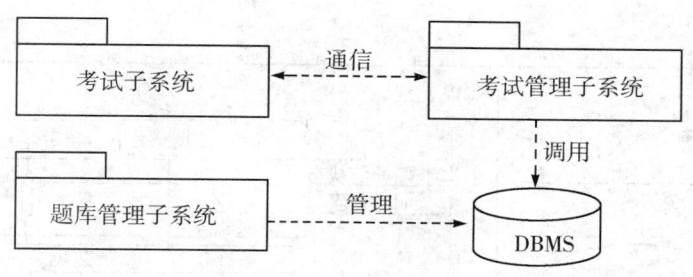

图 1-1 "C♯上机考试系统"体系结构

1. 考试子系统的结构

考试子系统的结构如图 1-2 所示。考试子系统可以进行的操作主要有登录、看题、登出等,由考生执行这些操作,其中登录时必须提供班级和学号信息,登出时除了班级学号外还要提供评分结果信息,考生考试过程中可以看题目、看提示。考试子系统的实现元素,除了包括界面和考试逻辑部分之外,因为还要与考试管理子系统通信,所以应该和考试管理子系统封装相同的数据表示部分,同时还要有和考试管理子系统握手的通信部分,注意考试子系统和考试管理子系统是多对一的端到端通信。

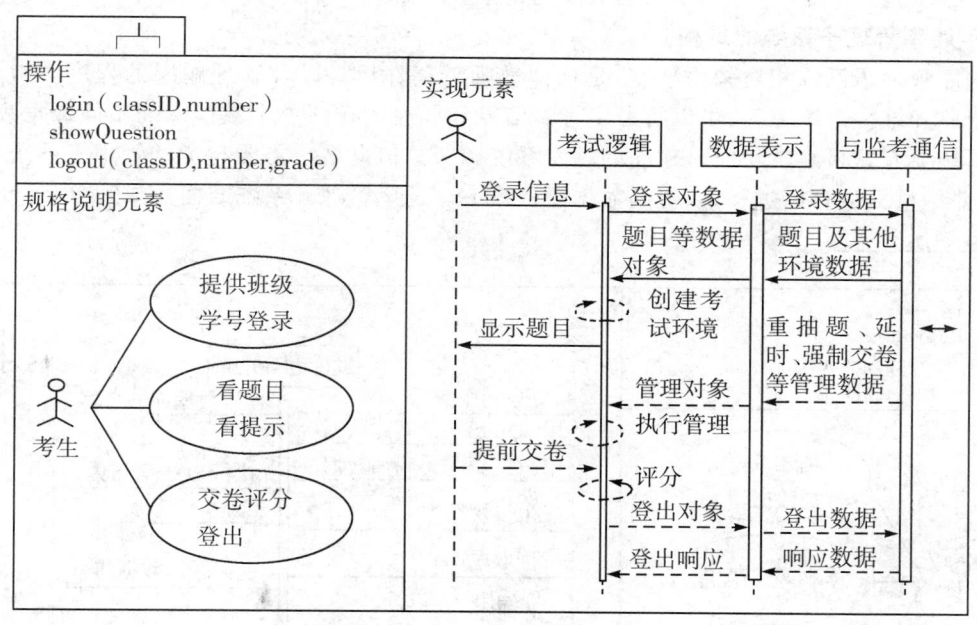

图 1-2 考试子系统图

2. 考试管理子系统的结构

考试管理子系统结构如图 1-3 所示。监考教师在考试管理子系统提供的环境中可以控制考试过程。考试过程还需要访问数据库,所以,该子系统除了界面,还有监考逻辑、数据表示、与考生通信等实现元素,其中监考逻辑是系统的核心模块,是联系界面、管理数据库访问和考生通信的中心部分,当然,与考生通信,要经过考试子系统相同的数据表示部分,以完成考试管理对象到通信数据的互相转换。

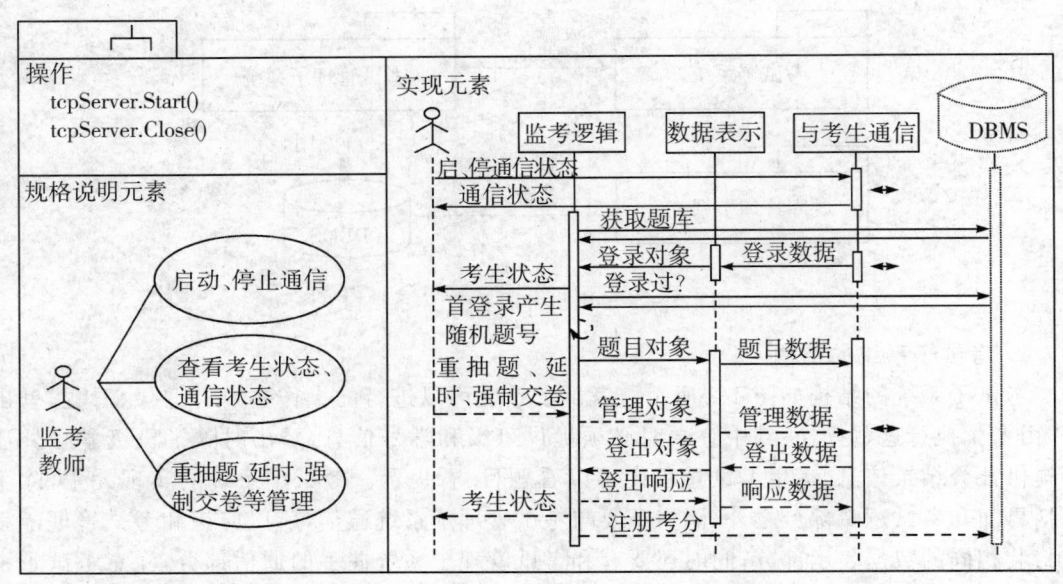

图 1-3　考试管理子系统图

3. 题库管理子系统的结构

题库管理子系统相对较为独立,是任课教师新建、附加,以及管理题库的程序。为了简化数据库和维持系统完整,可以将考生考试信息和题库放在同一个数据库的不同数据表中。该子系统要有题目编辑功能。建立的题库系统和考试信息系统需要与考试管理子系统接口一致,并尽量提供存储过程,以提高数据操作效率。题库管理子系统结构如图 1-4 所示。

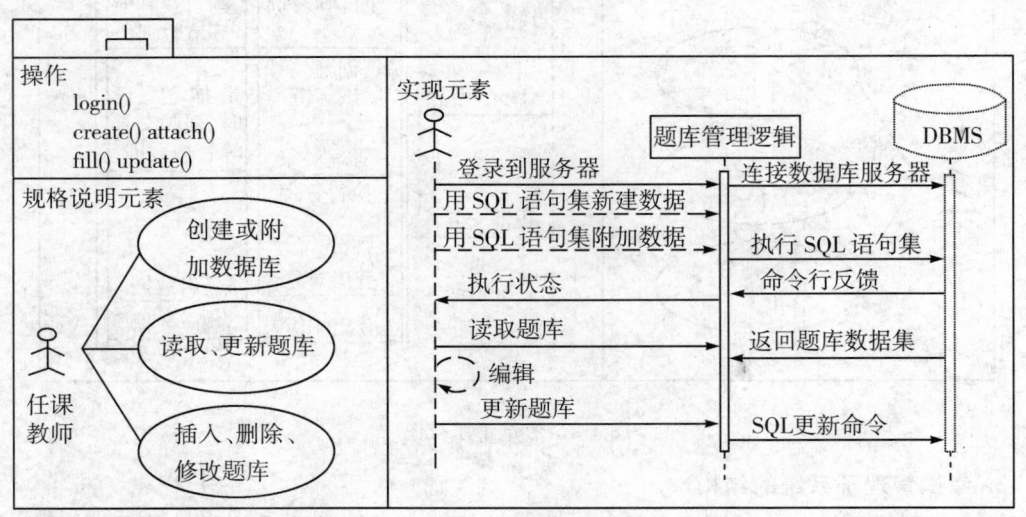

图 1-4　题库管理子系统图

考虑到可分工开发、可重用性和可扩展性,考试子系统和考试管理子系统设计为多层体系结构,在这个分层的体系结构中,每一层只与低层通信,并向高层提供接口,这些接口定义了该层提供的服务。这样的结构在开发中可以方便地分工,包括设计、编码和调试;当系统功能发生变更时,通常是不太稳定的界面或数据库部分,多数情况下,只需改变相应层的内部功能;由于层间采用有限的接口,层内采用通用化设计,所以不同的层可以为不同的系统提供相同的服务,例如数据表示部分就是经过通用化设计,可以应用于本系统的考试子系统、考试管理子系统,也可以应用于其他系统。

　　本系统的部署图如图 1-5 所示。一般情况下,考试机运行考试子系统,监考机运行考试管理子系统,题库管理子系统可以在数据库服务器计算机上运行。图 1-5 中的 ExamOn-Line.exe 是考试子系统的执行程序,MsgSerialize.dll 是数据表示的类库文件,Exam-Manage.exe 是考试管理子系统的执行程序,QuestionDBM.exe 是题库管理子系统的执行程序,DBMS 是通用数据库管理系统软件。

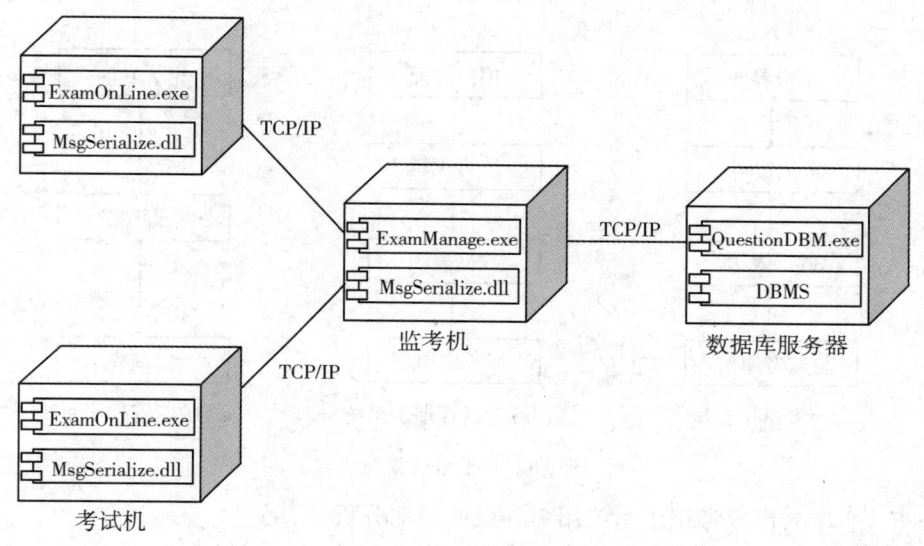

图 1-5　系统部署图

1.1.3　模块设计

　　在完成了系统体系结构的设计之后,接着进行每一个模块的设计。模块设计通常针对体系结构中的每一个子系统。对系统的每个子系统而言,内部是由若干模块构成的,模块的设计工作将涉及到模块的组织结构和模块间的相互关系。

1. 考试子系统的模块设计

　　根据考试子系统的结构设计,该子系统可以设计为用户界面、考试逻辑、数据表示、与监考通信四个层次化的模块,如图 1-6(a)所示。

　　(1)用户界面模块

　　用户界面在当今的软件系统中,占据了越来越重要的地位。早期的用户界面非常简单,许多书籍甚至略去了用户界面设计,只研究数据库和算法,今天,用户界面成了最可能让用户感觉到软件质量高低的部分,因而常常成了系统设计中最复杂的部分。另外,由于用户界面设计是从用户的任务出发,这和整个系统的目标是一致的,所以,用户界面设计通常会成为系统设计的直接基础。

用户界面的设计应该满足可用性和实用性,也可以说易学易用和功能恰当。

实际上,在考试子系统图的左侧,我们已经画出了考试子系统的用例图(use case diagram)。用例是参与者为了完成指定的任务而执行的典型动作序列;用例图是用来显示一系列用例和参与者之间关系的 UML 符号;用例分析是从用户试图达到他们的目标时如何与本系统进行交互的视点而进行的分析,用例分析通常用来为用户界面设计建模。

需要说明的是,系统开发的过程中,分析、设计、实施等各个步骤,经常会是嵌套的,可能已经开始编码了,但又发现了设计的不合理之处,于是又返回重新做针对性分析,进而又设计、实施,但作为不是专门讲解系统设计的教科书,本书涉及的设计图,则是系统部署完毕后的设计图。

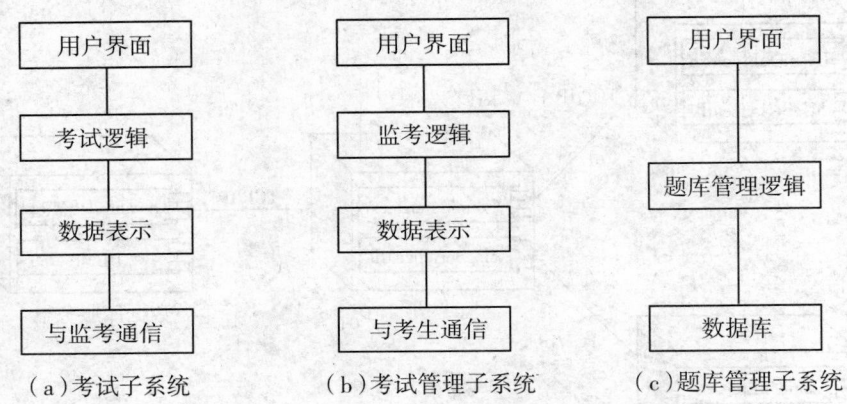

图 1-6　各子系统模块组成

在表 1-1 中列出了考试子系统用户界面的用例分析。

表 1-1　考试子系统用户界面用例分析

用例名称:考生参加在线考试	
参与者:考生	
目标:接受考生登录,提供试题,显示考试时间,并允许提前交卷。	
前置条件:监考老师准备好考场;考生提供登录信息。	
步骤:	
参与者动作	系统响应
1)输入登录信息	2)由考试逻辑模块向监考机提交登录请求,返回试题,创建考试环境,显示注意事项,显示试题,开始计时。
3)查看注意事项	
4)查看试题	
5)做题	
6)交卷	7)由考试逻辑模块评分,向监考机提交登出请求,返回考分。
后置条件:系统得到考生的考分记录。	

在以上分析中,"做题"这一步骤是考生通过 Visual Studio . NET 环境进行的,本系统不作处理,故实际上参与者的动作共包括输入登录信息、查看注意事项、查看试题、交卷四项,由此可以设置三个界面组件:登录对话框,考试主窗体,显示试题及注意事项窗体。

考虑到考试主窗体在做题过程中应该一直在桌面显示,所以应该采用顶层、小面积的无边框窗体,类似于 Windows 的输入法指示器窗口。

具体的用户界面实施过程,需要掌握 Windows 窗体程序设计的知识,具备了面向对象程序设计基本知识、对类 C 语言比较熟悉的读者,也可以在阅读完本章的"项目开发环境"一节后直接阅读介绍"Windows 窗体程序设计"的章节。与接下来的模块设计对应的实施部分也在后续章节叙述,旨在学习编码的读者同样可以根据自己的实际情况选读。

（2）考试逻辑模块

考试逻辑模块是考试子系统的核心模块。在考试子系统图（图 1-2）中右侧画出了该子系统的顺序图。顺序图反映了一组参与者在执行某项任务时进行消息交换的顺序,顺序图用来对软件系统的动态行为建模,可以帮助我们在设计期间了解系统应该是如何运行的。

具体的考试逻辑模块的类设计,参见"面向对象程序设计基础"章节的大案例部分。

（3）数据表示模块

数据表示模块的任务是将待发送的应用层的对象模型转换为通信模块可以接受的字符数据模型,这一过程通常称为对象的序列化（Serialize）,通信模块接收的数据也要经过序列化的逆过程才能被面向对象的应用层使用。

由于考试子系统和考试管理子系统是通信的两个端点,所以可以将数据表示模块设计为一个统一的类库,以供两个子系统调用。

为了表述方便,将从考试子系统到考试管理子系统的数据称为上行,反方向称为下行。

根据考试子系统和考试管理子系统的结构,需要进行序列化的对象有:上行登录对象,下行试题数据对象（登录响应）,上行登出对象,下行评分对象（登出响应）,下行强制评分命令对象,下行重新抽题通知对象,下行延时命令对象。各个对象在考试子系统和考试管理子系统之间的交互如图 1-7 所示。

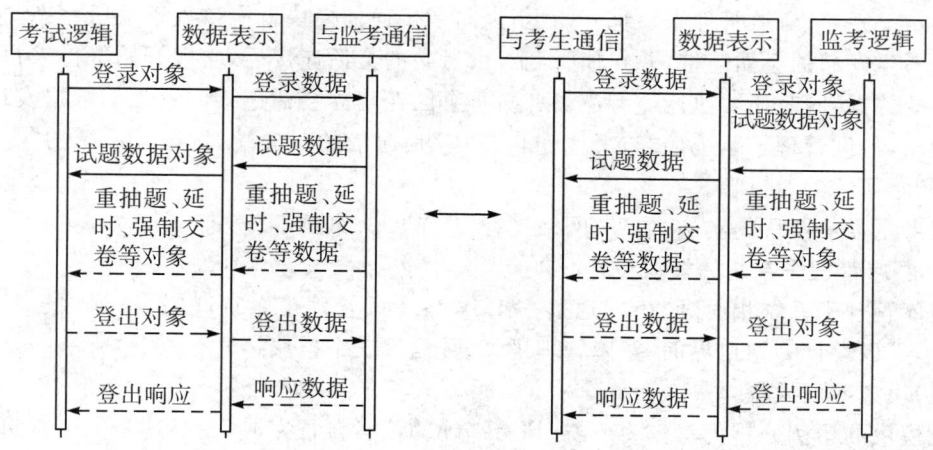

图 1-7　数据表示模块顺序图

数据表示模块的实施,参见"数据库编程"章节的大案例部分。

（4）与监考通信模块

与监考通信模块是考试子系统的接口模块,调用操作系统提供的传输层服务进行数据通信。在考试子系统端的通信模块需要在考试逻辑的驱动下,发起一个会话连接,并维护此会话,包括执行考试逻辑要求的数据发送任务,以及侦听从监考机发来的管理数据并将接收的数据放入堆栈,最后要关闭连接。

与监考通信模块的实施,参见"网络编程"的大案例部分。

2. 考试管理子系统的模块设计

根据考试管理子系统的结构设计,该子系统可以设计为用户界面、监考逻辑、数据表示、与考生通信四个层次化的模块,如图 1-6(b)所示。

（1）用户界面模块

作为练习,请读者参考考试管理子系统图,按照考试子系统用户界面的用例分析表的格式,自行画出考试管理子系统用户界面的用例分析表。

考试管理子系统用户界面的实施,参见"Windows 窗体程序设计"章节的大案例部分。

（2）监考逻辑模块

考试管理子系统的监考逻辑模块有双重任务,既要管理考试过程,又要管理数据库访问。该模块接收来自用户界面的监考命令,以及通信模块的考生请求,进行逻辑处理,进而驱动通信模块向考生发布监考命令,以及读写数据库服务器的数据。与考试子系统的考试逻辑模块类似,其实施过程可以参照顺序图进行,考试管理子系统图（图 1-3）的右侧画出了相关的顺序图。

（3）数据表示模块

与考试子系统的数据表示模块共用。

（4）与考生通信模块

考试管理子系统的"与考生通信模块"和考试子系统的"与监考通信模块",是通信的双方,这两个模块必须使用同样的技术标准。要注意到,考试子系统与考试管理子系统是多对一的通信关系,从考试管理子系统开始运行,与考生通信模块就应该处于侦听状态,接受、保存每个考生发起的会话连接,并在侦听到一个考生的会话连接后,立即开始等待来自于该会话连接的数据,同时还要执行监考逻辑针对每个已经建立会话连接的考生的数据发送命令,可以看出,考试管理子系统的"与考生通信模块"是通信的服务端,考试子系统的"与监考通信模块"是通信的客户端。

与考生通信模块的实施,参见"网络编程"章节的大案例部分。

3. 题库管理子系统的模块设计

题库管理子系统相对独立,仅通过 DBMS 与考试管理子系统联系,根据该子系统的结构设计,可以设计为用户界面、题库管理逻辑、数据库三个模块,如图 1-6(c)所示。

（1）用户界面模块

此模块的用例分析仍然作为练习,请有兴趣的读者自行完成,注意这是一个有选项的用例,参与者可能新建数据库,也可能附加数据库,或者只是维护题库。另外,进行题库维护时,需要一个编辑试题的界面。在三个子系统的用户界面中,这个用户界面是最复杂、实用性要求最高、灵活性也最大的。

　　(2)题库管理逻辑模块

　　题库管理逻辑较为简单,只是根据参与者指令操纵数据库,因此,在实施过程中,将其与用户界面模块合并到了一个类中。

　　(3)数据库模块

　　数据库设计是软件系统开发的一个重要方面,数据库部分和业务逻辑部分都是领域性很强的模块,必须在深入了解需求的基础上进行,一般需要用户参与设计,但从系统设计到部署之间的数据库修改仍然难以完全避免。数据库的修改会引起业务逻辑接口部分的改变。

　　在本系统中,数据库模块要管理两类数据:一类是题库数据,另一类是考生考试数据,因此,该数据库由两个数据表组成。表结构的详细设计和实施,以及整个题库管理子系统的实施,一起参见"数据库编程"章节的大案例部分;数据库的存储过程设计,可以参考考试管理子系统和题库管理子系统的顺序图进行,也在"数据库编程"章节的大案例部分。

1.2　项目开发环境

　　每年 Microsoft 都会推出新软件、编程工具或 Windows 的新版本,并宣传这些对用户有非常多的好处。对于开发人员来说,尤其是对 Windows 平台上的开发人员来说,C♯语言和.NET 的确是多年来最重要的新技术。

　　本书介绍的大案例和小案例的开发环境是 Visual Studio.NET,使用 C♯语言,数据库环境是 SQL Server,本节即介绍这几种工具。因为 Visual Studio.NET 是基于.NET 架构的,所以先简单介绍一下.NET 架构。

1.2.1　.NET 架构简介

　　既然.NET 提供了应用程序的运行环境,那我们学习 C♯语言也就必须考虑.NET。实际上,C♯是为.NET 量身定做的,很多语言特性依赖于.NET 架构。

　　1. 什么是.NET

　　.NET 提供了一个新环境,在这个环境中,可以开发出运行在 Windows 和其他平台上的几乎所有的应用程序,而 C♯是一个专门用于.NET 架构的新编程语言,除了 C♯之外,.NET 允许使用其他多种语言。C♯和.NET 都对编写程序的方式进行了革新,更易于实现在 Windows 上编程。

　　.NET 这个名称仅强调 Microsoft 相信分布式应用程序是未来的趋势,即处理过程分布在客户机和服务器上,而不是说在.NET 环境中仅可以开发出 Internet 或网络相关的应用程序。例如,使用 C♯在.NET 环境中可以编写传统的 Windows 桌面应用程序,可以编写动态 Web 页面、数据库访问组件、分布式应用程序的组件,还可以编写嵌入式系统的应用程序。

　　作为程序员,理解什么是.NET 有两个方面。首先,.NET 是一个库,是对 Windows API 的扩展,使用它可以调用 Windows 操作系统中的所有传统特性,如显示窗口和对话框、验证安全证书,调用基本操作系统服务,创建线程等;还可以使用一些新特性,如访问数据库或连接 Internet,或者提供 Web 服务。原来的 Windows API 基本上是 C 函数调用的集合,而.NET 库(称为.NET 基类)完全是面向对象的。例如,Socket 对象可以创建 TCP 连接。

.NET 基类库不同于 Windows API,它对 Windows API 进行了封装,它是面向对象的,但也不是 COM(Component Object Model)。COM 技术发展到 COM+,几乎成了所有组件通信方式的基础,实现了事务的处理、消息传输服务和对象暂存池,但 COM 是一项复杂的技术,对于工程化的软件开发来说,并不合适,.NET 则提供了更新、更面向对象和更易于使用的开发和运行代码的结构,当然,在.NET 中可以调用 COM 组件。

其次,.NET 提供了程序的运行环境。这个环境提供了代码级的安全性,并解决了原来 DLL 管理的一些问题,.NET 环境中应用程序的运行原理在后面讨论。

应该注意,.NET 本身并不是操作系统,虽然.NET 具备移植到其他操作系统上的潜力,但目前操作系统仍旧是 Windows,.NET 的内核仍然是 Windows API;它没有改变 Windows,原来的 Windows 应用程序仍然可以继续运行,即使使用.NET 进行开发,也可以绕过.NET 提供的功能,直接使用 Windows API,图 1-8 是这种情况的示意图,.NET 中运行的代码称为托管的代码(Managed Code)。

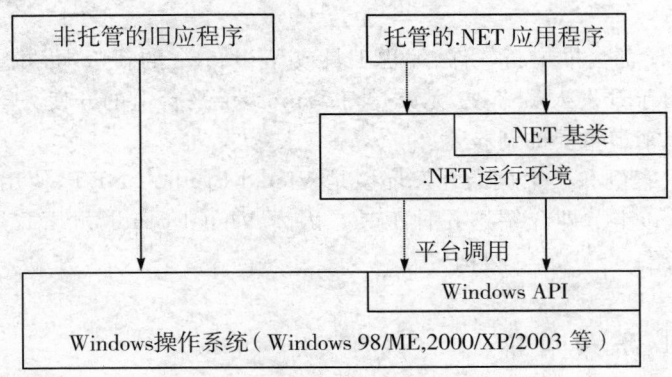

图 1-8　Windows 平台下应用程序的运行机制

在本书大案例的考试子系统中,考试主窗体中就采用了直接调用非托管代码的做法,来实现无边框窗体的拖放操作。

2..NET 的工作原理(选学)

图 1-9 表示了.NET 的工作原理,其中用到了以下术语:

◇　.NET 运行时(Common Language Runtime)或 CLR:它实际管理代码。它可以处理加载程序、运行程序的代码,以及所有支持服务的代码。

◇　托管代码(Managed Code):在.NET 环境中运行的任何代码都称为托管代码,.NET 外部的其他代码也运行在 Windows 上,这些代码称为非托管代码(Unmanaged Code)。

◇　中间语言(Inter Language)或 IL:在.NET 运行时加载和运行代码时,这种语言确定代码的位置。在编译托管代码时,编译器实际上使用中间语言,CLR 处理代码执行前的最后编译阶段,IL 可以被很快地编译为内部的机器代码,同时支持.NET 的功能。

◇　公共类型系统(Common Type System)或 CTS:为了实现语言的互操作性,必须有一组各种语言都认可的基本数据类型,这样才能对所有语言进行标准化处理。CTS 就提供了这个功能,还提供了定制类的规则。

◇ .NET 基类:是一个扩展的类库,它包含预先写好的代码,执行 Windows 上的各种任务,例如显示窗口和窗体、访问 Windows 基本服务、读写文件、访问网络和 Internet、访问数据源等。学习 C♯程序设计,很大程度上就是学习.NET 基类。

◇ 装配件:装配件是存储编译好的托管代码的单元。它与传统的可执行文件或 DLL(Dynamic Link Library)有些相似,但具有自我描述的重要功能,包括所谓的元数据,它给出了装配件及在其中定义的所有类型、方法等细节。装配件可以是私有(只能用于一个应用程序),也可以是共享的(可以用于 Windows 上的所有应用程序)。

◇ 公共语言规范(Common Language Specification)或 CLS:是确保代码可以在任何语言中访问的最小标准的集合。所有用于.NET 的编辑器都应支持 CLS。CLS 构成了可以在.NET 和 IL 中使用的功能子集,代码也可以使用 CLS 外部的功能。

◇ 反射:因为装配件完全是自我描述的,因此在理论上可以编程访问装配件元数据。实际上一些基类就是为达到此目的而设计的,这种技术称为反射(也许因为它在本质上意味着程序可以使用这个工具检查自己的元数据)。

◇ JIT(Just-in-Time)编译:这个术语用于表示执行编译过程的最后阶段,即从中间语言转换为内部机器代码。JIT 的表示部分代码是按需要即时编译的。

◇ 应用域:应用域是 CLR 允许不同代码在同一个过程空间中运行的方式。这些代码单元之间的独立性是通过下述方式实现的:在执行代码前使用 IL 的类型安全性进行验证,确定代码的每个部分都是正确的。

◇ 无用存储单元收集:这是 CLR 清理不再需要的内存的方式,应用程序不必负责内存的释放。

假定编写的应用程序主体由 C♯代码编写、库用 VB.NET 编写,该应用程序还需要调用一个继承 COM 组件。在图 1-9 中,方框表示编译和运行程序所涉及到的主要组件,箭头表示任务的执行。图的上部显示了分别把每个工程编译到装配件中的过程,两个装配件可以相互通信,因为.NET 具有语言互操作的特性。图的下半部分显示了在装配件中进行 JIT 编译,把 IL 转换为实际的代码,该代码在一个过程的应用域中运行,表示一些任务由 CLR 中的代码执行,以完成这些任务。

1.2.2 Visual Studio.NET 2005 中文版集成开发环境

微软在 2002 年发布了基于.NET Framework 1.0 的 Visual Studio.NET 2002,在 2003 年推出了趋于稳定的基于.NET Framwork 1.1 的 Visual Studio.NET 2003,最近又推出了基于.Net Framework 2.0 的 Visual Studio.NET 2005。

Visual Studio.NET 2005 可以使用 Visual C♯.NET,Visual Basic.NET,Visual C++.NET,Visual J♯.NET 等多种语言开发各类 Windows 平台的项目,包括 Windows、Office、智能设备、数据库、分布式系统解决方案等,除了这些 Windows 平台的项目之外,还可以开发 ASP.NET 网站,ASP.NET Web 服务等。

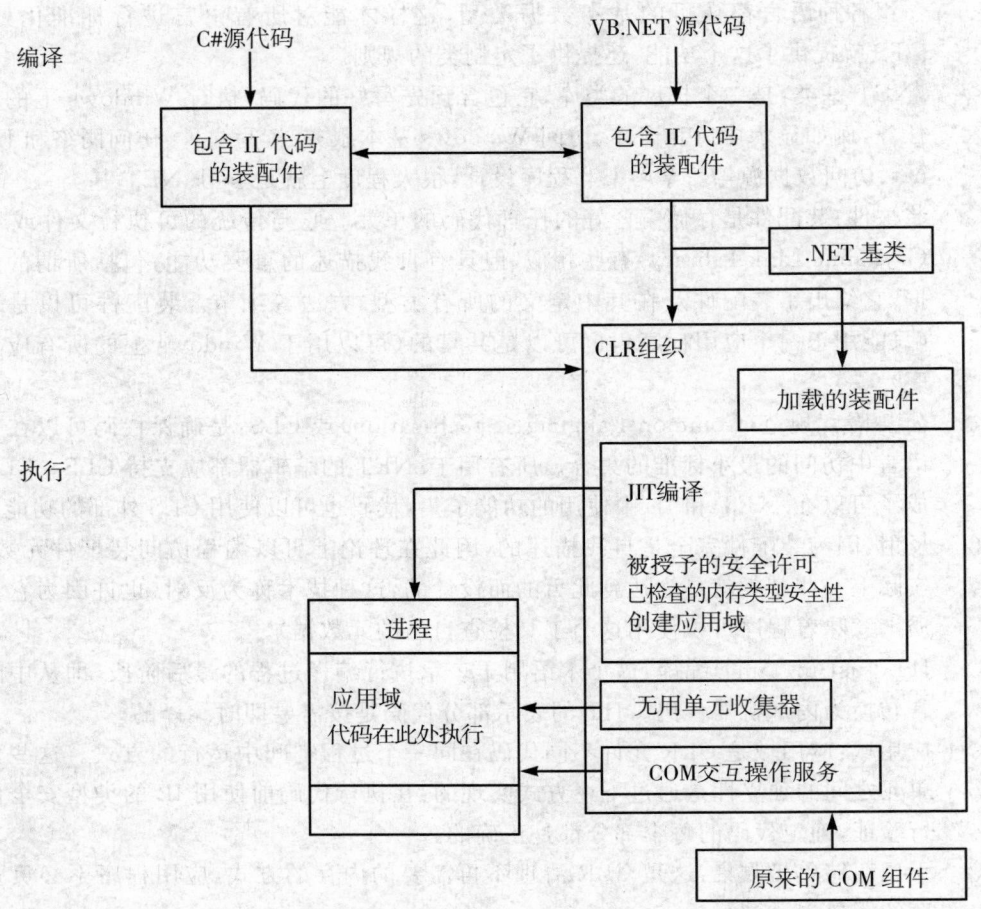

图 1-9 . NET 的工作原理示意图

Visual C#. NET 编程语言是一种新的编程语言,它从 C 和 C++演变而来,是一种简单、现代、类型安全和面向对象的语言。C# 是为在. NET 平台上生成企业级应用程序而设计的。用 C#编写的代码被编译为访问 CLR 服务的托管代码。Visual Studio 环境和向导完全支持 C#。C#编程所用的类库是. NET Framework。

从程序员的角度看,Visual Studio. NET 2005 与 Visual Studio. NET 2003 相比增强了代码编辑器和 C#调试器的功能,控件更加丰富,与 Windows Whistler 界面风格一致,更加清晰易用。

1. Visual Studio. NET 的安装

将 Visual Studio. NET 2005 Team Suit 简体中文版 DVD 光盘放入光驱,自动运行安装程序,安装主界面如图 1-10 所示,安装共分三个步骤。

单击"安装 Visual Studio 2005",安装程序首先复制资源到临时目录,然后进入如图 1-11 所示的界面。

加载组件完成后,单击"下一步",出现如图 1-12 所示的界面,显示了预安装分析结果和许可协议,并要求用户输入产品密钥,输入完毕后,单击下一步,进入如图 1-13 所示的界面。

图 1-10   Visual Studio. NET 2005 安装主界面

图 1-11   加载组件对话框

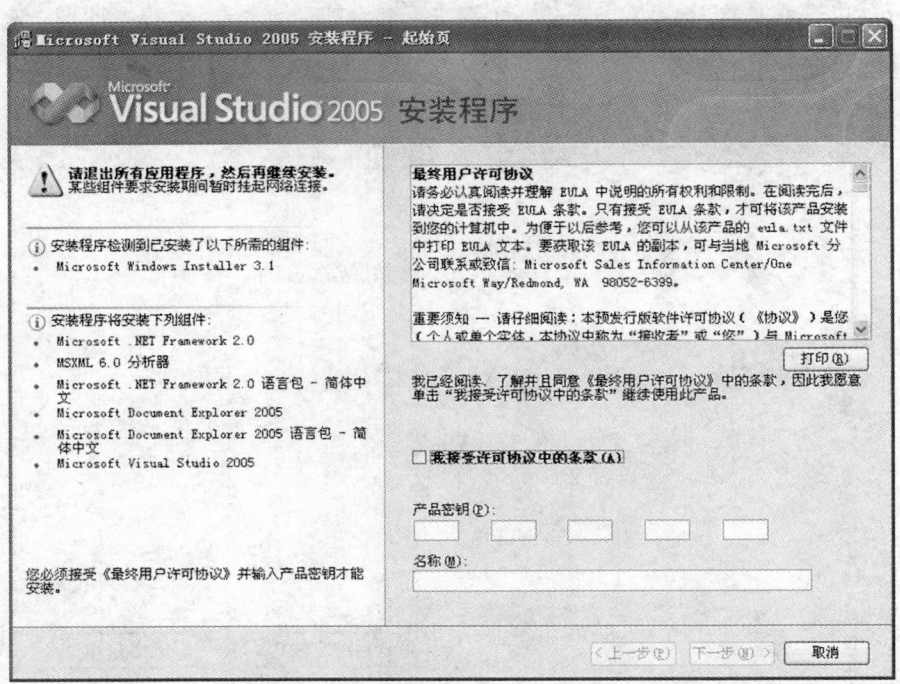

图 1-12 输入产品密钥对话框

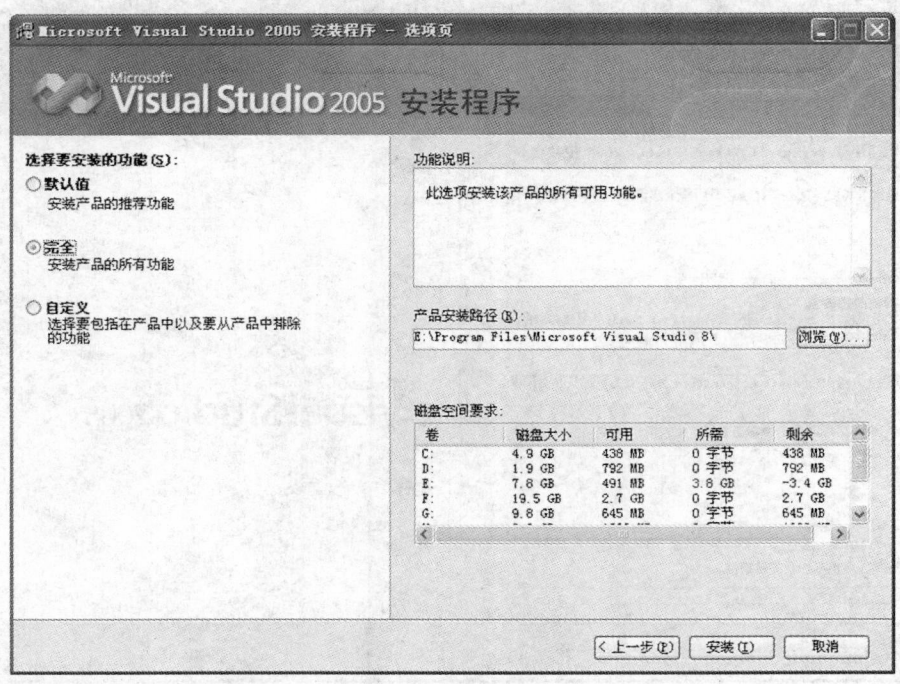

图 1-13 选择安装功能对话框

可以选择"默认"、"完全"、"自定义"三种安装功能模式,"默认"占用 2.8GB 左右的磁盘空间,"完全"则占用 3.8GB 左右。选择安装功能后,进入如图 1-14 所示的安装页界面。

图 1-14　正在安装的画面

单击"安装产品文档",可以安装 MSDN,请读者自行演练,不再赘述。

2. 集成开发环境的组成

Visual Studio. NET 2005 Team Suite 中文版的集成开发环境(Integrated Development Environment,简写为 IDE)如图 1-15 所示。IDE 的启动项可以在"工具"菜单的"导入导出设置"和"选项"中修改,图中是显示"起始页"的 IDE 界面。图 1-16 则示出了应用程序项目的 IDE。

由图可见,此 IDE 窗口除了有标题栏、菜单栏、工具栏、状态栏之外,窗口客户区还有许多面板或子窗口。子窗口默认以选项卡的形式显示在客户区,面板则有浮动、可停靠、选项卡等三种显示形式,可停靠的位置是 IDE 窗口客户区的四边。每个面板上有一个"图钉"按钮,可以自动隐藏或固定面板的位置,面板也可以关闭,许多新用户遇到过诸如找不到"工具箱"面板了之类的小麻烦,其实,常用的面板都可以通过"视图"菜单找到。

可见,窗口客户区中的构件都是可以定制显示的。

下面对 IDE 窗口界面的基本部分进行简单介绍。

(1)主菜单

使用主菜单是在 IDE 中进行操作的最全面的方式。菜单的风格与微软其他产品的菜单风格一致,如 Office 等。左起第一个主菜单是"文件"菜单,有打开、保存、关闭等功能;第二个菜单是"编辑",有剪切、复制、粘贴、查找、替换等功能;第三个菜单是"视图",可以改变 IDE 环境的显示风格,包括是否显示各种常用的面板等;"工具"菜单下包含"选项"菜单项,可以定制许多 IDE 的特性，"自定义"菜单项则专门用来定制菜单栏、工具栏和键盘等；最右侧的菜单是"帮助"，其中包含"关于"菜单项，用来显示版权信息等；"窗口"菜单是管理多文档子窗口用的。

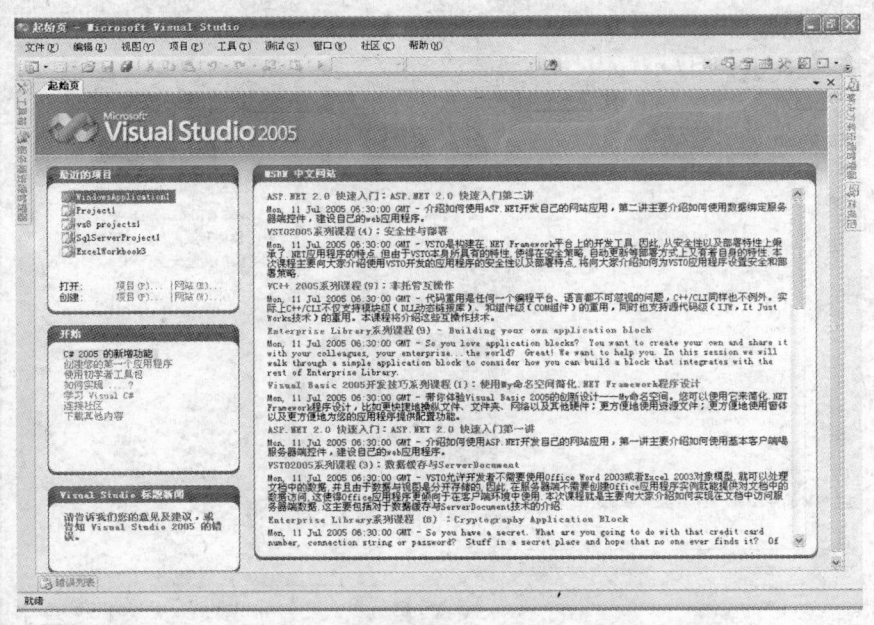

图 1-15　Visual Studio. NET 2005 显示起始页的集成开发环境

　　若不是显示起始页，而是打开项目后，还会出现"项目"、"生成"、"调试"、"数据"、"格式"菜单，如图 1-16 所示。若当前子窗口是代码窗口而不是窗体设计器选项卡，将没有"格式"菜单，而在"项目"菜单的左侧代之以"重构"菜单。"项目"菜单可以管理项目属性；"生成"菜单用于生成应用程序；"调试"菜单用于程序调试；"数据"菜单可以提供一些向导供开发数据库项目时使用；"格式"菜单用于窗体设计器选项卡上控件的布局；"重构"菜单提供了多种在代码编写时非常有用的功能。

　　(2)"解决方案管理器"面板

　　Visual Studio 提供了两类容器，用来管理开发工作所需的项，如引用、数据连接、文件夹和文件，这两类容器分别叫做解决方案和项目。"解决方案资源管理器"用于将相关的项目组织成项目组，然后对这些项目组执行操作。

　　如图 1-16 的窗口客户区的右上部，"解决方案管理器"面板以树状结构显示当前打开的解决方案的所有项目和项目所包含的所有文件，右击解决方案资源管理器的任意项时，可以通过对应的快捷菜单进行与选中项相关的操作。例如，右击一个解决方案时，可以将一个已有项目添加到该解决方案；右击一个项目时，可以将一个子项，例如一个窗体，加入到该项目。

　　(3)"工具箱"面板

　　.NET 提供了许多好用的对象，"工具箱"面板提供了可以被可视化地添加到 Visual Studio 项目中的对象的图标。

　　如图 1-16 的窗口客户区的左部，"工具箱"面板上有若干选项卡，如"公共控件"和"数据"选项卡，每个选项卡上显示.NET 基类库提供的一些对象，可以直接拖放这些对象到窗体设计器选项卡,这是在项目设计期使用.NET 对象的可视化方式,另外也可以通过在代码编辑器选项卡中编写代码的方式使用它们。如果是在程序的运行期才需要使用这样的对象,那就只能通过代码的方式。实际上拖放这些对象到窗体设计器选项卡,IDE 将自动生成相关代码并维护这些代码。

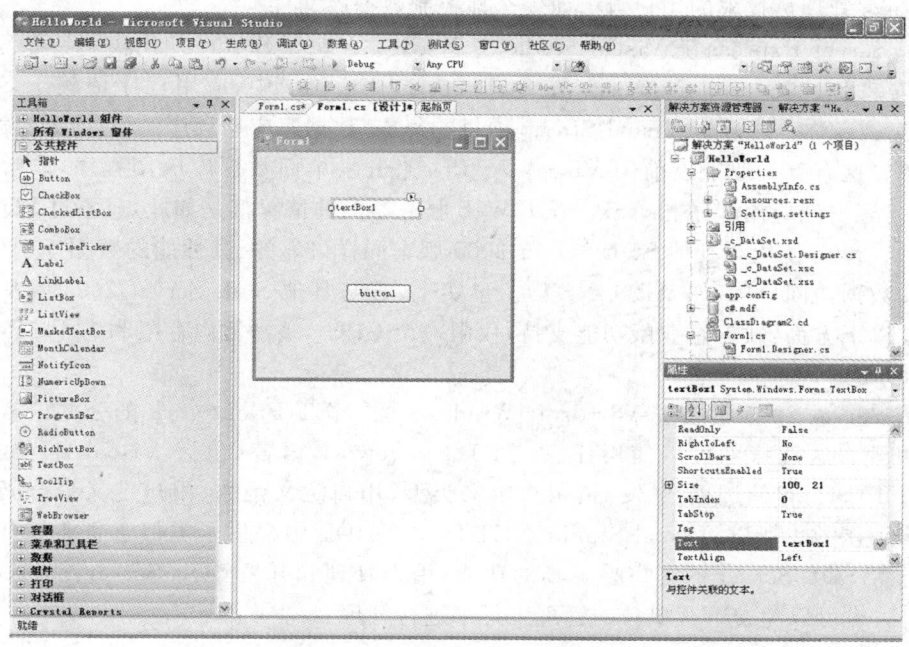

图 1-16 打开"HelloWorld"项目的集成开发环境

若当前显示的是代码编辑器选项卡而不是窗体设计器选项卡,则"工具箱"面板上不显示这些对象。根据项目的不同,"工具箱"面板上显示的对象也不同。

(4)"属性"面板

如图 1-16 的窗口客户区的右下部,"属性"面板用来设置窗体设计器选项卡中的对象的属性值。这是在设计期设置对象属性值的可视化方式,也可以通过代码方式修改对象属性,若运行期才能确定的属性值,只能用代码方式修改。

控件对象的事件在"属性"面板中,只需双击就可以建立事件委托,并自动转入代码编辑器选项卡,有关概念和操作方法请参见后面章节。

"属性"面板顶部是一个下拉列表框,可以选择属性表所属的对象。常常会有新用户,没有注意到"属性"面板显示的是什么对象的属性,而为错误的对象建立了事件委托。

1.2.3 SQL Server Express 2005 介绍

Microsoft SQL Server 2005 产品系列,主要有 Express,Workgroup,Standard 和 Enterprise 四种新版本,其他如 Developer 和 Evaluation 版本的功能集与 Enterprise 相同,只有许可证策略不同。这些版本可以更好地满足各个客户领域的需求。与竞争性解决方案相比较,SQL Server 2005 是一种低成本主流数据库。

SQL Server Express 是基于 SQL Server 2005 技术的一款免费易用的数据库产品,旨在提供一个非常便于使用的数据库平台,可以针对其目标情况进行快速部署。对系统的前端开发人员而言,可以在数据库文件级进行数据访问,而不必考虑太多关于数据库服务器的东西,例如登录、角色等等。该版本通过一种称为用户实例(User Instance)的机制,允许没有 Windows 管理员权限的用户自由而安全地控制数据库文件。

SQL Server Express 随 Visual Studio 一起安装。Visual Studio 使用实例名称 SQLEX-PRESS 安装 SQL Server Express。在 SQL Server Express 中,应用程序依赖于 SQLEX-PRESS 实例名称。通过与 Visual Studio 项目的集成,数据库应用程序的设计和开发也变得更加简单。这有点类似于以前用 Visual FoxPro 来开发桌面数据库应用程序,非常简单容易,这对于客户端应用程序和 ASP.NET Web 服务器两种情况都是如此,只不过 SQL Server Express 2005 使用与其他 SQL Server 2005 版本同样可靠的、高性能的数据库引擎,也使用相同的数据访问 API(如 ADO.NET)。事实上,它与其他 SQL Server 2005 版本的不同仅体现在以下方面:缺乏企业版功能支持,仅限一个 CPU,缓冲池内存限制为 1 GB,数据库最大为 4 GB。

SQL Server 2005 集成了 Microsoft Windows 的.NET Framework 的公共语言运行库(CLR)组件。这意味着可以使用任意.NET Framework 语言(包括 Visual C♯ 或 Visual Basic.NET)编写存储过程、触发器、用户定义类型、用户定义函数、用户定义聚合函数以及流处理表值函数。所以,Visual Studio.NET 2005 的 IDE 中提供了类似于企业管理器和查询分析器等 SQL Server 的客户端工具的功能,用来管理和开发 SQL Server Express,如图 1-17所示。也可以免费下载单独的管理工具来进行管理。

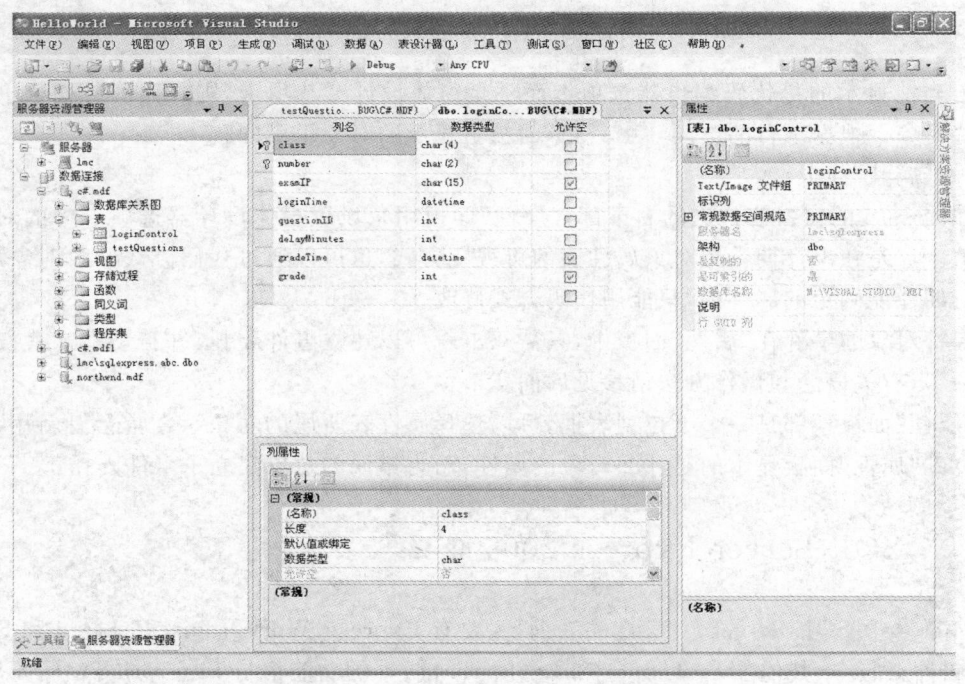

图 1-17　在 Visual Studio.NET 中管理 SQL Server Express

总之,SQL Server Express 是一款重要的 Microsoft 产品版本,它免费、易用,具有强大的功能,并且可以无缝升级到其他 SQL Server 版本。有一些功能(例如用户实例)是此 SQL Server 版本的专有功能,并且默认情况下,安装和部署都是安全的。与现有的免费 Microsoft 数据库相比,SQL Server Express 的优势明显。SQL Server Express 与 Visual Studio 2005 的集成也简化了数据库设计和部署操作。

1.3　本章小结

本章从案例开发角度,介绍了大案例设计和开发工具。大案例设计是本书的线索,熟悉 Visual Studio. NET 集成开发环境是本章的基本技能要求。本章还涉及了. NET 架构和 SQL Server Express 的基本知识。

作为代码编写人员,可以在了解大案例的基础上,以完成这个案例为目标,开始步步深入地学习 Visual C♯. NET 程序开发。

1.4　实训:建立"HelloWorld"Windows 应用程序

实训目的

(1)熟悉 VS. NET 2005 的 IDE 组成。

(2)初步领会 Windows 应用程序开发的方法。

(3)学会在 IDE 中使用帮助。

(4)了解 VS. NET 的程序调试方法。

实训要求

(1)熟练建立"HelloWorld"应用程序。

(2)初步了解"属性"、"事件"等概念。

(3)多种方式使用帮助。

(4)尝试设置断点、单步执行程序。

根据以上观察写出实训报告。

1. 建立"HelloWorld"项目

按照以下步骤建立"HelloWorld"项目:

(1)单击任务栏"开始"按钮,在程序菜单中,展开"Microsoft Visual Studio 2005"程序组,单击"Microsoft Visual Studio 2005"程序项,进入 IDE。

(2)在"文件"菜单上,指向"新建",然后单击"项目"。

(3)在如图 1-18 所示的"新建项目"对话框中,进行如下设置:

◇　项目类型:选择"Visual C♯"结点中的"Windows"。

◇　模板:选择"Windows 应用程序"。

◇　名称:输入"HelloWorld"。

◇　位置:默认为"我的文档"文件夹下的 Visual Studio Projects 文件夹。

◇　解决方案名称:若当前打开了一个解决方案,可以选择"添入解决方案"。默认为"创建解决方案",解决方案名称与项目名称相同。

（4）单击"新建项目"对话框的确定按钮。

（5）在"视图"菜单上，单击"工具箱"以使"工具箱"面板可见。

（6）展开"公共控件"列表，并将"Label"控件拖到 Form1 窗体中。

（7）再将一个"Button"控件拖到窗体上靠近标签的位置。

（8）双击 button1，进入了代码编辑器，并且 Visual C# 已插入一个名为 button1_Click 的函数，此函数在程序运行期，当用户单击 button1（称为 Click 事件）时将被执行。

（9）在代码编辑器的 button1_Click 函数中输入此语句：

this. label1. Text = "Hello，World!"；

（10）按 F5 以编译并运行应用程序。

（11）单击按钮时，窗体的 Label1 控件将显示"Hello,World!"字样。

2. 分析与综合

（1）类似于 Windows 环境下的其他软件操作，打开"新建项目"对话框可以使用多种操作：

①菜单法：在"文件"菜单上，指向"新建"，然后单击"项目"。

②工具按钮法：单击工具栏的 ⊡ ▾ "新建项目"按钮。

③在"起始页"选项卡上，"最近的项目"栏中，单击"创建"右侧的"项目"链接。

④按 Ctrl＋Shift＋N 组合热键。

其他操作也有这些方法，不再罗列，请读者尝试自己习惯的操作。

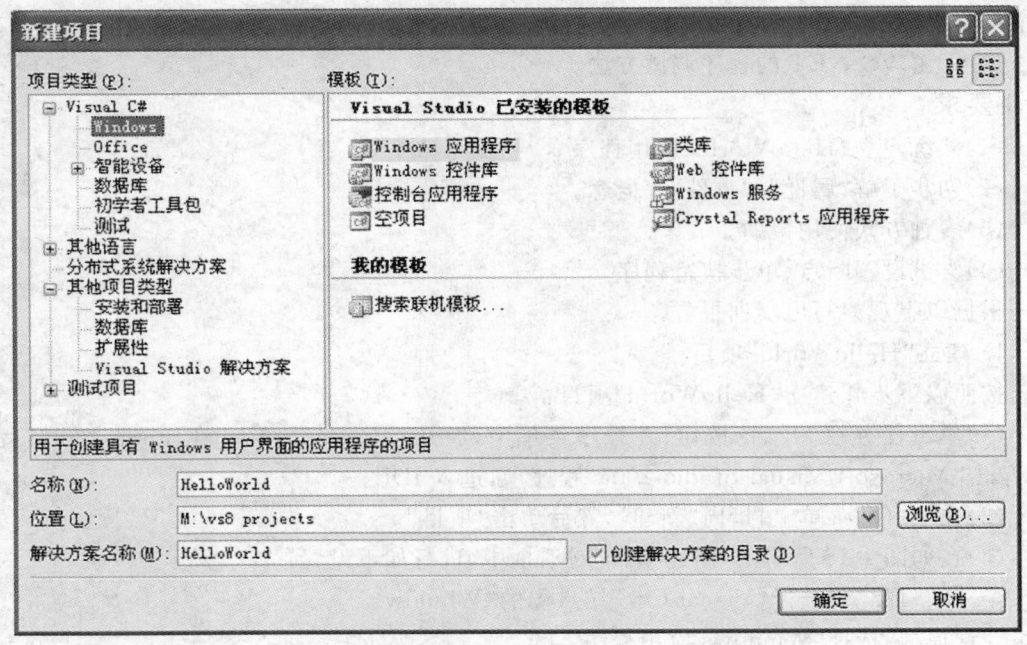

图 1-18　新建项目对话框

（2）在单击"新建项目"的"确定"按钮后，IDE 客户区会出现一个选项卡，标签为 "Form1.cs［设计］"，其中显示一个标题栏为"Form1"的 Windows 窗体，这个选项卡就属于前述的窗体设计器选项卡,Form1 窗体就是"HelloWorld"应用程序的用户界面。所谓可视化程序开发,就是指在设计期可以看到运行期的用户界面。

(3)在代码编辑器中添加一个 button1_Click 函数,可以用几种操作:

①在窗体设计器中直接双击 button1。对于 Button 对象,Click 是其默认事件,双击 button1 只能产生发生 Click 事件时执行的函数。

②在"视图"菜单上,单击"属性"以使"属性"面板可见,保证 Form1 中 button1 控件被选中,可以通过单击 button1 或在"属性"面板顶部的下拉列表框中选择 button1 来选中 button1。在"属性"面板上单击  "事件"按钮,然后在列表中找到 Click 并双击,就可以打开代码编辑器,并且 Visual C♯ 已插入一个名为 button1_Click 的函数。

③所有代码,都可以脱离可视化设计,完全手工生成。

(4)在 button1_Click 函数中输入语句时,每输入一个".",会出现一个提示窗口;若输入错误,会像 Microsoft Word 文档中那样,在错误下方显示红色波浪线。这些功能称为代码助手。注意使用代码助手快速输入代码的技巧。

(5)工具栏中有一个 Debug ▼ 下拉列表框,默认选中 Debug,还可以选择 Release,分别对应生成的可执行程序为 Debug 版本或 Release 版本:

①Debug 版本:即调试版本,生成的文件存放在项目文件夹的\bin\Debug 文件夹下。

②Release 版本:即发布版本,是程序调试结束后,发布给用户的版本,生成的文件存放在项目文件夹的\bin\Release 文件夹下。

3. 在 IDE 环境中使用帮助

Visual Studio. NET 的帮助系统实际上是 MSDN,即 Microsoft Software Developer Network 的简称,也即是微软开发商网络。安装 VS. NET 的时候,可以安装 MSDN 本地版本。MSDN 的内容非常丰富,以超文本的形式列出了详尽的帮助文档,包括各种说明、操作步骤、代码示例等。

VS. NET 2005 的帮助窗口如图 1-19 所示。

VS. NET 的帮助系统非常人性化,除了可以使用多种方式打开帮助窗口,如菜单、工具栏按钮、热键操作等,还可以在多种情形下使用帮助,下面予以简单说明。

◇ "如何实现":按照要完成的任务来获取帮助,适合初学者。

◇ 目录:按照层次标题来获取帮助,传统的帮助形式。

◇ 索引:按照排序的主题查找帮助,比较快速。

◇ 搜索:直接按照关键词查找帮助,较慢。

◇ 动态帮助:不在帮助系统窗口中,而是在 IDE 窗口中根据当前的焦点自动显示帮助主题。所谓焦点,就是在窗体设计器中选中的一个控件,或在属性面板中选中的一个属性等。

◇ 代码助手:在输入代码时出现的代码助手,是最常用的帮助形式。

实际上,除了在 VS. NET IDE 中使用帮助,在安装好 VS. NET 后,还可以使用. NET Framework SDK 帮助,即 Software Development Kit,也即软件开发工具包。安装 VS. NET 2005 时默认安装. NET Framework 2.0 的 SDK。其中包括针对. NET Framework 2.0 的相关文档、工具及示例。可以通过单击开始菜单,在程序菜单中找到 Microsoft. NET Framework SDK v2.0 程序组来访问.NET Framework SDK。

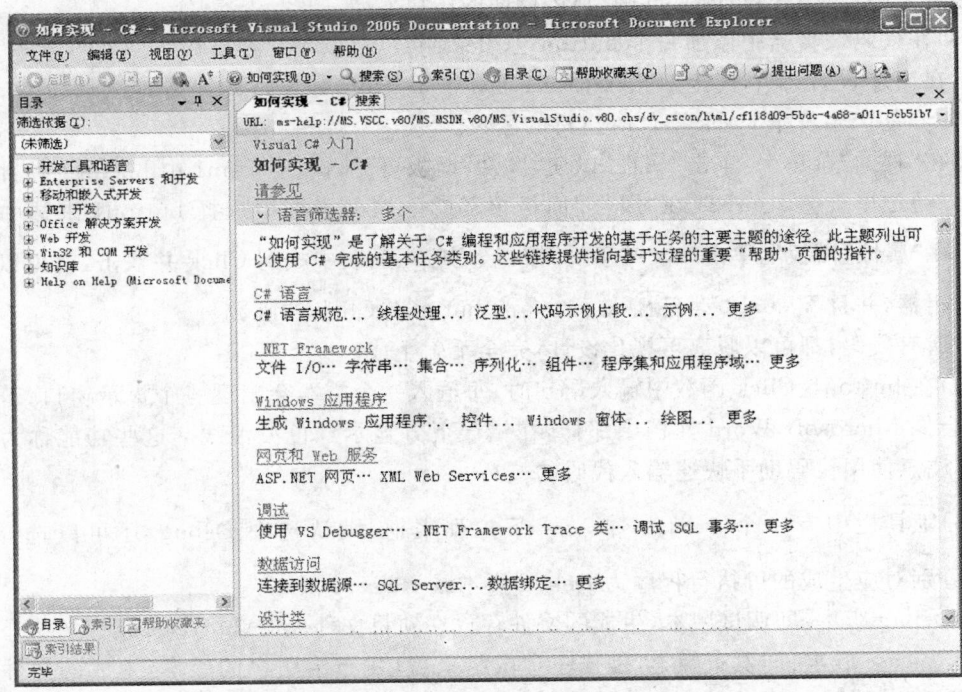

图 1-19 帮助系统窗口

4.程序调试

调试程序是程序员重要的基本功之一。所谓调试,就是指程序员监视程序运行状态,发现程序错误的过程。

调试的手段,主要是设置断点、单步执行和监视运行参数。

(1)设置断点

可以通过单击代码编辑器选项卡左侧的灰色区域,在对应的行设置断点,或按 F9 键。VS.NET 2005 的断点功能非常强大,在设置断点后,通过"调试"菜单打开"断点"面板,可以修改断点的属性,如命中次数和中断条件等。

(2)单步执行

有两种单步执行方式:逐语句单步执行方式和逐过程单步执行方式。逐语句方式是以语句为单位单步执行,若遇到函数调用语句,将跟踪函数中语句的执行,可以通过按 F11 键来实现逐语句单步执行。逐过程是将函数调用语句当作单个语句处理,不跟踪函数的执行,可以通过按 F10 键来实现逐过程单步执行。

1.5 习题

1.简述一下本书大案例的功能性需求。

2.通过使用帮助,试着将实训题目中的 Label 控件换成 TextBox 控件,实现类似的功能。

3. 对上题作如下改动,双击窗体上的 TextBox 控件,在代码编辑器中自动生成的函数 textBox1_TextChanged 中输入三个语句,如下所示:

```
private void textBox1_TextChanged(object sender,EventArgs e)
{
    this.textBox1.Text = "Changed!";
    this.textBox1.Text = "Excute when not changed";
    this.textBox1.Text = "Never executed!";
}
```

程序会出现错误,在合适的地方设置断点,调试程序,观察语句执行流程,说出错误原因。

第 2 章　面向对象程序设计基础

本章要点

- ✓ **面向对象程序设计概述**
- ✓ **类的声明、对象的创建、类的成员**
- ✓ **接口**
- ✓ **命名空间、.NET Framework 类库简介**
- ✓ **事件委托机制**

　　程序设计语言伴随着计算机技术的发展,经历了从低级到高级的发展过程。高级语言分为面向过程的语言(如 FORTRAN 语言、C 语言等)和面向对象的程序语言(smalltalk、C#)。面向对象的程序语言比面向过程的程序语言更清晰、易懂,更适宜编写大规模的程序,正在成为当代程序设计的主流,可以这么说,如果不懂得面向对象的程序设计思想就不能分享现代科技的成果。

2.1　面向对象程序设计概述

　　从面向对象的观点来看,客观世界就是由一个个独立的对象组成,是组成客观世界的基本单元。面向对象方法的最基本出发点是直接描述对象及对象之间的关系,使软件的问题空间和解的空间尽可能的一致。面向对象方法中包括对象、类、抽象、消息、继承和派生、多态性等概念。

2.1.1　类和对象

1. 对象

　　在客观世界中,每一个有明确意义和边界的事物都可以看作是一个对象(object),它是一种可以辨识的实体。例如,日常生活中我们要与不同的对象打交道,晚上我们睡觉的床是个对象,开着的大众公司的 Polo 车是对象,面前的电脑是对象,家中的 Sony CD 是对象……一旦睁开你面向对象的双眼,你会发现对象无处不在! 每个对象都有特定的外形和作用,以区别于其他对象。不同的对象也会有相似之处,还有一些对象可以相互关联,协同工作。例如,现在一些家庭新添了高清晰数字电视 HDTV,还购买了 DVD 机,这两个对象有一个共同的特点就是需要供电,而且,通过数据线和信号线,并通过 DVD 机解码,可以在 HDTV 上播放 DVD 格式的多媒体内容。此外,我们每个人何尝不可以看作是一个对象呢? 我们每个人都有自己的特点和个性:是单眼皮或者是双眼皮,个子高大或者矮小,喜欢或不喜欢开 Polo 车,可以跑,跳等。我们与 Polo 车之间具有一定的关系:我们能控制 Polo 车的启动、转向、刹车等。对于我们自己,相互之间也具有一定的关系:你和我是朋友,他是你的领导……

从上述的叙述中我们能得出对象包含两个基本要素:属性和行为。属性:指对象的静态特征,如人这个对象的身高、双眼皮等特征。行为:指对象的动态特征,如人这个对象的跑、跳等。在软件设计编程范畴内,对象可以被定义为一个封装了状态和行为的实体,或者说是数据结构(属性)和操作。状态实际上是为了执行行为而必须存于对象之中的数据、信息。对象的接口,是一组对象能够响应的消息的集合。消息是对象通讯的方式,因而也是获取功能的方式。对象接受到发给它的消息后,或执行一个内部操作(有时成为方法或过程),或者再去调用其他对象的操作。

2. 类

我们可以把具有相似特征的事物归为一类,也就是把具有相同属性和行为的对象看成一个类(class)。例如:所有的轿车(桑塔纳轿车、夏利轿车)归为"轿车类",所有的人(你、我、他)归为"人类"。在面向对象的程序分析和设计技术中,"类"是对具有相同属性和相同操作的一组相似对象的定义,它为属于该类的全部对象提供了统一的抽象描述。类是可用于产生对象的模板,对象是类的一个实例。如:轿车类是所有轿车。

对于软件开发人员来说,认识客观实体的过程,对用户需求进行分析和设计的过程,就是发现和界定对象的过程。在程序设计阶段,一个非常重要的工作就是按照面向对象的方法去分析所要解决的问题,也就是弄清楚所要解决的问题中有多少对象,每一个对象所具有的属性,各个对象之间的关系等,然后把具有相同属性和相同操作的对象划分为一个类,明确每个类的属性和操作。

2.1.2　对象的基本特征

了解对象最关键的是掌握对象的特征。一个对象,其最突出的特征有三个:封装性,继承性和多态性。

1. 封装性

封装性实际上来源于黑盒的概念,黑盒概念可以帮助人们使用日常生活中的许多对象,而无需懂得它们的工作原理和内部结构。例如:你有一台全自动数码照相机,它的内部很复杂,然而使用时,只需知道如何操作几个基本按钮即可。

把数据和代码包装在一个单独的单元(称为类),这就是对象的封装性。将对象的数据封闭在对象内部,使得外部程序必须而且只能使用正确的方法才能访问要读写的数据。这个单元尽可能对外隐藏它的细节,只对外公布一个有限的界面,通过这个界面和其他对象交互。数据封装是对象的最典型特点。

封装机制将数据和代码捆绑到一起,避免了外界的干扰和不确定性。简单地说,一个对象就是一个封装了数据和操作这些数据的代码的逻辑实体。

在一个对象内部,某些代码和(或)某些数据可以是私有的,不能被外界访问;某些代码和(或)某些数据可以是公有的,可以被外界访问。通过这种方式,对象对内部数据提供了不同级别的保护,以防止程序中无关的部分意外的改变或错误的使用了对象的私有部分。

2. 继承性

继承是指一个类能够从另一个类中获取属性和方法。被继承（也称为派生）的类称为父类（也可称为基类）。继承的好处是能共享代码。继承后，父类的所有字段和方法都将存在于子类中，每一个子类都具有父类非私有的特性。

在面向对象程序设计中，继承的概念很好的支持了代码的重用性，也就是说，我们可以在已存在类的基础上再建一个新类，添加新的特性，而不必改变已存在的类。这可以通过从这个已存在的类派生一个新类来实现。这个新的类将具有原来那个类的特性，以及添加的新特性。继承机制的魅力和强大就在于它允许程序员利用已经存在的类（接近需要，而不是完全符合需要的类），并且可以以某种方式修改这个类，而不会影响其他的东西。

在有些语言中，子类可以从不止一个父类中派生，称之为多继承，但在 C# 中，子类仅能派生于一个父类。C# 中引入"接口"来避免多继承可能带来的混乱，即一个子类可以继承自一个父类和多个接口。

3. 多态性

多态是面向对象程序设计的另一个重要概念。多态性原指一种事物有多种形态，在面向对象的程序设计中，多态性是指在基类中定义的属性或操作被派生类继承之后，可以具有不同的数据类型或表现出不同的行为，从而同一个属性或操作名称在各个派生类中具有不同的含义。或者可以这样理解，多态性是指对同一消息，不同的对象采取不同的行为。例如，一个经理第二天要到某地参加某个会议，他会把这同一个消息告诉给不同的人，他的夫人、秘书、下属，这些人听到这个消息后，会有不同的反应：夫人为他准备行装，秘书为他安排机票和住宿，下属为他准备相应的材料。这就是一种多态性：发给不同对象的同一条消息会引起不同的结果。

2.2 类的声明和类的成员

类定义对象的属性和行为，类是创建对象的模板，通过它可以创建对象。从类的定义上讲类是一种数据结构，这种结构可能包含数据成员、函数成员及其他嵌套类型，其中数据成员有常量、字段（变量）、事件；函数成员有方法、属性、索引器、操作符、构造函数和析构函数。

2.2.1 类的声明

类声明的一般格式如下：

类修饰符　　class　　类名:基类

{

　　　　类体

}

类声明的语法说明如下：

class：为类声明的关键字。

类修饰符：表示类的使用限制。

类名：所声明的类的名称。

基类:表示继承的基类名。

类体:用于定义该类的成员。

类的修饰符可以是以下几种之一或者它们的组合,但同一修饰符不允许出现多次。

◇ public:含义"公共",表示该类可以在任何地方访问。

◇ internal:含义"内部",表示该类只能在当前工程中访问。

◇ abstract:含义"抽象",表示该类只能在当前工程中访问,不能实例化,只能继承。

◇ sealed:含义"密封",表示该类只能在当前工程中访问,只能实例化,不能继承。

◇ new:适用于嵌套类。它表示所修饰的类会把继承下来的同名成员隐藏起来。

◇ private:访问范围限定于它所属的类。

◇ protected:表示只能被所属的类或从该类派生的子类访问。

◇ partial:表示分部类型定义,可以将类的定义拆分到两个或多个源文件中,每个源
文件包含类定义的一部分,编译应用程序时将把所有部分组合起来。

上面修饰符中,public,internal,private,protected 为访问限制修饰符。

下面我们看一个简单的类结构:

```
class  A
{
    //类成员
}
```

代码定义了一个名为 A 的类,但其中并没有列出类的修饰符。其实,在 C♯语言中,默认情况下,类声明为内部的,即只有当前工程的代码才能访问。当然,我们也可以如下显式地指定该修饰符,其作用和上面的代码等价。

```
internal  class  A
{
    //类成员
}
```

类一般用 public 修饰符声明,表示类可以无限制访问,相应的格式如下:

```
public  class  A
{
    //类成员
}
```

在类的定义中,另一个常用到的定义形式就是指定类的继承(在后面的章节中将重点介绍),格式如下:

```
public  class  A:B
{
    //类成员
}
```

上述代码表示类 A 从类 B 继承,注意类名 A 后面紧跟一个冒号。

上面的几个例子,类的成员没有填写,下面看一个有类成员的例子。我们定义一个名叫 Car 的小轿车类。

```
public class Car
{

    //变量声明
    public string model;
    public string color;
    public int enginePower;

    //方法定义
    public void Start( )
    {
        System. Console. WriteLine(model＋"：Started");
    }

    public void Stop( )
    {
        System. Console. WriteLine(model＋"：Stoped");
    }
}
```

类 Car 定义了 5 个成员,三个数据成员 model,color 和 enginePower 分别用来存储车的型号、颜色、引擎动力,二个函数成员 strat( )和 stop( )——用来表示车的启动和停止。5 个成员的访问修饰符为 public,表示对它们的访问无限制。

在 C# 中,如果在类的定义中没有指定基类,那么这个类默认继承于 System. Object。System. Object 是所有类的根。

2.2.2 对象的创建和对象成员的访问

1. 对象的创建

类是对象的模板,对象是类的一个实例。定义类以后就可以创建那个类的对象。

对象创建的一般形式:

            类名　对象名;

            对象名＝new 类构造函数;

或者:

            类名　对象名＝new 类构造函数;

其中类名为要创建对象的那个类的名,类构造函数为要创建对象的那个类的构造函数。

例如:下面的语句用类 Car 创建对象 myCar。

Car myCar;

myCar＝new Car( );

或者

Car myCar＝new Car( );

2.成员访问

使用点操作符(.)来访问对象的字段和方法。

例如,给 myCar 对象的字段成员赋值:

myCar. model＝"GL8－2.5";

myCar. color＝"blue";

myCar. enginePower＝112;

调用方法:

myCar. start( );

在这个例子中,Car 对象 myCar 的 model,color,enginePower 字段的值分别设置为"GL8－2.5","blue",112。myCar. start( )执行包含在 start( )中的语句并且显示如下的输出:

GL8－2.5:started

【例 2-1】下面的程序代码是关于类的声明、对象创建、对象成员访问的案例代码。

程序 Example2_1:

```
using System;
namespace Example2_1
{
    //声明小轿车类
    public class Car
    {
        //定义字段
        public string model;
        public string color;
        public int enginePower;

        //方法定义
        public void Start( )
        {
            System. Console. WriteLine(model＋": Started");
        }

        public void Stop( )
        {
            System. Console. WriteLine(model＋": Stopped");
        }
    }

class Example2_1
{
```

```
        [STAThread]
        static void Main(string[] args)
        {
                //创建 myCar 对象
                Car myCar=new Car( );

                //给 myCar 对象的字段成员赋值
                myCar. model="GL8-2.5";
                myCar. color="blue";
                myCar. enginePower=112;

                //显示 myCar 对象的字段值
                System. Console. WriteLine("myCar   details:");
                System. Console. WriteLine("model="+myCar. model);
                System. Console. WriteLine("color="+myCar. color);
                System. Console. WriteLine("enginePower="+myCar. enginePower);

                //调用方法
                myCar. Start( );
                myCar. Stop( );
        }
    }
}
```

输出结果为:
    myCar   details:
    model= GL8-2.5
    color=blue
    enginePower=112
    GL8-2.5:started
    GL8-2.5:stopped

    注:在 C# 程序中的 static void Main(string[] args)是整个程序开始执行的入口点,它类似如 C 语言的 mian()主函数,要执行的代码通过该函数中的语句直接执行或间接执行。在程序中代码如果没有与该函数中的语句直接或间接关联,代码将不被执行,也就是说要直接执行的代码要在此函数中编写,间接执行的代码在此函数中也要有与之相关的语句。

2.2.3 类的成员

    类的成员是在类中声明的成员和从该类的基类继承的成员。类的成员有以下几种类型:

◇成员常量:代表了与类相关的常数。

◇字段:类的变量。

◇成员方法:实现了类中的复杂计算和操作。

◇属性:用于定义类中的值,并对其进行读写。

◇事件:用于说明类中发生了什么事情。

◇索引器:允许对象以数组或集合的方式进行索引。

◇操作符:定义了可以被应用于类实例上的表达式操作符。

◇构造函数:执行需要对类的实例进行初始化的操作。

◇析构函数:执行需要对类的实例被销毁前要实现的操作。

类的成员分为数据成员和函数成员两类,其中常量、字段(变量)、事件为类的数据成员;方法、属性、索引器、操作符、构造函数和析构函数为类的函数成员。

1. 类成员的访问控制

在对类成员进行声明时,可以使用不同的类成员的访问修饰符,来控制类成员的访问性,定义类的访问级别。在 C♯中支持 5 种访问限制修饰符。

◇　public 修饰符:"公共的"直观含义是"访问不受限制",所修饰的成员可以在类的外部进行访问。有 public 修饰符的成员称之为公共成员。

◇　protected 修饰符:为了方便派生类的访问,但又不希望其他无关类访问,这时可以使用 protected 修饰符,将成员声明为保护的,所修饰的成员称之为保护成员。

◇　private 修饰符:它的的含义是"访问范围限定于它所属的类型",有 private 修饰符的成员为私有成员。私有成员只有类中的成员才能访问,类的外部不能对其访问。在类中,如果类的成员声明没有访问修饰符,按照默认方式该成员为私有成员。

◇　internal 修饰符:在类或同一个程序中的类能够访问,所修饰的成员称之为内部成员。

◇　protected internal 修饰符:在类、派生类或同一个程序中的类能够访问,所修饰的成员称之为保护的内部成员。

【例 2-2】下面的程序代码说明了类成员的访问修饰符的用法。

```
class Auto              //定义一个汽车类
{
    public int wheels;              //共有成员 汽车轮子数
    protected int enginePower;      //保护成员 引擎动力
    private int autoNum;            //私有成员 汽车数目
    public void Test( )            //共有成员 方法
    {
        wheels=4;                   //正确,允许访问自有成员
        enginePower=112;            //正确,允许访问自有成员
        autoNum=0;                  //正确,允许访问自有成员
        System. Console. WriteLine("I am an auto");
    }
}
```

```csharp
class Car：Auto                    //定义一个从 Auto 派生的类 Car 类
{
    string style；                 //私有成员(无成员修饰符默认为私有成员)
    public void TestCar( )
    {
        style＝"舒适"；              //正确,允许访问自有成员
        wheels＝4；                 //正确,派生类能访问基类的共有成员
        enginePower＝112；          //正确,派生类能访问基类的保护成员
        autoNum＝0；
        //错误,基类 Auto 的私有成员,派生类不能访问,只有基类的成员才能访问
        System. Console. WriteLine("I am an car")；
    }
}


class Carrige                      //定义一个货车类
{
    public int wheels；
    private int weight；

    public void TestCarrige ( )
    {
        weight＝4；

        Auto myAuto＝new Auto( )；//创建对象 myAuto
        wheels＝myAuto. wheels；
        myAuto. enginePower＝500；//错误,类 Auto 的保护成员,不能访问
        myAuto. autoNum＝1；        //错误,类 Auto 的私有成员不能访问

        System. Console. WriteLine("I am an Carrige")；
    }

}
```

2. 静态成员和非静态成员

类的成员可以是静态成员或非静态成员,某个成员如果有 static 静态修饰符,那么这个成员就是静态成员,否则是非静态成员。静态成员属于类所有,而非静态成员属于对象(类的实例)。一个静态成员,不管类创建了多少个对象,在内存中只占有一块内存区域。

对静态成员的访问与对非静态成员的访问有不同的访问方法。

对静态成员的访问采用的形式为:类名+点操作符(.)+静态成员。

注:可以在对类不进行实例化的情况下访问类的静态成员。

对非静态成员访问采用的形式为:对象名+点操作符(.)+非静态成员。

【例 2-3】下面示例代码说明如何声明静态、非静态成员,如何访问静态、非静态成员。

```
class Test            //定义一个类
{
    public int x;
    public static int y=1;
    public void F1( )
    {
        x=1;      //正确   允许访问自有非静态成员
        y=2;      //正确   允许访问自有非静态成员
    }
    public static int F2( )
    {
        x=1;       //错误 非静态成员属于对象名,在属于类的静态成员中不能访问
        y++;
        return y;
    }
}


class Class1
{
    [STAThread]
    static void Main(string[] args)
    {
        System. Console. WriteLine("test. y:"+Test. y);
        Test myTest=new Test( ); //创建对象
        myTest. F1( );//正确 非静态成员,用对象名+点操作符+非静态成员访问
        myTest. F2( );//错误 静态成员,只能用类名,不能用对象名
        Test. F2 ( );   //正确 静态成员,用类名+点操作符+静态成员访问

        myTest. x =3;//正确 非静态成员,用对象名+点操作符+非静态成员访问
        myTest. y =3;//错误 静态成员,只能用类名,不能用对象名
        Test. y=5;//正确 静态成员,用类名+点操作符+静态成员访问
    }
}
```

2.3 构造函数

构造函数是类的一个特殊的函数成员,用于执行类的实例化。该函数可以初始化数据

成员并完成一些其他的初始化工作。每个类都有构造函数,一般情况下,如果没有显式地提供任何构造函数,编译器会在后台创建一个默认的构造函数。这是一个非常基本的构造函数,它不需要任何参数,它只能把所有的成员字段初始化为标准的默认值(例如,引用类型为空引用,数字数据类型为 0,bool 为 false,字符串为空字符串 null,字符型为′\0′)。这通常就足够了,否则就需要编写自己的构造函数。构造函数和类有同样的名字。

构造函数定义的一般格式:

修饰符　类名(参数表)

{

　　函数体

}

其中:

修饰符:可以是 public,pivate,static。

类名:构造函数所在的类名。

参数表:指明参数的名称、数量和类型,也可以无参数。

函数体:由语句组成,用于所要执行的操作。

【例 2-4】下面类定义了一个叫 Test1 (int vx,int vy)的构造函数。

```
public class Test1
{
    public int x;
    public int y;
    public Test1 (int vx,int vy)   //定义构造函数
    {
    x=vx;   //用于初始化对象的字段 X
    y=vy;   //用于初始化对象的字段 Y
    }
}
```

类可以不显式地声明构造函数。如下所示的类没有显式地声明构造函数:

```
public class Test2
{
    public int x;
    public int y;
}
```

类 Test2 虽然没有显式地声明构造函数,但编译器会创建一个名为 Test2( )的构造函数。用这个构造函数通过与 new 操作符结合就可以创建对象。下面语句创建了一个叫 myTest2 的对象。

Test2 myTest=new Test2( );

如果想在创建对象的同时做一些其他的事情,就需要定义自己的构造函数。定义自己的构造函数的最简单原因就是初始化新对象的字段——把字段的值作为构造函数的参数传递。

```
public class Test
{
    public int x;
    public int y;
    public Test (int vx,int vy)    //定义构造函数
    {
       x=vx;    //用于初始化对象的字段的 x
       y=vy;    //用于初始化对象的字段的 y
    }
}
```

下面语句创建了一个叫 myTest 的对象：

Test myTest=new Test(2,3);

上述语句在创建 myTest 的对象的同时,对象的数据成员 x,y 值分别初始化为 2,3。

使用构造函数要注意以下几个问题：

◇　类的构造函数通常与类名相同。

◇　构造函数不能有任何的返回值。

◇　一般构造函数总是 public 的类型,如果是 pivate 类型的,则表明该类不能实例化,这通常用于只含有静态成员的类。

◇　构造函数可以带有参数,用于实现对类的不同对象的初始化。

◇　初始化新对象的字段并非构造函数能够完成的惟一任务,可以在构造函数中加入完成初始化的其他指令。

◇　如果显式定义了构造函数,编译器就不会自动提供默认的构造函数,只有在没有显式定义任何构造函数时,编译器才会自动提供默认的构造函数。

1. 构造函数重载

所谓构造函数重载就是类中有两个以上的构造函数,取相同的名字,通过设置不同的参数和参数个数,编译器便知道在什么情况下调用那种方法,以实现不同的功能。 如：

```
Class Test
{
    public int x;
    public int y;
    public Test( )    //无参数构造函数
    {
       x=1;
       y=3;
    }
    public Test (int vx,int vy)    //有参数构造函数
    {
       x=vx;
       y=vy;
```

```
        }
}
```

类 Test 中有无参数构造函数 Test（ ）和有参数构造函数 Test（int vx,int vy），此类中的构造函数称为重载构造函数。

重载构造函数有以下特征：

①构造函数名相同。

②构造函数的参数个数或参数类型不同。

重载构造函数既然函数名相同，那么编译器如何确定调用哪一个函数呢？这是靠实参类型和所有被调用构造函数的形参类型一一比较来判定的。如：

class myTest1＝new Test（);

此语句在创建对象 myTest1 时，由于所用到的构造函数 Test()无参数，编译器调用无参数构造函数创建对象。对象的 x,y 字段的值分别为 1,3。

class myTest2＝new Test(5,6);

此语句在创建对象 myTest2 时，由于所用到的构造函数 Test()有参数，编译器调用有参数的构造函数创建对象。创建对象后，对象 x,y 字段的值分别为 5,6。

2. 静态构造函数

静态构造函数也是一个实现对类进行初始化的成员函数。这种构造函数只执行一次，主要用来初始化类中的静态成员。而前面讲的构造函数是实例构造函数，只要创建类的对象，它都会被执行。

```
class Test
{
        static Test( )   //此为静态构造函数
        {
          //要初始化的代码
        }
}
```

类 Test 定义了静态构造函数 Test( )。

静态构造函数是自动被调用的，它不能显式调用。.NET 运行库没有确保静态构造函数什么时候执行，所以不要把代码放在某个特定的时刻（例如，加载程序集时）执行的静态构造函数中。也不能预计不同类的静态构造函数按照什么顺序执行。但是，可以确保静态构造函数至多运行一次，即在代码引用类之前执行。在 C♯ 中，静态构造函数通常在第一次调用类的成员之前执行。

静态构造函数没有定义访问修饰符，其他 C♯ 代码从来不调用它，但在加载类时，总是由.NET 运行库调用它，所以像 public 和 private 这样的访问修饰符就没有意义了。同样，静态构造函数不能带有任何参数，一个类也只能有一个静态构造函数。很显然，静态构造函数只能访问类的静态成员，不能访问实例成员。

无参数的实例构造函数可以在类中与静态构造函数安全共存。尽管参数列表是相同的，但这并不矛盾，因为静态构造函数是在加载类时执行，而实例构造函数是在创建实例时执行，所以构造函数的执行不会有冲突。

2.4　方法与重载

　　方法是类的重要组成部分。方法是执行一个任务的一组声明和语句,可以被重复调用来执行那个任务。

　　注意,正式的 C♯ 术语实际上并没有区分函数和方法。在这个术语中,"函数"不仅包含方法,而且也包含类或结构的一些非数据成员。它包括索引器、运算符、构造函数和析构函数等,甚至还有属性,这些都不是数据成员,字段、常量和事件才是数据成员。本节将详细讨论方法。

2.4.1　方法的声明

　　方法的声明就是描述一个方法所完成功能的具体过程。
　　定义的语法形式如下:
　　修饰符 返回值类型 方法名(形式参数表)
　　{
　　　　//方法体
　　}
其中:
　　①修饰符指定方法的使用限制。
　　以下是方法的修饰符:
　　◇　public:任何代码均可以访问该方法。
　　◇　protected:只有同类和派生的类型能访问该方法。
　　◇　internal:同一程序代码可访问。
　　◇　private:只能在它所属的类型中访问该方法。
　　◇　new:隐藏同一名称的基类的方法。
　　◇　static:表示静态方法,不属于类实例,属于类。
　　◇　virtual:虚拟方法,可以由派生类重写。
　　◇　abstract:抽象方法定义了成员的参数,但没有提供实现代码。
　　◇　override:表示重写了继承的虚拟或抽象方法。
　　◇　extern:外部方法的特征标记。
　　②返回值类型:方法使用 return 关键字后跟一个表达式来返回值,表达式可以是一个数,也可以是一个变量,还可以是一个复杂的计算式,不管怎样它必须返回一个和返回值类型匹配的值。如果方法没有返回值,就把返回类型指定为 void,因为不能省略返回类型。方法可以包含任意多个 return 语句。方法执行完 return 语句后,自动返回,return 语句后的代码将不再被执行。

　　【例 2-5】return 语句的使用示例。

```
public int F1( )
{
```

```
    …
    return 3;
}
```

F1( )方法返回值类型为 int 类型,return 语句返回一个数。

```
public double F2( )
{
    double y;
        …
    return y;
}
```

F2( )方法返回值类型为 double 类型,return 语句返回一个变量的值。

```
public double F3( )
{
    double y;
        …
    return y * 9;
}
```

F3( )方法返回值类型为 double 类型,return 语句返回一个计算的结果。

```
public bool F4(int value)
{
    if (value < 0)
        return false;
    return true;
}
```

F4( )方法返回值类型为 bool 类型,本示例有多个 return 语句。

③方法名:方法名必须是一个有效的 C# 标识符。方法名最好采用 Pascal 样式,每个单词的首写字母要大写。

④形式参数表:形式参数表简称形参表。参数包括参数修饰符(可有可无,根据需要选定,参数修饰符有 ref,out,params。)、参数类型名及在方法体中的引用名称。当有多个参数时,每个参数都要有参数修饰符(如果需要)、参数类型名及在方法体中的引用名称,并用逗号隔开。形式参数表可以为空,但方法后的一对括号不能省略。

例:在下面的例子中,第三个方法没有声明形参 k 的类型,因此是错误的。

public double F3(int x,int y,float j)//正确,符合参数声明要求

public double F3( )   //正确,无参数

public double F3(int x,k,float j)   //不正确,k 无类型说明

public double F3(ref int x,int y,float j)//正确,变量 x 有参数修饰符。

⑤方法体:由语句组成,用于描述方法所要执行的操作。当方法有返回值时,方法体内必须有一个 return 语句。方法体可以为空,但此时方法定义中的一对花括号不能省略,它用于指明方法的开始和结束。

【例 2-6】下面是一个 Sum()方法的定义,用于求两个数的和。

```
public int   Sum(int x,int y)
{
    int temp;
    temp＝x+y;
    return temp;
}
```

注意:在 C♯中,每个方法都必须与一个类或结构相关,也就是方法必须在某个类或结构中。

【例 2-7】下面是关于方法声明的实例,MathTest1 类定义了两个方法:一个求两个数的和方法,一个求两个数平均数的方法。

```
public MathTest1
{
    public static int Sum(int x,int y)
    {
        int temp;
        temp＝x+y;
        return temp;
    }
    public static int Average(int x,int y)
    {
        int temp;
        temp＝(x+y)/2;
        return temp;
    }
}
```

方法 Sum()修饰符为 public static,含义是任何代码均可以访问该方法,且可以在对类不进行实例化的情况下访问。它的返回值类型为 int 类型;带有两个 int 型参数 x,y;方法体中有三条语句,其中一条语句是 return 语句,返回 int 类型变量 temp 的值(变量 temp 的值的类型与要求的返回值类型相同)。

1. 调用方法

当定义了一个方法后,就可以在程序的某个位置调用该方法并执行一定的功能。每次调用时所处理的数据可以是不同的,因而方法调用时可带有不同的参数,用来表示它所处理的不同数据,这个参数是实际参数,简称实参。

方法根据关键字 static 的使用,可以分为两组:一组是实例方法(不使用 static 关键字进行定义),它的执行与特定的对象相关联;另一组是静态方法(用 static 关键字进行定义),它的执行与类相关联,调用时并不需要任何特定的对象,要通过类名进行调用。

实例方法调用的一般格式为:对象名.方法名(实参表);

静态方法调用的一般格式为:类名.方法名(实参表);

注意:在方法调用时,当形参有参数修饰符 ref,out 时,实参应有这些参数修饰符。

【例 2-8】下面的例子说明了 MathTest 类的定义、实例化、方法的定义和方法的调用,该类包含两个方法和一个变量。

程序 Example2_8 代码

```csharp
using System;
namespace Example2_8
{
    class MathTest
    {
        public int value;
        public int GetSquare( )
        {
        return value * value;
        }
        public int Average (int x,int y)
        {
            int temp;
            temp＝(x＋y)/2;
            return temp;
        }
        public static int Sum(int x,int y)
        {
            return x＋y;
        }
    }
    class Class1
    {
    [STAThread]
    static void Main(string[] args)
    {
        // 调用静态方法
        Console. WriteLine("Sum is " ＋ MathTest. Sum(10,5));
        // 创建对象
        MathTest math ＝ new MathTest( );
        //给对象字段 value 赋值
        math. value ＝ 30;
        // 调用实例方法
        Console. WriteLine("math. value is " ＋ math. value);
        Console. WriteLine("Square of 30 is " ＋ math. GetSquare( ));
```

```
        Console.WriteLine("Average (4,6) is " + math. Average (4,6));
    }
  }
}
```

输出结果如下：

Sum(10,5)is15

math. value is30

Square of 30 is900

Average(4,6) is5

从程序代码中可以看出，MathTest 类包含一个变量，二个实例方法，一个方法计算数字的平方，一个方法计算数字的平均数。这个类还包含一个静态方法，求两个数的和，不用实例化就可调用。

静态方法调用：

MathTest. Sum(10,5);   // 类名.方法名(实参表)，实参为 10,5。

调用实例方法：

math. GetSquare( );   // GetSquare( )无参数调用形式为：对象名.方法名( )。

math. Average(4,6);   //对象名.方法名(实参表)，实参为 4,6。

2. **参数**

参数是方法调用者和方法之间传递信息的一种机制，方法中的参数列表可以含有零个或多个参数。方法中定义的参数有 4 种：值参数，引用参数，输出参数，参量参数。

（1）值参数

迄今为止此书中所看到的方法，参数都是作为方法的局部变量。因为这个原因，从一个调用语句传递一个变量给方法后，方法会有一个变量的拷贝，在方法中对参数所做的任何改变都只针对这个拷贝——而不是调用语句的实际变量，这就叫值参数或参数传值。值参数没有参数修饰符。

【例 2-9】如果想交换 2 个变量的值，下面的程序无法实现。

```
using System;
namespace Example2_9
{
    public class Swapper
    {
        public static void Swap(int fx,int fy)
        {
            //在 Swap( )内部显示 fx,fy 的初始值
            System. Console. WriteLine("In Swap( ):initial fx="+fx+",fy="+fy);
            int temp=fx;
            fx=fy;
            fy=temp;
            //在 Swap( )内部显示,fx,fy 交换后的值
```

```
        System.Console.WriteLine("In Swap( ):final fx="+fx+",fy="+fy);
    }
}

class Class1
{
    [STAThread]
    static void Main(string[] args)
    {
        int x=6;
        int y=8;
        //显示 x,y 的初始值
        System.Console.WriteLine("In Main( ):initial x="+x+",y="+y);
        //调用 Swapper.Swap( )函数交换 x,y 的值,因是静态方法,无须实例化
        Swapper.Swap(x,y);
        //显示 x,y 的结果值
        System.Console.WriteLine("In Main( ):final x="+x+",y="+y);
    }
}
}
```

结果如下：

    In Main( ):initialx=6,y=8
    In Swap( ):initial fx=6,fy=8
    In Swap( ):final fx=8,fy=6
    In Main( ):finalx=6,y=8

结果的第一行显示的是 x,y 的初值,在 Main( )方法中,x 和 y 的初值分别为 6,8。

结果的第二行显示的是 fx,fy 未交换的初值,程序把变量 x,y 作为参数传给方法 Swapper.Swap( ),实际上是把 x,y 的值分别赋给方法的局部变量 fx,fy。也就是说 Swapper.Swap( )方法复制这些变量的拷贝。

结果的第三行显示的是 fx,fy 交换的值,由于是方法的局部变量 fx,fy 的值,交换的是局部变量的值,而不是原来传入的实际变量的值。

结果的第四行显示的是期望 x,y 交换的值,但实际上并没有达到目的,结果还是原来的值。

结论：在值传递时方法的参数不能修改作为参数传递的原始变量的值。

(2)引用参数

默认情况下,变量是值传送的,但可以迫使值参数通过引用传送给方法,为此,要使用 ref 参数修饰符。如果把一个参数传递给方法,且这个方法的输入参数前带有 ref 参数修饰符,则该方法对变量所作的任何改变都会影响原来对象的值,这个参数叫引用参数。如：

```
public class Swapper
{
```

```
        publicstatic void Swap(ref int fx,ref int fy)
        {
            int temp=fx;
            fx=fy;
            fy=temp;
        }
}
```

在调用该方法时,需要添加 ref 关键字:

int x=4;

int y=8;

Swapper . Swap(ref x, ref y);

当调用 Swapper . Swap( )方法时,fx,fy 为引用参数,传递了 x,y 变量的引用。当方法改变 fx,fy 的值时,它们引用的变量也被改变了。

在 C♯ 中添加 ref 参数修饰符等同于在 C++中使用 & 语法指定按引用传递参数。但是,C♯ 在调用方法时也要求使用 ref 参数修饰符,使操作更明确(因此有助于防止错误)。

【例 2-10】下面的程序实现交换 2 个变量的值。

```
using System;
namespace Example2_10
{
    public class Swapper
    {
        public static void Swap( ref int fx, ref int fy)
        {
            //在 Swap( )内部显示 fx,fy 的初始值
            System. Console. WriteLine("In Swap( ):initial fx="+fx+",fy="+fy);
            int temp=fx;
            fx=fy;
            fy=temp;
            //在 Swap( )内部显示,fx,fy 交换后的值
            System. Console. WriteLine("In Swap( ):final fx="+fx+",fy="+fy);
        }
    }
    class Class1
    {
        [STAThread]
        static void Main(string[] args)
        {
            int x=6;
            int y=8;
```

```
        //显示 x,y 的初始值
        System. Console. WriteLine("In Main( ):initial x="+x+",y="+y);
        //调用 Swapper. Swap( )函数交换 x,y 的值,因是静态方法,无须实例化
        Swapper. Swap(ref x,ref y);
        //显示 x,y 的结果值
        System. Console. WriteLine("In Main( ):final x="+x+",y="+y);
    }
  }
}
```

结果如下:

In Main( ):initialx=6,y=8

In Swap( ):initial fx=6,fy=8

In Swap( ):final fx=8,fy=6

In Main( ):finalx=8,y=6

由于是参数引用,结果 x,y 的值被交换了。

注意:C♯要求对传递给方法的参数进行初始化,在传递给方法之前,无论是按值传递,还是按引用传递,任何变量都必须初始化。

（3）输出参数

使用 return 语句,方法只能返回一个值。如果要求返回一个以上的值,这时用 return 语句就不能解决问题了,用输出参数能很好地解决这个问题。有 out 参数修饰符的参数称之为输出参数,用法与一个变量的引用基本相同,作用是方法的输出参数能修改作为输出参数传递的原始变量的值,达到多返回值的目的。可以在一个方法内使用多个输出参数。例如:

```
static void SomeFunction(out int i,out int j)
{
    i = 100;
    j=50;
}
```

在调用该方法时,需要添加 out 关键字:

```
int x;
int y;
Swapper . Swap(out x, out y);
```

out 关键字是 C♯中的新增内容,该关键字的引入使 C♯更安全,更不容易出错。这种参数形式不要求预先对其赋值,但返回前一定要给它分配值。

【例 2-11】下面的示例说明输出参数的用法。

```
using System;
namespace Example2_11
{
    public class Test
```

```
    {
        public static void SomeFunction( out int fx, out int fy)
        {
            fx=100;
            fy=50;
            System.Console.WriteLine("In Swap( ): fx="+fx+",fy="+fy);
        }
    }
class Class1
{
    [STAThread]
    static void Main(string[] args)
    {
        int x;
        int y;
//把变量 x,y 作为输出参数调用 Swapper.Swap( )函数,因是静态方法,无须实例化
        Test.SomeFunction(out x,out y);
        //显示 x,y 的结果值
        System.Console.WriteLine("In Main( ): x="+x+",y="+y);
    }
}
}
```

结果如下:

    In Swap( ): fx=100,fy=50

    In Main( ): x=100, y=50

结果分析:程序在调用方法时,把方法中的 fx,fy 的值输出给变量 x,y,结果第一行显示的是 fx,fy 的值;结果第二行显示的是方法把方法的 fx,fy 的值输出给变量 x,y 的结果。

(4)参量参数

参量参数可以把一维数组或者不规则数组传递给方法,在方法声明的参数列表中,这类参数有 params 参数修饰符。在介绍参量参数的使用之前,先来讨论一个问题:使用方法处理数据求和的问题。在实际处理过程中,我们不能确定待参入求和的数据有几个,假定目前要处理 2 个、3 个、4 个甚至 10 个整数数据的求和,怎么办? 有一个简单的办法:为每种数目的求和写一个方法,如下:

```
    public static int SumTwo(int a,int b){}
    public static int SumThree(int a,int b,int c){}
    public static int SumFour(int a,int b,int c,int d){}
    ...
```

这样要写 10 个方法,写起来将是很辛苦的。如果是 100 个整数数据的求和,就是一个很烦琐的事情了。用参量参数可以把你从这个烦琐的事情中解放出来。使用参量参数的方法声

明如下:

```
        public static int Sum (params int[] intParams ){}
```

这样,该方法就可以接收一个数组作为参数,一切问题都变得轻松了。而且,它还能在运行时,自动将提供的参数按顺序插入到 intParams 数组中。

【例 2-12】下面是参量参数的演示程序代码。

```
程序 Example2_12
using System;
namespace Example2_12
{
    public class Test
    {
        public static void Sum(params int[] intParams)
        {
            int outcome=0;
            System. Console. Write("数据为:");
            foreach(int num in intParams)
            {
                System. Console. Write("{0},",num);
                outcome=outcome+num;
            }
            System. Console. WriteLine("数据和为:{0}",outcome);
        }
    }
    class Class1
    {
        [STAThread]
        static void Main(string[] args)
        {
            int x=1;
            int y=2;
            Test. Sum(x,y);
            Test. Sum (1,2,3);
            Test. Sum (1,2,3,4);
        }
    }
}
```

输出结果为:

    数据为:1,2,数据和为:3
    数据为:1,2,3,数据和为:6

数据为:1,2,3,4,数据和为:10

注意:调用含有参量参数的方法时,参量参数的实参变量不需要参量参数修饰符。如:在 Test.Sum(x,y)语句中,变量 x,y 没有参数修饰符。如果形式参数表中包含了参量参数,那么该参量参数必须在参数表中的最后位置。另外参量参数只允许是一维数组。

2.4.2　方法的重载

所谓方法重载就是类中有两个以上的方法,取相同的名字,通过设置不同的参数和参数个数,编译器便知道在什么情况下应该调用那种方法,以实现不同的功能。如:

Class Test

{

　　　　public static int Sum (float a,float b){}

　　　　public static int Sum (int a,int b){}

　　　　public static int Sum (int a,int b,int c){}

}

类 Test 中有三个方法,三个方法的名相同,但方法的参数类型或参数个数不同,这就是方法的重载。

方法重载有以下特征:

①方法名相同。

②方法的参数个数或参数类型不同。

重载方法的名相同,那么编译器如何确定调用哪一个方法呢? 这是靠实参类型和所有被调用方法的形参类型一一比较来判定的。如:

Test.Sum(x,y);

在此语句中,如果实参变量 x,y 是 float 型,编译器调用方法 Sum( )的形式参数为 float 的那个方法。如果实参变量 x,y 是 int 型,编译器调用方法 Sum( )的形式参数为 int 的那个方法。结论就是给定参数的方法被使用时,实参与参数列表匹配的方法将被调用。

【例 2-13】下面的程序演示重载方法的用法。

程序 Example2_13 代码

```
using System;
namespace Example2_13
{
    class Test
    {
        public static void Sum(int a,int b)
        {
            System.Console.WriteLine("调用 Sum(int a,int b)数据和为:{0}",a+b);
        }
        public static void Sum(int a,int b,int c)
        {
```

```
            System.Console.WriteLine("调用 Sum(int a,int b,int c)数据和为:{0}",a+
b+c);
        }
        public static void Sum(float a,float b)
        {
            System.Console.WriteLine("调用 Sum(float a,float b)数据和为:{0}",a+
b);
        }

    }
    class Class1
    {
        [STAThread]
        static void Main(string[] args)
        {
            float x=3;
            float y=5;
            Test.Sum(x,y);
            Test.Sum(2,3);
            Test.Sum(2,3,4);
        }
    }
}
```

输出结果为:

　　　调用 Sum(float a,float b)数据和为:8

　　　调用 Sum(int a,int b)数据和为:5

　　　调用 Sum(int a,int b,int c)数据和为:9

结果分析:

第一行结果是 Test.Sum(x,y)执行的结果,由于 x,y 为 float 型,实参类型和个数与方法 Test.Sum(float a,float b)的形参类型和个数匹配,所以调用 Test.Sum(float a,float b)方法。

第二行结果是 Test.Sum(2,3)执行结果,由于实参 2,3 为 int 类型,与方法 Test.Sum(int a,int b)的形参类型和个数匹配,所以调用 Test.Sum(int a,int b)方法。

第三行结果是 Test.Sum(2,3,4)执行结果,实参类型与个数与方法 Test.Sum(int a,int b,int c)形参类型与个数匹配,所以调用 Test.Sum(int a,int b,int c)方法。

在任何语言中,对于方法重载来说,如果调用了错误的重载方法,就有可能出现运行错误。特别要注意的是:两个方法不能仅在返回类型上有区别,两个方法不能仅根据参数是声明为 ref 还是 out 来区分。所有的 C# 方法都在类定义中声明和定义。

2.5　字段和属性

C♯提供两种方法保存类的各种数据：一种是字段，另一种是属性。属性能实现数据的封装和隐藏。

2.5.1　字段

字段是类的重要成员之一，表示与对象或类的相关联的变量。

1. 字段的声明

字段声明的一般格式如下：

修饰符 类型 变量名

其中：

修饰符：类成员修饰符可以是：new，public，protected，private，static，readonly，internal。

类型：变量的数据类型。

变量名：必须是一个有效的 C♯标识符。一般采用 camel 大小写命名规则，第一个字母小写，变量中的其他单词的第一个字母大写。

下面代码是字段声明示例：

```
class A
{
    public int x;
    public static int y;
    private   int z;
}
```

类 A 定义了三个字段：公有的 x，保护的 y，私有的 z。

2. 字段的访问

在字段声明时，使用 static 修饰符的字段为静态字段，静态字段属于类，对可访问的静态字段访问一般采用"类名＋点操作符＋字段名"的方法访问。字段声明不使用 static 修饰符的字段为非静态字段，非静态字段属于对象，对可访问的非静态字段访问一般采用"对象名＋点操作符＋字段名"的方法访问。

看一个例子，下面语句创建一个对象：

A myA ＝new A( )；

对对象字段 x 的访问：

myA. x＝12；

对静态字段 y 的访问：

A. y＝20；

私有成员 z 在类的外部不能对其访问。

3. 只读字段

在字段的声明时,加上了 readonly 修饰符,表明该字段为只读字段。对于只读字段只能在字段的定义中和所属类的构造函数中进行修改,在其他情况下字段是只读的,不能修改。

4. 字段的初始化

如果在类中,没有显式地对字段进行初始化,系统将赋予其一个默认值,字段的默认初始化分为两种情况:对于静态字段,类在装载时对其进行初始化;对非静态字段,在类的实例创建时进行初始化,并且在默认的初始化之前,字段的值是不可预测的。表 2-1 列出了一些类型的字段的初始化值。

表 2-1　一些类型的字段初始化的值

变量类型	默认值
sbyte,byte,short, ushort, int, uint, long,ulong	0
char	\x0000
float	0. 0f
double	0. 0d
decimal	0. 0m
bool	false
enum	0
struct	对 struct 的值类型初始化为以上的默认值。 对 struct 的引用类型初始为 null。

注意:对于静态变量、非静态的变量和数组元素这些变量自动初始化为本身的默认值,对于所有引用类型的变量默认值为 null。

2.5.2　属性

属性是对类的字段提供特定访问的类成员。属性在类中是按一种与方法类似的方式执行,它是一个方法或一对方法。在 C♯ 中,属性充分的体现了对象的封装性:不直接操作类的数据成员,而是通过属性访问器访问。属性访问器有两种类型,一个是 get 访问器,用于获取字段的值,另一个是 set 访问器,用于设置字段的值。

1. 属性定义

属性定义的一般格式如下:

```
修饰符 类型 属性名
{
    get
    {
        //执行代码
        return 表达式;
    }
```

```
    set
    {
        //执行代码
        //表达式；
    }
}
```

其中：

修饰符：类成员修饰符，如 public，static 等。

类型：代表属性类型，如 int，float 等类型。

属性名：必须是一个有效的 C♯ 标识符。

get：get 访问器，get 下面的一对花括号是 get 访问器主体部分，它和方法的主体部分相似，它必须返回一个与属性类型相同的值。

set：set 访问器，set 下面的一对花括号是 set 访问器主体部分，它和 void 方法的主体部分相似，它没有任何显式参数，但编译器假定它带一个参数，其类型与属性相同，并表示为 value。

在使用属性之前，通常声明一个私有变量。微软推荐属性和私有变量使用相同的名称，只是变量名称和属性名称的第一个字母不同，属性采用 Pascal 大小写命名规则，而变量采用 camel 大小写命名规则。这是习惯的命名方式。

【例 2-14】下面的代码演示属性的定义。

```
public class Test
{
    private string name;//定义变量
    public string Name    //定义属性
    {
        get                //get 访问器
        {
            return name;//返回 name 值
        }
        set                //set 访问器
        {
            name = value;//通过属性隐含参数 value 给 name 赋值
        }
    }
}
```

代码说明：首先在类中定义一个私有变量 name，然后定义一个属性，它的访问控制修饰符为 public，类型为字符串类型，属性名称为 Name，该属性包含 get 访问器和 set 访问器，get 访问器获取 name 的值，set 访问器设置 name 的值。

2. 属性的使用

属性的使用采用"对象名＋点操作符＋属性名"的方法，至于使用 get 访问器还是 set 访问器要根据上下文来确定。

看一个例子,下面语句创建一个对象:

Test myTest = new Test( );

为了设置 name 字段的值,可以赋值给 Name 属性。下面的语句把"li_ming"的值赋给 myTest. Name。

myTest. Name=" li_ming";

这里,上下文是赋值符,因此使用 myTest. Name 的 set 访问器设置 name 的值。隐含的参数 value 设置为"li_ming",set 访问器中的"name = value"语句把 name 的值设置为"li_ming"。

下面的语句显示 myTest. Name 的值:

System. Console. WriteLine("myTest. Name="+myTest. Name);

这里,上下文是获取,因此使用 myTest. Name 的 get 访问器获取 name 的值,通过 get 访问器,返回 name 的值。

【例 2-15】下面是演示属性使用的案例。

```
using System;
namespace Example2_15
{
    public class Test
    {
        private string name; //定义变量
        public string Name    //定义属性
        {
            get                //get 访问器
            {
                return name; //返回 name 值
            }
            set                //set 访问器
            {
                name = value; //通过属性隐含参数 value 给 name 赋值
            }
        }
    }
    class Class1
    {
        [STAThread]
        static void Main(string[] args)
        {
            //创建对象
            Test myTest = new Test( );
```

```
            //使用 myTest. Name 的 set 访问器
            myTest. Name=" li_ming";
            //使用 myTest. Name 的 get 访问器
            System. Console. WriteLine("myTest. Name="+myTest. Name);
        }
    }
}
```

3. 只读属性,只写属性,读/写属性

在属性定义中省略 set 访问器,该属性称之为只读属性。同样,在属性定义中省略 get 访问器,该属性称之为只写属性。在属性定义中,同时包含 set 访问器和 get 访问器,该属性称之为读/写属性。

2.6 继承和多态

2.6.1 继承

C♯ 允许一个类继承其他类的属性和方法。被继承的类称为父类(也可称为为基类),继承的类称为派生或子类。子类不仅可以继承基类的属性和方法,还可以根据需要定义新的属性和方法,增加新的功能,这样可使用户重用基类的代码,专注于子类的新代码,提高类的可重用性。继承的好处是能共享代码,继承后,父类的所有字段和方法都将存在于子类中,每一个子类都具有父类的非私有特性。

在有些语言中,子类可以从不止一个父类中派生,称之为多继承,但在 C♯ 中,子类仅能派生于一个父类。

1. 继承的定义

如果要声明一个类派生于另一个类,可以使用下面的语法:

```
[修饰符]  class  派生类名:基类名
{
    //派生类成员
}
```

其中:

修饰符:可选用 public,internal,abstract,sealed,new,private,protected 修饰符,根据需要确定。

派生类名:必须是一个有效的 C♯ 标识符。一般采用 Pascal 大小写命名规则,单词的第一个字母大写。

基类名:被继承的类的名。

类体:用于定义派生类的成员。

继承意味着一个类隐藏了除了构造函数和析构函数的基类的所有成员。关于继承,需要注意以下几点:

◇ 继承是可传递的。如果 C 从 B 中派生，B 又从 A 中派生，那么 C 不仅继承了 B 中声明的成员，同样也继承了 A 中的成员。Object 类是所有类的基类。

◇ 派生类应当是对基类的扩展。派生类可以添加新的成员，但不能除去基类的成员的定义。

◇ 构造函数和析构函数不能被继承，除此以外的其他成员，不论对它们定义了怎样的访问方式，都能被继承。

◇ 派生类如果定义了与继承而来的成员同名的新成员，将覆盖已继承的成员。但这并不是在派生类中删除了这些成员，而只是不能再访问这些成员。

◇ 类可以定义虚方法、虚属性以及虚索引指示器，它的派生类能够重载这些成员，从而实现类的多态性。

◇ 派生类的成员有两个来源：一个是从基类中继承来的；另一个是在派生类中重新定义的。

【例 2-16】下面的例子演示继承的意义。

程序 Example2_16 代码

```
using System；
namespace Example2_16
{
    //定义基类
    public class Person
    {
        protected string name ；               //姓名 保护成员
        protected string identityCard；         //身份证号 保护成员
        private string tel；                    // 电话号码 私有成员
        public Person(string p_name,string p_identityCard, string p_tel) //构造函数
        {
            identityCard＝ p_identityCard；
            name ＝ p_name；
            tel＝p_tel；
        }
        public void PrintInfo( )              //个人信息打印
        {
            Console. WriteLine("姓名：{0}", name) ；
            Console. WriteLine("身份证号：{0}", identityCard) ；
        }
    }
    //派生类定义
    public class Employee：Person
    {
        public string id；//在派生类中填加雇员的编号 公共成员
```

```
public Employee(string p_name,string p_identityCard,string p_tel,string e_id ) :
base(p_name ,p_identityCard ,p_tel )//构造函数
    {
        id = e_id;
    }
    public void PrintEmployeeInfo( )  //雇员信息打印
    {
        Console. WriteLine("姓名：{0}", name) ;
        Console. WriteLine("身份证号：{0}", identityCard) ;
        Console. WriteLine("雇员 ID：{0}", id) ;
    }
}
class Class1
{
    [STAThread]
    static void Main(string[] args)
    {
        //用派生类创建对象
        Employee  liMing =  new  Employee ( " liMing"," 370911630907003","
8505085","8888") ;
        // 调用 PrintEmployeeInfo( )方法
        Console. WriteLine("调用 PrintEmployeeInfo( )方法");
        liMing. PrintEmployeeInfo( );
        //调用 PrintInfo( )方法,继承而来
        Console. WriteLine("调用 PrintInfo( )方法");
        liMing. PrintInfo( );
    }
}
}
```

程序运行结果：
调用 PrintEmployeeInfo( )方法
姓名：liMing
身份证号：370911630906003
雇员 ID：8888
调用 PrintInfo( )方法
姓名：liMing
身份证号：370911630906003

程序分析：基类 Person 定义了三个数据成员,一个构造函数,一个方法。对基类不做重
点分析,重点分析 Employee 派生类。"public class Employee：Person"语句中,public 表示

公共的；class 为类关键字；Employee 为派生类名称；"："表示派生于；Person 是基类名。类体部分增加一个公共成员 id（表示雇员的编号），增加一个构造函数初始化对象的成员（注意派生类的构造函数的定义），增加一个雇员信息打印方法。在 Employee 派生类的类体部分看不到基类的代码，但是派生类 Employee 已经继承了基类 Person 的成员，也就是说基类的成员也是派生类的成员。如：在 Employee 派生类 Console. WriteLine("姓名：{0}"，name) 语句中，我们把在基类定义的 name 成员像在 Employee 派生类中定义的成员一样使用。当然，在访问这些成员时也要考虑访问的限制，基类定义的 tel 成员，由于是基类的私有成员，所以在派生类中是不能访问的。

用派生类 Employee 创建对象 liMing 后，我们可以调用基类的方法 PrintInfo( )，因为通过继承，基类的方法已经是派生类的方法了。

2. 定义派生类的构造函数

由于派生类继承基类的成员，因此，在创建一个派生类对象时，不仅要对派生类中新增加的成员进行初始化，还要对基类中的数据进行初始化。

定义派生类的构造函数的一般形式如下：

［修饰符］派生类类名（参数表 1）:base（参数表 2）

{

        //派生类初始代码

}

其中：

修饰符：可以是 public，pivate，static。

派生类类名：构造函数所在的类名。

参数表 1：指明参数的名称和类型，包含派生类新增参数及基类的参数，也可以无参数。

base：基类关键字表示基类，关键字 base 为调用基类的成员提供了一个简便的方法，调用基类成员采用的格式为 base. 成员名。

参数表 2：指明基类参数的名称无须类型说明，这些参数应包含在参数表 1 中。

派生类初始代码：由语句组成，用于所要执行的操作。

【例 2-17】下面示例说明派生类的构造函数定义。

```
public class MyBase   //基类 MyBase
{
        private int x;
        private int y;
        public MyBase(int xx,int yy) //基类构造函数
        {
                x=xx;
                y=yy;
        }
}
public class MyDerived:MyBase        //派生 MyDerived
{
```

```
    private int z；
    public MyDerived(int xx,int yy,int zz)：base(xx,yy) //派生类构造函数
    {
        z＝zz；
    }
}
```

在派生类的构造函数 MyDerived(int xx,int yy,int zz)中,用参数 xx,yy 调用基类的构造函数初始化基类的数据,而用参数 zz 初始化派生类中的数据成员。

派生类的构造函数有如下的特点:

①派生类的构造函数可以重载,以调用基类的不同构造函数。

②派生类的构造函数体内一般只初始化派生类的数据函数,而不直接初始化基类成员,即使能直接访问它们。

注意:在创建对象时,调用派生类的构造函数 MyDerived(int xx,int yy,int zz),不必带有 base(xx,yy)。如:

MyDerivedmyTest＝new MyDerived(1,2,3)；

3. 使用 new 修饰符隐藏基类成员

使用 new 修饰符可以显式隐藏从基类继承的成员,这样在使用派生类的对象的方法时,调用的是派生类重写的与派生类相应的新方法。若要隐藏继承的成员,使用相同名称在派生类中声明该成员,并用 new 修饰符修饰它。看下面的类:

```
public class MyBase
{
    public int x ；
    public void MyVoke( )
    {
        Console. WriteLine("This is Mybase")；
    }
}
```

在派生类中用 MyVoke 名称声明成员会隐藏基类中的 MyVoke 方法,即:

```
public class MyDerived ：MyBase
{
    new public void MyVoke ( )
    {
        Console. WriteLine("This is MyDerived")；
    }
}
```

注意:在同一成员上同时使用 new 和 override 是错误的。要调用隐藏的基类中的方法用下列方法:

base.基类隐藏的方法；

4. 密封类和密封方法

C♯允许把类和方法声明为 sealed,对于类来说,这表示不能继承该类,对于方法来说,这表示不能重写该方法。

```
sealed class FinalClass
{
    //代码
}
class DerivedClass : FinalClass        // 这将给出编译错误,因密封类不能派生
{
    //代码
}
```

在把类或方法标记为 sealed 时,最可能的情形是:如果要对库、类或自己编写的其他类进行操作,则重写某些功能会导致错误。也可以因商业原因把类或方法标记为 sealed,以防第三方以违反注册协议的方式扩展该类。但一般情况下,在把类或方法标记为 sealed 时要小心,因为这么做会严重限制它的使用。即使不希望能继承一个类或重写类的某个成员,仍有可能在将来的某个时刻,有人会遇到我们没有预料到的情形..NET 基类库大量使用了密封类,使希望从这些类中派生出自己的类的第三方开发人员无法访问这些类,例如 string 就是一个密封类。

把方法声明为 sealed 也可以实现类似的目的,但很少这么做。

5. 抽象类和抽象函数

C♯允许把类和函数声明为 abstract,抽象类不能实例化,而抽象函数没有执行代码,函数括号后跟一个分号,必须在非抽象的派生类中重写。如果类包含抽象函数,该类也是抽象的,必须声明为抽象的:

```
abstract class Building
{
    public abstract decimal CalculateHeatingCost( );// abstract method
}
```

2.6.2 多态性

"多态性"原指一种事物有多种形态,在 C♯中,多态性的定义是:同一操作作用于不同的类的实例,不同的类将进行不同的解释,最后产生不同的执行结果。C♯支持两种类型的多态性:

①编译时的多态性。编译时的多态性是通过重载来实现的。对于非虚的成员来说,系统在编译时,根据传递的参数、返回的类型等信息决定实现何种操作。

②运行时的多态性。运行时的多态性就是指直到系统运行时,才根据实际情况决定实现何种操作。C♯中,运行时的多态性通过虚成员实现。

编译时的多态性为我们提供了运行速度快的特点,而运行时的多态性则带来了高度灵活的特点。

1. 虚方法

当类中的方法声明前加上了 virtual 修饰符时,我们称之为虚方法,反之为非虚方法。使用了 virtual 修饰符后,不允许再有 static,abstract 或 override 修饰符。

```
class MyBaseClass
{
    public virtual string VirtualMethod( )
    {
        return "这个方法是虚方法";
    }
}
```

2. 重写虚函数

先让我们回顾一下普通的方法重载。普通的方法重载指的是:类中两个以上的方法(包括隐藏的继承而来的方法),取的名字相同,只要使用的参数类型或者参数个数不同,编译器便知道在何种情况下应该调用哪个方法。而对基类虚方法的重载是函数重载的另一种特殊形式。在派生类中重新定义此虚函数时,要求的是方法名称、返回值类型、参数表中的参数个数、类型顺序都必须与基类中的虚函数完全一致。在派生类中对虚方法重载,要求在声明中加上 override 关键字,而且不能有 new,static 或 virtual 修饰符。

```
class MyDerivedClass : MyBaseClass
{
    public override string VirtualMethod( )
    {
        return "这个方法是 override 方法";
    }
}
```

【例 2-18】下面以汽车类的例子来说明多态性的实现。

程序 Example2_18 代码:

```
using System;
namespace Example2_18
{
    class Vehicle    //定义汽车类
    {
        public int wheels;    //公有成员轮子个数
        protected float weight;    //保护成员重量
        public Vehicle(int w,float g)    //构造函数
        {
            wheels = w;
            weight = g;
        }
        public virtual void Accelerate( )
```

```
        //不同种类的汽车有不同的加速方法,此方法为虚函数
        {
            Console. WriteLine( " the vehicle is Accelerate!" ) ;
        }
    }
class Car:Vehicle //定义轿车类
{
    int passengers; //私有成员乘客数
    public Car(int w,float g,int p) : base(w,g)
    {
        passengers = p;
    }
    public override void Accelerate( )//重写虚函数
    {
        Console. WriteLine( " The car is Accelerate!" ) ;
    }
}
class Truck:Vehicle //定义卡车类
{
    int passengers; //私有成员乘客数
    float load; //私有成员载重量
    public Truck (int w,float g,int p, float l) : base(w,g)
    {
        passengers = p;
        load = l;
    }
    public override void Accelerate( )//重写虚函数
    {
        Console. WriteLine( " The truck is Accelerate!" ) ;
    }
}
class Test
{
    [STAThread]
    static void Main(string[] args)
    {
        VehiclemyVehicle = new Vehicle(0,0 ) ;
        Car myCar= new Car(4,2,5) ;
        Truck myTruck= new Truck(6,5,3,10) ;
```

```
            myVehicle. Accelerate( );
            myVehicle = myCar;
            myVehicle. Accelerate( );
            myCar. Accelerate( );
            myVehicle = myTruck;
            myVehicle. Accelerate( );
            myTruck. Accelerate( );
        }
    }
}
```

运行该程序结果如下:

```
    the vehicle is Accelerate!
    The car is Accelerate!
    The car is Accelerate!
    The truck is Accelerate!
    The truck is Accelerate!
```

程序分析:Vehicle 类中的 Accelerate()方法由于不同的汽车有不同的加速方法,所以被声明为虚方法,那么在派生类中就可以重新定义此方法。在派生类 Car 和 Truck 中分别重载了 Accelerate()方法,派生类中的方法原型和基类中的方法原型必须完全一致。在 Test类中,创建了 Vehicle 类的实例 myVehicle,并且先后指向 Car 类的实例 myCar 和 Truck 类的实例 myTruck。

这里,Vehicle 类的实例 myVehicle 先后被赋予 Car 类的实例 myCar,以及 Truck 类的实例 myTruck 的值。在执行过程中,myVehicle 先后指代不同的类的实例,从而调用不同的版本。这里 myVehicle 的 Accelerate()方法实现了多态性,并且 myVehicle. Accelerate()究竟执行哪个版本,不是在程序编译时确定的,而是在程序的动态运行时,根据 myVehicle 某一时刻的指代类型来确定的,这说明了对象的引用能实现运行时的多态性,应引起特别注意。

2.7　接口

接口包含方法、属性、事件、索引等一系列声明,可以让类来实现指定的接口,这个类必须为接口中指定的声明来定义代码。结构也可实现接口,实现方法与类相同。

2.7.1　接口定义

接口定义的一般格式如下:

修饰符 interface 接口名

```
{
    接口体
}
```

接口声明的语法说明如下：

修饰符：控制接口的存取限制符，与类相同。对接口比较合适的存取限制符是 public。

interface：接口声明的关键字。

接口名：所声明接口的名称。习惯上，接口用大写的 I 开始，跟在 I 后面的字符也是大写的，例如，IDrivable。

接口体：用于定义接口的成员。接口的成员可以是方法、属性、索引和事件，不包括字段。所有的成员都不包含访问修饰符，所有成员都隐式地声明为 public，原因是接口只是一组声明——实际实现的代码都定义在实现接口的类或结构中。

在现实生活中，所有的汽车都有启动与停止这 2 个功能，我们可以分别用 Start( )和 Stop( )方法表示。现在我们定义一个所有汽车类的接口 IDrivable，这个接口声明了上述功能。下面是这个接口的定义：

```
public interface IDrivable
{
    //方法声明
    void Start( );    //注意此处无方法实现代码，用分号结束
    void Stop( );     //注意此处无方法实现代码，用分号结束
}
```

2.7.2 接口的实现

接口是由类来实现的。实现的方法有点像类的派生，在类名后加上一个冒号(：)，后面跟上接口名，然后在类中为接口提供接口所声明项的实现代码。

【例 2-19】下面我们定义实现接口 IDrivable 的两个类，一个是 Car 类，一个是 Truck 类。

```
public Car ：IDrivable
{
    //在本类中为接口声明的 Start( ),Stop( )编写实现代码
    public void Start( )
    {
        Console. WriteLine("Car started");
    }
    public void Stop( )
    {
        Console. WriteLine("Car stopped");
    }
}
public Truck ：IDrivable
{
    //在本类中为接口声明的 Start( ),Stop( )编写实现代码
    public void Start( )
```

```
        {
            Console. WriteLine("Truck started");
        }
        public void Stop( )
        {
            Console. WriteLine("Truck stopped");
        }
    }
```

从上面实现接口的两个类可以看出,接口只是对某些功能的约定,这些功能的实现由类来完成,至于类如何完成,完全由实现接口的类来决定。在上面的例子中,Car 类与 Truck 类都是汽车,但它们如何启动由它们自己决定,只是都实现了 IDrivable 接口,也就是都具有接口所规划的功能(这里所注重的是这些功能在类中必须能实现),在类中要实现这些功能可以由不同的代码完成,在 Car 类由 Console. WriteLine("Car started")完成,在 Truck 类中由语句 Console. WriteLine("Truck started")完成。一个类实现接口后,接口声明的项就成为了类的成员,其使用与类的成员使用方法相同。

【例 2-20】下面的代码演示接口的使用方法。

```
using System;
namespace Example2_20
{
    //声明接口 IDrivable
    public interface IDrivable
    {
        void Start( );
        void Stop( );
    }
    //类 Car、类 Truck 实现接口 IDrivable
    public class Car : IDrivable
    {
        //为接口的 Start( )编写实现代码
        public void Start( )
        {
            System. Console. WriteLine("Car started");
        }
        //为接口的 Stop( )编写实现代码
        public void Stop( )
        {
            Console. WriteLine("Car Stopped");
        }
    }
```

```
public class Truck ：IDrivable
{
    public void Start( )
    {
        System. Console. WriteLine("Truck started")；
    }
    public void Stop( )
    {
        Console. WriteLine("Truck Stopped")；
    }
}
class Class1
{
    static void Main(string[] args)
    {
        Car myCar = new Car( )；//使用接口声明的方法,接口声明的方法在类中实
现后就成为了类的成员,使用方法与类方法使用相同
        myCar. Start( )；
        myCar. Stop( )；
        Truck myTruck = new Truck( )；
        myTruck. Start( )；
        myTruck. Stop( )；
    }
}
}
```

2.8 . NET Framework 类库简介

2.8.1 命名空间

在. NET 中提出了一个比较重要的概念——命名空间,它为 C♯ 的程序代码提供了容器,其目的是惟一地标识代码及内容,也是避免类名冲突的一种方式。C♯ 采用名称空间来组织程序。

1. 命名空间的声明

命名空间声明的一般格式：

namespace 命名空间名

{

//类型声明

}

其中：

　　namespace：命名空间关键字，用于声明一个命名空间的代码范围。

　　命名空间名：命名空间名可以是任何合法的标识符。

　　类型声明：在一个命名空间中，可以声明一个或多个下列类型：

　　　　　　另一个命名空间

　　　　　　class

　　　　　　interface

　　　　　　struct

　　　　　　enum

　　　　　　delegate

　　说明：在程序中，即使未显式声明命名空间，也会创建默认命名空间。该未命名的命名空间（有时称为全局命名空间）存在于每一个文件中。全局命名空间中的任何标识符都可用于命名的命名空间中。

　　命名空间隐式具有公共访问权，并且这是不可修改的。

　　下面示例演示命名空间的声明：

```
namespace Proj1
{
    class MyClass
    {
    }
}
```

代码说明：

　　namespace：命名空间关键字。

　　Proj1：命名空间名。

　　{}：限定本命名空间的范围，命名空间的主体部分。

　　MyClass：Proj1 的成员。

　　命名空间可以嵌套声明，下面的示例演示了命名空间的嵌套声明。

```
namespace MyCompany
{
    public class MyClass    //在 MyCompany 命名空间，声明类 MyClass
    {
    }
    namespace Proj1    // 在 MyCompany 命名空间，嵌套声明命名空间 Proj1
    {
        public class MyClass1 //在 Proj1 命名空间，声明类 MyClass1
        {
        }
    }
}
```

```
}
```

每个命名空间名都由它所在命名空间的名称组成,这些名称用点隔开,首先是最外层的命名空间,最后是它自己的命名空间名。所以 Proj1 命名空间的全名是 MyCompany. Proj1,MyClass1 类的全名是 MyCompany. Proj1. MyClass1。

Microsoft 公司建议在大多数情况下,至少提供两个嵌套名称空间,第一个是开发公司的名称,第二个是技术名称或者软件包的名称,而类就作为其中的成员。通过这种方式,基本可以保证类的名称不与其他组织编写的类发生冲突。

2. 命名空间成员的引用

命名空间成员的引用使用"命名空间名＋点操作符＋命名空间名成员"的方式。

【例 2-21】下面示例演示命名空间成员的引用。

程序 Example2_21 代码

```
namespace MyCompany   //命名空间声明
{
    namespace Proj1    // 在 MyCompany 命名空间,嵌套声明命名空间 Proj1
    {
        public class MyClass1//在 Proj1 命名空间,声明类 MyClass1
        {
            public void F( )
            {
            //System 命名空间的类 System. Console 静态成员引用
            System. Console. WriteLine( "命名空间名是 MyCompany. Proj1 " ) ;
            }
        }
    }
}

namespace Example2_21    //默认命名空间
{
    class Class1
    {
        static void Main(string[] args)
        {
        //命名空间成员的引用,引用 MyCompany. Proj1. MyClass1 创建对象 myTest
        MyCompany. Proj1. MyClass1myTest＝new MyCompany. Proj1. MyClass1( );
            myTest. F( );
        }
    }
}
```

在上述代码中,对于命名空间 System,开发环境默认包含这个命名空间,可以直接使用上述方式引用 System 命名空间的成员。程序中对命名空间成员引用的语句有:"MyCom-

pany. Proj1. MyClass1myTest＝new MyCompany. Proj1. MyClass1( )",此语句引用了 My-
Company 命名空间的 Proj1 命名空间的成员 MyClass1 类;语句"System. Console. Write-
Line("命名空间名是 MyCompany. Proj1")"引用了 System 命名空间的 Console 类的方法
WriteLine( )。

3. using **指令**

显然,有时命名空间名相当长,键入起来很繁琐,为了解决这个问题,C♯规定只要在文
件的顶部列出类的命名空间,前面加上 using 关键字,在程序的其他地方,就可以使用其类
型名称来引用命名空间中的类型。

【例 2-22】下面示例演示 using 指令的使用。

```
using System；
using MyCompany. Proj1；
namespace MyCompany    //命名空间声明
{
    namespace Proj1    // 在 MyCompany 命名空间嵌套声明命名空间 Proj1
    {
        public class MyClass //在 Proj1 命名空间声明类 MyClass
        {
            public void F( )
            {
                //System 命名空间类 System. Console 静态成员引用
                Console. WriteLine( "命名空间名是 MyCompany. Proj1 " ) ；
            }
        }
    }
}
namespace Example2_22    //默认命名空间
{
    class Class1
    {
        static void Main(string[] args)
        {
            //命名空间成员的引用
            //由于使用 using MyCompany. Proj1,可以使用下面的引用形式
            MyClass myTest＝new MyClass( )；
            myTest. F( )；
        }
    }
}
```

所有的 C♯源代码都以指令"using System;"开头,这仅是因为 Microsoft 提供的许多有

用的类都包含在 System 命名空间中。通过使用 using System 指令,在调用 Console. Write-Line( )时可省略 System;同样通过使用 using MyCompany. Proj1,在引用 MyClass 类时可省略 MyCompany. Proj1。

如果 using 指令引用的两个命名空间包含同名的类,就必须使用完整的名称(或者至少较长的名称),确保编译器知道访问哪个类型。

4. 命名空间的别名

using 关键字的另一个用途是给类和命名空间指定别名。如果命名空间的名称非常长,又要在代码中使用多次,但不希望该命名空间的名称包含在 using 指令中(例如要避免类名冲突的情况下),就可以给该命名空间指定一个别名,其语法如下:

using 指定别名= 命名空间;

下面的例子(前面例子的修订版本)给 MyCompany. Proj1 命名空间指定别名 Introduction,并使用这个别名实例化了一个 MyClass 对象。

【例 2-23】下面示例演示命名空间的别名使用。

```
using System;
using Introduction=MyCompany. Proj1;//为命名空间指定别名 Introduction
namespace MyCompany   //命名空间声明
{
    namespace Proj1    // 在 MyCompany 命名空间嵌套声明命名空间 Proj1
    {
        public class MyClass1 //在 Proj1 命名空间声明类 MyClass
        {
            public void F( )
            {
                //System 命名空间的类 System. Console 静态成员引用
                Console. WriteLine( "命名空间名是 MyCompany. Proj1 " ) ;
            }
        }
    }
}
namespace Example2_23   //默认命名空间
{
    class Class1
    {
        static void Main(string[] args)
        {
            //利用命名空间的别名 Introduction,引用 MyClass 创建对象 myTest
            Introduction. MyClass1 myTest=new Introduction. MyClass1( );
            myTest. F( );
        }
```

```
    }
}
```

2.8.2 .NET Framework 类库简介

学会并熟练掌握.NET Framework 类库的知识,对于一个开发人员来说至关重要。NET 的基类库内容丰富,包含多达 7000 个类型——类、结构、接口、枚举和委托。有些类包含 100 多种方法、属性和其他成员。这些类可以实例化对象,也可以从它们派生自己的类。这将减少程序编写时间,同时由于是对代码的重用,提高了程序的可靠性,减少了程序调试时间,由此提高了程序的编写效率。

.NET 基类的一个优点是它们非常直观和易用。例如,要启动一个线程,可以调用 Thread 类的 Start( )方法;要禁用 TextBox,把 TextBox 对象的 Enabled 属性设置为 false 即可。

为了更容易的学习和使用.NET Framework 类库,微软公司将类库划分为分层的命名空间。.NET Framework 类库大约有 100 多个命名空间,每个命名空间包括类和其他可完成任务的类型。例如,大多数 Windows 管理器的应用程序接口被封装在 System.Windows.Forms 命名空间中,在这个命名空间中你会发现代表窗口、对话框、菜单等在 GUI 应用程序中常用的元素的类;System.Collections 命名空间包括哈希表、可调整大小的数组和其他数据容器;System.IO 命名空间包含文件输入/输出的类型。.NET Framework 类库庞大且包罗万象,不过大多数开发者不必对所有的类型都有深入细致的研究也能开发比较优秀的产品。

在.NET 中,类型按照应用领域的不同,划分为如下 4 个部分。

1. 基本类库

基本类库提供诸如输入/输出、字符串操作、安全管理、网络通信、线程管理及其他函数等标准功能。对应的命名空间是 System,System.Collections,System.Text,System.reflection,System.Configuration,System.Runtime,System.Gloablization,System.Diagnostics,System.Threading,System.Next,System.IO,System.Resourses。

2. ADO.NET:数据和 XML 类

ADO.NET 是下一代 ActiveX Data Object(ADO)技术。ADO.NET 提供易于使用的类集,以访问数据。同时,微软希望统一 XML 文档中的数据,因此,ADO.NET 中也提供了对 XML 的支持。ADO.NET:数据和 XML 类中包括两个名称空间:System.Data 和 System.XML。

3. ASP.NET:Web 服务和窗体

Web 服务为分布式的以 Web 为基础的应用程序提供了模块。Web 窗体为建立动态 Web 用户界面提供了简单有效的方法。对应 ASP.NET 的命名空间是命名空间前部为 System. Web 的命名空间。

4. Windows 窗体类

Windows 窗体类支持一组类,通过这些类可以开发基于 Windows 的 GUI 应用程序,支持可视化 RAD 开发。此外,还为.NET 框架下所有编程语言提供了一个公共的、一致的开发界面。Windows 窗体类包括 System. Windows. Form 和 System. Drawing 两个命名空间。

注:命名空间的更具体内容请查看有关资料。

在对. NET Framework 类库作了简明扼要的介绍后,现在看一看. NET Framework 类库的使用.. NET Framework 类库的使用,一般采用 using 语句使用方法。用到哪个. NET Framework 类库的命名空间的类型,一般就在程序的开始部分填写 using+命名空间名。

【例 2-24】下面的示例说明 using+命名空间名的应用。

```
using System;
namespace Example2_24    //命名空间
{
        public class MyClass1    //声明类 MyClass
        {
            [STAThread]
            static void Main(string[] args)
            {
                //System 命名空间的类 System. Console 静态成员引用
                Console. WriteLine( " Console. WriteLine( )来自 System 命名空间" );
            }
        }
}
```

由于 Console. WriteLine( ) 在 System 命名空间中,所以在程序文件的开始填写"using System;"语句。

2.9 事件委托机制

委托就像一个函数指针,在程序运行时可以使用它们调用不同的函数。

事件与委托的关系很紧密——事件实际上是一种特殊的委托。在某件事发生时,可以使用事件给特定的对象发送通知。按动鼠标按键或选择 Windows 程序的菜单都是事件的例子。

2.9.1 委托

委托的实现像函数指针,但是,与函数指针不同,委托是面向对象和类型安全的。一个委托有两个部分:委托类和委托对象。一旦定义了一个委托类就可以创建一个委托对象并用特定的方法签名(就是那个方法的返回值类型和参数列表)来存储和调用那个方法。定义和使用委托包括三个步骤:定义委托,实例化,调用。

1. 定义委托

委托的声明使用以下语法:

访问修饰符 delegate 返回值类型 委托名(参数列表);

其中:

访问修饰符:委托也是类,它可以使用和类一样的访问修饰符,且具有和类相同的意义,如 public,protected 等。

delegate:委托关键字,表示定义了委托类。

返回值类型:委托类返回值的类型或类,无返回值时用 void。

委托名:委托类的名字。

参数列表:传递给委托的参数,包括参数类型和参数名,多参数用逗号分隔。

下面的例子定义了一个委托类:

```
public delegate double Calculation(double speed,double time);
```

这句代码定义了一个名为 Calculation 的委托类,其中返回值类型为 double,并且使用了两个 double 参数。

2. 委托实例化

定义了委托之后,就可以实例化委托了。要实例化委托,需要编写委托的方法,这个方法实现具体的功能,其参数列表必须与委托相同,且必须返回同样的类型,然后再将这个方法赋予委托对象,这样就完成了委托的实例化。

【例 2-25】下面的示例演示了委托实例化的步骤和方法。

```
程序 Example2_25
using System;
namespace Example2_25
{
    class Class1
    {
        //定义一个委托
        public delegate double Calculation(double speed,double time);
        //定义一个方法
        public   double MyMethod(double sp,double ti)
        {
            double distance=sp * ti;
            return distance;
        }
        static void Main(string[] args)
        {
            //创建对象
            Class1 myTest=new Class1 ( );
            //实例化一个委托
            Calculation mydelegate=new Calculation(myTest. MyMethod);
            //调用委托 mydelegate(12,3)
            Console. WriteLine("mydelegate:distance={0}",mydelegate(12,3));
            //调用对象的方法 myTest. MyMethod(12,3)
            Console. WriteLine("myTest. MyMethod:distance={0}",myTest. MyMeth-
```

```
od(12,3));
        }
    }
}
```

这段代码仍然使用了上面的 Calculation 委托定义,在 Class1 中定义了一个实例方法 MyMethod,这个方法和委托具有相同的签名(返回值类型、两个 double 类型参数),在 Main ()函数中创建 Class1 对象 myTest,然后用对象的 myTest. MyMethod 创建一个名为 my-delegate 的实例,这样就将方法 myTest. MyMethod 附在委托上了,然后就可以像使用 Class1 对象的 myTest 方法一样来调用委托了,如本程序中的 mydelegate(12,3)。

本程序中委托实例化的步骤是:

①定义一个委托:public delegate double Calculation(double speed,double time)。

②定义一个方法:public double MyMethod(double sp,double ti)。

③用方法实例化委托:Calculation mydelegate＝new Calculation(myTest. MyMethod)。

3. 通过委托调用方法

使用委托就好像它就是委托的方法一样,和直接使用方法相同。在上面的例子中,调用委托的是"Console. WriteLine("mydelegate:distance＝{0}",mydelegate(12,3));"中的 my-delegate(12,3)。直接使用方法的是"Console. WriteLine("myTest. MyMethod:distance＝{0}",myTest. MyMethod(12,3));"中的 myTest. MyMethod(12,3)。这两个调用方式的不同是使用委托时 myTest. MyMethod 用 mydelegate 代替而其他方面一样。

我们可以看到,对于方法的调用是通过委托来完成的,委托像一个中间媒介,我们不直接地调用这个方法,而是通过一个中间媒介——委托去调用它。

4. 多点委托

可以使用一个委托调用多个方法,这称之为多点委托。在这种情况下,委托和方法都有一个限制:委托和方法都必须返回 void。这是因为在一个委托中没有办法存储多个返回值不同的方法。在事件处理中,多点委托是有用的,当用户做了某个行动或某事件发生时,可能需要调用多个方法,例如,在一个 Windows 程序中,用户选择菜单的结果就可能需要调用多个方法。

在 C# 中,通过使用加法运算符(＋),可以把某个委托添加到一个多点委托中。类似通过使用减号运算符(－),可以把某个委托从多点委托中删除。当多点委托被调用时,已经添加的每个委托按其被添加的顺序调用。

【例 2-26】多点委托的使用和简单的委托基本一样,下面给出多点委托的例子。

```
程序 Example2_26 代码
using System;
namespace Example2_26
{
    //定义一个委托
    public delegate void TestDelegate( );
    public class Person
    {
```

```
        int age；
        string name；
        //构造函数
        public Person(string vname，int vage)
        {
            age = vage ；
            name =vname；
        }
        //方法
        public void NameIs( )
        {
            Console. WriteLine("Name is "+name)；
        }
        public void AgeIs( )
        {
            Console. WriteLine("Name is "+age)；
        }
    }
    class Class1
    {
        static void Main(string[] args)
        {
            //创建对象
            Person liMing=new Person("liMing"，21)；
            //简单委托
            TestDelegate NameDelegate=new TestDelegate(liMing. NameIs)；
            Console. WriteLine("NameDelegate :简单委托")；
            NameDelegate( )；
            //简单委托
            TestDelegate AgeDelegate=new TestDelegate(liMing. AgeIs)；
            Console. WriteLine("AgeDelegate :简单委托")；
            AgeDelegate( )；
            //多点委托,注意"+"的用法
            TestDelegate NameAndAgeDelegate=NameDelegate+AgeDelegate；
            Console. WriteLine("NameDelegate+AgeDelegate :多点委托")；
            NameAndAgeDelegate( )；
            //多点委托,注意"-"的用法
            TestDelegate NameAndAgeDelegate_Age=NameAndAgeDelegate-AgeDel-
egate；
```

```
            Console. WriteLine("NameAndAgeDelegate－AgeDelegate :从多点委托删
除");
            NameAndAgeDelegate_Age( );
        }
    }
}
```

上面的代码定义了一个叫 TestDelegate 的委托类,返回值为 void。

public delegate void TestDelegate( );

接着 Person 类定义了两个返回 void 的方法 NameIs( )和 AgeIs( )。在 Main( )中创建 LiMing 对象,然后创建两个委托对象,把 liMing. NameIs 和 liMing. AgeIs 传递给了它的构造函数。

TestDelegate NameDelegate＝new TestDelegate(liMing. NameIs);

TestDelegate AgeDelegate＝new TestDelegate(liMing. AgeIs);

这两个委托可以使用加运算符(＋)加在一起。

TestDelegate NameAndAgeDelegate＝NameDelegate＋AgeDelegate;

可以使用减运算符(－)从一个多点委托中删除一个委托。

TestDelegate NameAndAgeDelegate_Age＝NameAndAgeDelegate－AgeDelegate;

程序的运行结果是:

NameDelegate:简单委托

Name isLiMing

AgeDelegate:简单委托

Age is 21

NameDelegate＋AgeDelegate:多点委托

Name isLiMing

Age is 21

NameAndAgeDelegate－AgeDelegate:从多点委托删除

Name isLiMing

2.9.2 事件

事件是对象发送的消息。在某件事情发生时,一个对象可能通过事件通知另一个对象。例如,在 Windows 程序中,点击一下鼠标键,就会产生一个事件。根据按键的不同和按键时所处的位置,程序可能采取不同的方法来处理这个事件,处理这个事件的代码段叫做事件处理器,产生这个事件的对象叫做事件发生器,它包含事件的源代码。例如,按鼠标右键,程序可能弹出一个上下文的弹出菜单处理这个事件;如果在程序的最小化按钮处按动鼠标左键,程序通过最小化应用来处理这个事件。事件是一种特殊的委托,可以编写自己的事件和事件处理器。

下面我们将以模拟闹铃的控制台程序(这个程序对于说明事件的作用过程具有代表性,本书对其进行了精简)来说明事件是如何工作的。

1. 声明事件

使用关键字 event 来声明一个事件,声明事件的一般格式如下:

［修饰符］ event 委托类名 事件名;

其中:

修饰符:事件的访问限制修饰符,和方法定义中的使用一样,可以是 public,protected 等等。

委托类名:事件使用的委托类。这个委托类代表处理事件的方法——当事件产生时调用这个方法。

事件名:事件名一般由 On 开始——例如 OnClick,OnDisplay 等等。

在闹铃程序中,事件 Alarm 是在一个 AlarmClass 类中声明的,声明的代码如下:

```
public class AlarmClass
{
    ...
    public event AlarmEventHandler Alarm;
}
```

代码 AlarmEventHandler 是事件 Alarm 使用的委托类。

2. 声明事件委托类

必须声明事件使用的委托类。在闹铃程序中,事件使用的委托类是如下声明的:

```
public delegate void AlarmEvenHandler(object sender,AlarmEventArg e);
```

全部的事件处理器的委托类都必须返回 void 并且接受两个参数。第一个参数为一个对象,它代表产生事件的对象——在闹铃程序中,就是 AlarmClass 的实例 clock。第二个参数是一个从 System.EventArgs 类派生而来的对象。EventArgs 类是事件数据的基类,它代表事件的细节。如果事件不生成数据,则它使用 EventArgs 作为事件数据类型,在闹铃程序中第二参数是 AlarmEventArg 类的对象。

3. 实现事件

接收事件通知后如何处理? 在委托中确定了相关的处理方法,该方法必须符合事件委托类型的签名。本例中处理事件的方法如下:

```
public class wakeMeUp
{
    public void AlarmRang(object sender ,AlarmEventArgs e)
    {
        ...
    }
}
```

4. 触发事件

我们要明确的是:事件不是将各个程序片段串起来的管道,所以,程序也就不能沿着这个管道顺流而下。通过这种方式只是使程序更具有交互性、灵活性和动态性。本例中触发事件的语句是:

```
Alarm(this,e);
```

触发事件其形式上和方法调用非常相似。

注意：this 关键字是对象的引用，引用当前正在使用的对象，在此处指 AlarmClass 的实例 clock。

5. 订阅事件

事件发生了，如何将它和事件处理程序联系起来呢？这就要用到订阅器，它是订阅事件的对象。我们先看看在闹铃程序中的代码是如何编写的：

clock. Alarm＋＝new AlarmEventHandler(waking. AlarmRang)；

其中，clock 是 AlarmClass 的实例，通过"＋＝"操作符事件与新创建的委托联系起来。委托的方法是 waking. AlarmRang，这是一个事件处理方法。

订阅事件很简单，通过运算符（＋＝）就能完成事件的附加。反之，我们可以使用删除事件运算符（－＝），将事件分离订阅器。分离可以防止从发生器对象送来任何后续事件的通知。

【例 2-27】本例是这个精简模拟闹铃的控制台程序的代码。

```
using System;
namespace Example2_27
{
    // 声明一个委托
    public delegate void AlarmEventHandler(object sender，AlarmEventArgs e)；
    //定义事件数据类
    public class AlarmEventArgs ：EventArgs
    {
        public string alarmText ＝"Wake Up!"；
    }
    // 包含事件和触发事件方法的类
    public class AlarmClock
    {
        //声明事件
        public event AlarmEventHandler Alarm；
        //触发事件方法
        public void Start( )
        {
            AlarmEventArgs e ＝ new AlarmEventArgs( )；
            if（Alarm ！＝ null)
            {
                Alarm(this，e)；//触发事件
            }
        }
    }
    //定义一个包含与事件关联方法的类
```

```
public class WakeMeUp
{
    public void AlarmRang(object sender，AlarmEventArgs e)
    {
        Console. WriteLine(e. alarmText ＋"\n"）；
    }
}
public class AlarmDriver
{
    public static void Main （string[] args)
    {
        //创建事件接收者对象实例
        WakeMeUp w＝ new WakeMeUp( ）；
        // 创建事件发送者对象实例
        AlarmClock clock ＝ new AlarmClock( ）；
        // 把事件处理方法绑定到发送者事件上
        clock. Alarm ＋＝ new AlarmEventHandler(w. AlarmRang)；
        //调用 clock. Start( )方法触发事件
        clock. Start( ）；
    }
}
```

这个程序输出如下：

　　Wake Up!

　　上面示例演示了如何从类引发事件以及如何处理事件,它定义了以下几个类：

AlarmClock：是引发 Alarm 事件的类。

AlarmEventArgs：为 Alarm 事件定义数据。

AlarmEventHandler：是 Alarm 事件的委托。

WakeMeUp：是具有 AlarmRang 方法的类,该方法处理 Alarm 事件。

AlarmDriver：是示范事件如何连结的类。该类实例化 AlarmClock 和 WakeMeUp。然后,该类通过对 WakeMeUp 实例的 AlarmRang 方法的引用实例化 AlarmEventHandler 委托。AlarmDriver 通过向 AlarmClock 的实例注册该委托并用 ＋＝语法将委托添加到一个事件,完成事件连结。

6. 在 Windows 窗体应用程序中使用事件

从上述可以看出,事件机制相对比较复杂。但 Microsoft 设计事件的目的是为了让用户无需理解底层的委托就可以使用他们。而在 GUI 方式的开发设计过程中,客户软件主要考虑的是编写特定代码来接收事件的通知,无需担心后台的操作。

Visual Studio C♯. NET 的 C♯ 为程序开发提供了很多便利。下面简单地做一个带有窗体的 Windows 应用程序,它包含一个按钮（Button)和一个文本框（TextBox）。先建一个工程，选择的模板是 Windows 应用程序，然后在工具箱的 Windows 窗体栏中选择 Button 和 TextBox，并将他们放置在合适的位置，如图 2-1 所示。

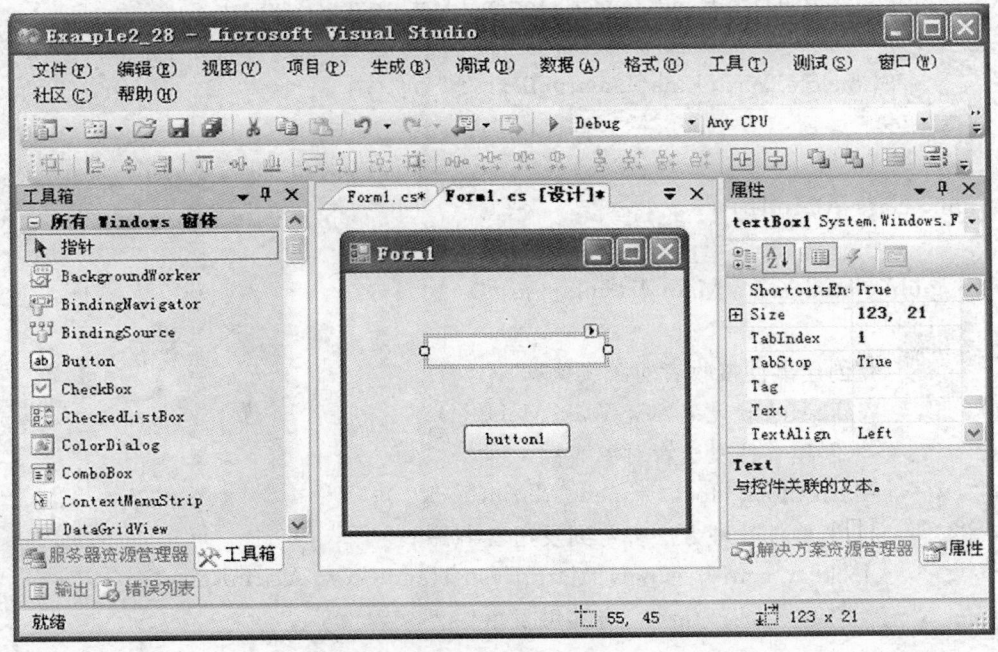

图 2-1　例 2-28 的界面图

现在我们关注的是在 Visual Studio C♯.NET 开发环境中如何响应和处理事件，所以其他的内容暂时放在一边。Visual Studio C♯.NET 为处理各种事件提供了可视化界面，使用非常方便。在 Visual Studio.NET 的 C♯设计窗口，我们可以看到右面的属性栏，点击属性栏中闪电标识，就会看到选中控件的全部事件列表，选中不同的控件，会显示不同的事件列表。

根据设计的需要，要响应鼠标单击事件，在 C♯ 中有两种处理方法：一种是直接双击接收事件的按钮；另一种是在事件栏中，找到 Click 事件，然后在其左边的输入框中双击鼠标。这两种方法都可以自动的转到代码编辑窗口，并自动生成事件处理方法声明，其光标也会自动停在事件处理代码处，我们在此插入相应的处理语句即可。在本例中我们双击 button1 按钮，自动生成事件处理方法声明如下：

```
private void Button_Clicked(object sender, EventArgs e)
{

}
```

在此方法中我们填写如下代码：

```
textBox1.Text = "button1 的 Click 事件";
```

填写此代码后，我们运行此程序，在程序窗口中点击 button1 按钮，textBox1 文本框中的文本将由"textBox1"变为"button1 的 Click 事件"。也就是说当点击 button1 按钮时，产生一个 Click 事件，处理这个事件的方法就是上述自动生成的事件处理方法。

通过上述的分析,我们发现在 Windows 窗体应用程序中使用事件是非常简单的,我们只关注处理这个事件的方法就可以了,不必关注事件的定义、事件的委托类声明、事件处理方法与发送者事件的绑定等,这些工作都由设计器自动完成。

【例 2-28】本例是这个简单的 Windows 窗体应用程序的代码,该应用程序处理 button1 的 Click 事件以改变 textBox1 的文本内容。

程序 Example2_28 代码:

```csharp
using System;
using System. Drawing;
using System. Collections;
using System. ComponentModel;
using System. Windows. Forms;
using System. Data;
namespace Example2_28
{
    public class Form1 : System. Windows. Forms. Form
    {
        private System. Windows. Forms. TextBox textBox1;
        private System. Windows. Forms. Button button1;
        private System. ComponentModel. Container components = null;
        public Form1( )
        {
            InitializeComponent( );
        }
        protected override void Dispose( bool disposing )
        {
            if( disposing )
            {
                if (components ! = null)
                {
                    components. Dispose( );
                }
            }
            base. Dispose( disposing );
        }
        #region Windows 窗体设计器生成的代码
        private void InitializeComponent( )
        {
            this. textBox1 = new System. Windows. Forms. TextBox( );
            this. button1 = new System. Windows. Forms. Button( );
```

```
        this. SuspendLayout( );
        //
        // textBox1
        //
        this. textBox1. Location = new System. Drawing. Point(32, 32);
        this. textBox1. Name = "textBox1";
        this. textBox1. Size = new System. Drawing. Size(128, 21);
        this. textBox1. TabIndex = 0;
        this. textBox1. Text = "textBox1";
        //
        // button1
        //
        this. button1. Location = new System. Drawing. Point(56, 88);
        this. button1. Name = "button1";
        this. button1. TabIndex = 1;
        this. button1. Text = "button1";
        // 把事件处理方法绑定到发送者(button1)事件上
        this. button1. Click += new System. EventHandler(this. button1_Click);
        //
        // Form1
        //
        this. AutoScaleBaseSize = new System. Drawing. Size(6, 14);
        this. ClientSize = new System. Drawing. Size(184, 165);
        this. Controls. Add(this. button1);
        this. Controls. Add(this. textBox1);
        this. Name = "Form1";
        this. Text = "Form1";
        this. ResumeLayout(false);
    }
# endregion
[STAThread]
static void Main( )
{
    Application. Run(new Form1( ));
}
//事件处理方法
private void button1_Click(object sender, System. EventArgs e)
{
    textBox1. Text = "button1 的 Click 事件";
```

```
        }
    }
}
```

程序说明：System.Windows.Forms.Button 具有一个 Click 事件，该事件的事件委托是 EventHandler。要处理 Click 事件，事件处理程序必须具有 EventHandler 签名。本示例的事件处理程序为 button1_Click，它的签名和 EventHandler 相同，程序代码如下：

private void button1_Click(object sender，System.EventArgs e){}

要将事件处理程序连结到 Button，必须创建 EventHandler 的实例，该 EventHandler 在其参数中引用 button1_Click 并将此委托实例添加到 Click 事件，程序代码如下所示：

button.Click += new EventHandler(this.button1_Click);

注意上述代码是由设计器自动形成，无须重写。

下面概述了该示例中的关键步骤：

①事件源是 System.Windows.Forms.Button 控件的一个实例。

②该按钮引发 Click 事件。

③Click 事件的委托是 EventHandler。

④该窗体具有一个名为 button1_Click 的事件处理程序。

⑤button1_Click 连结到 Click 事件。

2.10 本章小结

本书的第 2 章与第 3 章主要讲述 C♯基本知识。本章首先介绍了面向对象程序设计语言的一些基础知识，然后讲述了 C♯中类的声明和处理对象的语法，论述了如何声明字段、属性、方法和构造函数，讲述了类的继承与多态的理论。接着讲述了接口的概念，介绍了C♯的命名空间，最后讲述了事件委托机制的理论。

2.11 实训

2.11.1 本章综合实训

实训目的

(1)掌握类的定义、对象的创建。

(2)掌握方法的使用、类的继承。

(3)掌握命名空间的使用。

(4)掌握应用程序的结构。

实训要求

(1)定义一个类，包含字段、属性、方法和构造函数。

(2)由所定义的类派生一个类，填写派生的成员。

(3)创建类的一个对象，对对象进行必要的操作。

（4）创建一个派生类的对象，对对象进行必要的操作。

（5）分析应用程序的结构。

根据以上目的、要求写出实训报告。

实训参考

根据实训的目的和实训的要求，我们定义一个普通人的类，由此类派生一个考生类，当然此类可以派生很多类，如教师、公司雇员等。

普通人的类的定义：类为公共类，字段定义为私有成员，构造为字段赋值，字段值的更改通过属性来操作。

派生类的定义：派生类成员的定义思路与普通人的类定义思路相同。

编程思路：定义普通人的类，再定义派生类。在定义了类的基础上创建类的对象，一个是普通人的对象，一个是考生对象。对象创建后对其进行一些操作，如通过属性操作更改对象的字段值，打印普通人的信息，打印考生的的信息等。

实训参考代码如下：

```
using System;
namespace TEST2
{
    //定义普通人的类
    public class Person
    {
        private string name ;           //姓名 保护成员
        private string identityCard;    //身份证号 保护成员
        public Person(string p_name,string p_identityCard) //构造函数
        {
            identityCard= p_identityCard;
            name = p_name;
        }
        public string Name   //定义属性
        {
            get                      //get 访问器
            {
                return name; //返回 name 值
            }
            set                      //set 访问器
            {
                name = value; //通过属性隐含参数 value 给 name 赋值
            }
        }
        public string IdentityCard
        {
```

```
        get
        {
            return identityCard;
        }
        set
        {
            identityCard = value;
        }
    }
    public virtual void PrintInfo( )//个人信息打印
    {
        Console.WriteLine("姓名："+name);
        Console.WriteLine("身份证号:"+identityCard);
    }
}
//派生类定义
public class Examinee：Person
{
    private string examineeId；//在派生类中考生的考号
    public Examinee(string p_name,string p_identityCard,string e_id ) : base(p_
name ,p_identityCard )   //派生类构造函数
    {
        examineeId = e_id;
    }
    public string ExamineeId   //定义属性
    {
        get
        {
            return examineeId;
        }
        set
        {
            examineeId = value;
        }
    }
    public override void PrintInfo( )   //考生信息打印
    {
        base.PrintInfo( );
        Console.WriteLine("考生考号：{0}", examineeId );
```

```
        }
    }
class Class1
{
    [STAThread]
    static void Main(string[] args)
    {
        char temp = 'n';
        //用类创建对象
        Person newPerson = new Person("wangMing","370911631028008");
        Console. WriteLine("普通人信息");
        newPerson. PrintInfo();
        Console. WriteLine("");
        //用派类创建对象
        Examinee liMing= new Examinee("liMing","370911630907003","8888");
        // 调用 PrintEmployeeInfo()方法
        Console. WriteLine("");
        Console. WriteLine("考生信息:");
        liMing. PrintInfo();
        Console. WriteLine("");
        Console. WriteLine("考生信息更改,请按 y 键,其他任意键继续");
        temp =(char) Console. Read();
        Console. ReadLine();
        if(temp =='y')//更改考生信息
        {
            Console. WriteLine("请输入新的考生信息:");
            Console. Write("请输入新的姓名:");
            liMing. Name = Console. ReadLine();
            Console. Write("请输入新的身份证号:");
            liMing. IdentityCard = Console. ReadLine();
            Console. Write("请输入新的考号:");
            liMing. ExamineeId= Console. ReadLine();
            Console. WriteLine("");
            Console. WriteLine("更改后考生的信息");
            liMing. PrintInfo();
            temp = 'n';
        }
        Console. WriteLine("");
        Console. WriteLine("普通人信息更改,请按 y 键,其他任意键继续");
```

```
temp = (char) Console. Read( );
Console. ReadLine( );
if(temp == 'y')//更改姓名与身份证号
{
        Console. Write("请输入新的姓名：") ;
        newPerson. Name = Console. ReadLine( );
        Console. Write("请输入新的身份证号：") ;
        newPerson. IdentityCard = Console. ReadLine( );
        Console. WriteLine("更改后普通人的信息") ;
        newPerson. PrintInfo( );
    }
    }
    }
}
```

2.11.2 大案例考试逻辑类设计

实训目的

(1)熟悉从自然对象抽象到类。

(2)分析大案例基本逻辑层。

实训要求

(1)复习第一章大案例需求分析和系统设计。

(2)根据考试子系统图初步设计考试逻辑类。

(3)根据参考类分析自己设计的类的优劣。

根据以上目的、要求写出实训报告。

实训参考

除了要搞清楚面向对象程序设计(OOP)的一些基本概念,OOP 实施中的一个基本问题就是如何根据自然对象抽象出类。即解决如下问题:将哪些自然对象特性抽象为字段,哪些字段公开为属性,该类提供哪些方法来支持自然对象的操作。

一般来说,因为实际应用的复杂性,从自然对象抽象到类的过程在整个程序设计过程中会出现反复,可能觉得设计已经完美了,但在实施编码的过程中,甚至到程序调试阶段还会出现该类不能准确描述自然对象的问题,这就需要修改类的设计。

要避免和减少重复,就要认真做好系统设计,并且要通过实践获得一定的经验。

根据图 1-2,考试逻辑层需要完成以下功能:

(1)登录方法。

由用户界面调用一个方法,根据学生在其他窗体类输入的登录信息构造登录对象,调用数据表示层,将登录消息发送到通信层(数据表示层不负责管理数据收发),再进入等待通信层接收试题数据,然后创建考试环境、显示试题、初始化考试时间管理。

如第 1 章中所分析,登录对象由班级和学号组成;进行通信层对象初始化一个客户端通

信实例,并向该实例传递服务器 IP 地址和通信端口等参数。因此所需的字段和方法为:

    string classID

    string number

    TcpClient tcpClient

    string serverIP

    string port

    Login 方法

因为 Login 方法由用户界面类调用,因此是公开的方法,采用 Pascal 命名规则。

(2)等待通信层接收试题数据。

该方法将检查通信实例的接收消息队列,读取其中的试题数据,调用数据表示层转换将其转换为试题对象。为了防止通信故障,应设置超时时限。因此所需的字段和方法为:

    MessageSerialize. QuestionData_Down questionData

    TimeSpan WaitingTcpServerMsg

    readLoginResponseMsg 方法

(3)创建考试环境。

该方法根据试题要求(文件题目和数据库题目)在指定位置创建考生目录和考试环境。本案例中采用固定考生目录为 C:\。因此所需的字段和方法为:

    const string ExamDrive="C:\\"

    createExamEnvironment 方法

    doCreateDbQuestionEnvironment 方法

    doCreateFileQuestionEnviroment 方法

(4)显示试题。

该方法需要初始化一个试题显示窗体。此方法还可以由用户界面重复调用。因此所需字段和方法为:

    FormQuestion frmQuestion

    ShowQuestion 方法

(5)启动考试计时。

该方法初始化考试时间,启动考试计时器。所需字段和方法有:

    System. Timers. Timer receiveTimer

    TimeSpan RemainExamTime;

    startTimer 方法

(6)定时器的"定时时间到"事件委托函数。

该方法将刷新剩余考试时间 RemainExamTime,供用户界面调用;同时该方法还负责检查通信实例接收消息队列中的考试管理命令,若接收到,则调用数据表示层转换为考试管理对象。当然这两个功能也可以分别设置定时器。所需方法为:

    receiveTimer_Elapsed 方法

(7)执行管理命令的方法。

    executeMonitorCommand 方法

(8)评分方法。

管理命令为强制结束考试情况下,考试时间到或提前交卷情况下,分别由执行管理命令的方法和用户界面调用该方法。

该方法要执行评分,给考分变量赋值,初始化登出对象,调用数据表示层,通过通信层发送登出消息到考试管理机,等候登出响应消息,然后标记考试完成,结束考试逻辑。

评分执行方法中要检查输出文件是否正确或结果数据库是否正确、检查可执行文件是否存在、检查源程序关键字符串等。

因此所需的字段和方法为:

bool Completed

intscore

Grade 方法

doGrade 方法

compareOutFile 方法

dbQuestionResult 方法

isExeMade 方法

checkKeyStrings 方法

(9)等待通信层接收登出响应消息。

该方法将检查通信实例的接收消息队列,读取其中的登出消息,调用数据表示层转换将其转换为登出对象。为了防止通信故障,应设置超时时限。因此所需的字段和方法为:

TimeSpan WaitingTcpServerMsg

readGradeResponseMsg 方法

(10)结束考试逻辑的方法。

该方法调用通信实例的关闭方法。

Terminate 方法。

根据以上分析设计的考试逻辑类的类图如图 2-2 所示。

2.12　习题

1. 类和对象之间有什么关系?对象有哪些基本特征?

2. 类的成员有哪些?

3. 类的静态成员属于类,在调用静态方法时,是否一定要指明调用的对象?

4. 方法参数有几种?各有什么用处?

5. 什么是域?什么是属性?

6. 如何理解 C♯继承的概念?

7. 怎样理解接口的概念?写一个接口,然后用类来实现。

8. 怎样使用命名空间?

9. 怎样理解委托和事件?在 Windows 窗体应用程序中怎样使用事件?

10. 根据考生的信息(姓名、身份证号码、考号)及打印考生信息,编写一个考生信息类。

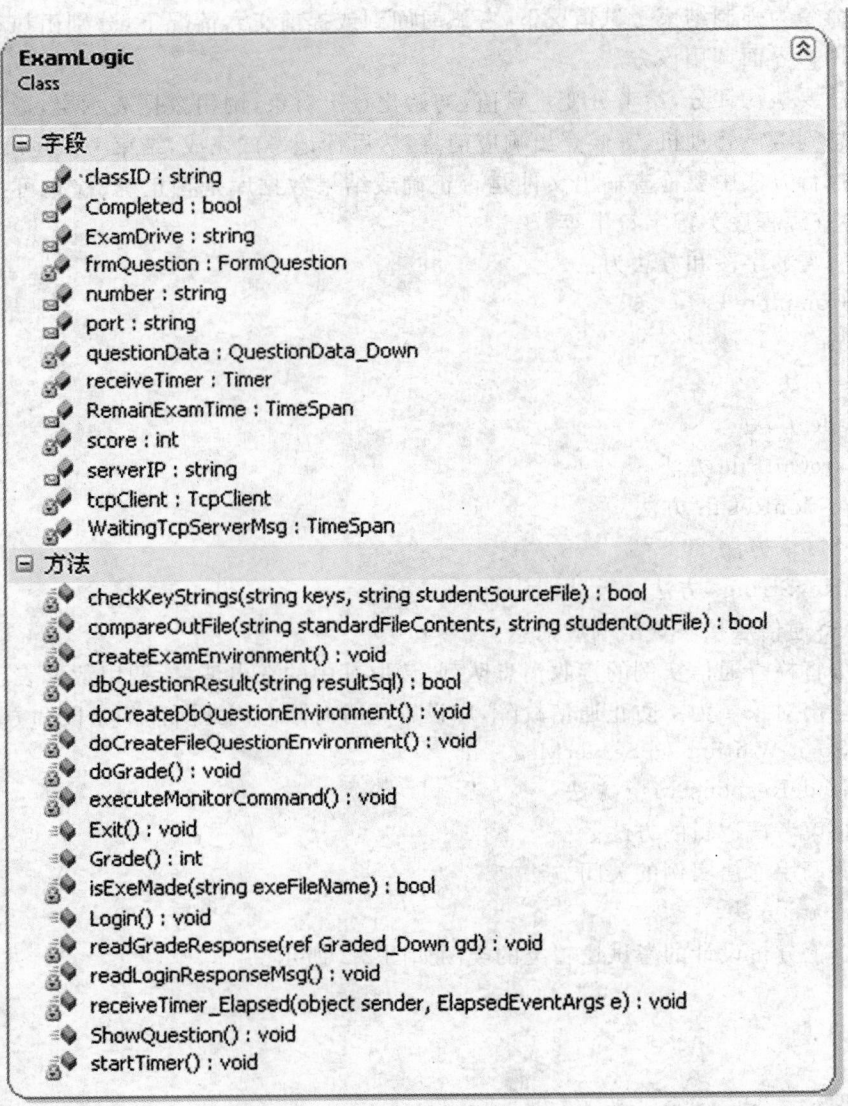

ExamLogic
Class

□ 字段
- classID : string
- Completed : bool
- ExamDrive : string
- frmQuestion : FormQuestion
- number : string
- port : string
- questionData : QuestionData_Down
- receiveTimer : Timer
- RemainExamTime : TimeSpan
- score : int
- serverIP : string
- tcpClient : TcpClient
- WaitingTcpServerMsg : TimeSpan

□ 方法
- checkKeyStrings(string keys, string studentSourceFile) : bool
- compareOutFile(string standardFileContents, string studentOutFile) : bool
- createExamEnvironment() : void
- dbQuestionResult(string resultSql) : bool
- doCreateDbQuestionEnvironment() : void
- doCreateFileQuestionEnvironment() : void
- doGrade() : void
- executeMonitorCommand() : void
- Exit() : void
- Grade() : int
- isExeMade(string exeFileName) : bool
- Login() : void
- readGradeResponse(ref Graded_Down gd) : void
- readLoginResponseMsg() : void
- receiveTimer_Elapsed(object sender, ElapsedEventArgs e) : void
- ShowQuestion() : void
- startTimer() : void

图 2-2　考试逻辑类的设计

第3章 C#语言基础

本章要点

✓ 面向对象程序设计概述
✓ 类的声明、对象的创建、类的成员
✓ 接口
✓ 命名空间、.NET Framework 类库简介
✓ 事件委托机制

本章介绍 C#语言的基础知识,这些知识是编写程序所需的最基本的知识。

3.1 数据类型

C#有很多数据类型,它们用来表示各种各样的值——例如文本和数字。总的来说数据类型分为两大部分:值类型和引用类型。值类型存储一个实际数据的值,而引用类型存储一个实例的地址。

3.1.1 值类型

值类型包含以下几种:简单类型,结构类型,枚举类型。

简单类型表示基本数据类型,包括整型、浮点类型、字符类型和 bool 类型。

1. 整型

整型分为 8 种类型,表 3-1 列出了这些整数类型。

表 3-1 整数类型及其表示范围

类　型	字节数	范　　围	说　　明
sbyte	1	-128 到 127 (-2^7 到 2^7-1)	8 位有符号的整数
byte	1	0 到 255 (0 到 2^8-1)	8 位无符号的整数
short	2	$-32\ 768$ 到 32 767 (-2^{15} 到 $2^{15}-1$)	16 位有符号的整数
ushort	2	0 到 65535 (0 到 $2^{16}-1$)	16 位无符号的整数
int	4	$-2\ 147\ 483\ 648$ 到 2 147 483 647 (-2^{31} 到 $2^{31}-1$)	32 位有符号的整数
uint	4	0 到 4 294 967 295 (0 到 $2^{32}-1$)	32 位无符号的整数
long	8	$-9\ 223\ 372\ 036\ 854\ 775\ 808$ 到 9 223 372 036 854 775 807 (-2^{63} 到 $2^{63}-1$)	64 位有符号的整数
ulong	8	0 到 18 446 744 073 709 551 615 (0 到 $2^{64}-1$)	64 位无符号的整数

每种类型都有有符号类型和无符号类型两种形式。有符号类型能够存储符号,因此能够存储正数和负数,而无符号类型只能存储正数。在应用中,应当根据存储的值的正负和范围来使用适当的类型。

在. NET 中,short 有 16 位,int 类型有 32 位,long 类型有 64 位。所有整数类型的变量都能赋予 10 进制或 16 进制的值,后者需要 0x 前缀,如:

long x = 0x12ab;

如果对一个是 int,uint,long 或是 ulong 类型的整数没有显式声明,则该整数默认为 int 类型。为了把键入的值指定为其他整数类型,可以在数字后面加上特殊字符,如:

uint ui = 1234U;

long l = 1234L;

ulong ul = 1234UL;

也可以使用小写字母 u 和 l,但后者易与整数 1 混淆。

2. 浮点类型

C♯ 有三种浮点类型,在应用时可以根据希望存储的值和最大数来选择适当的类型,表 3-2 列出了这些浮点类型。

表 3-2　浮点类型及其表示范围

类　　型	字节数	范围(大致)	说　　明
float	4	$\pm 1.5 \times 10^{-45}$ 到 $\pm 3.4 \times 10^{38}$	七位有效数字
double	8	$\pm 5.0 \times 10^{-324}$ 到 $\pm 1.7 \times 10^{308}$	15 到 16 位有效数字
decimal	12	$\pm 1.0 \times 10^{-28}$ 到 $\pm 7.9 \times 10^{28}$	28 位有效数字

float 数据类型用于较小的浮点数,因为它的精度较低。double 数据类型表示的浮点数比 float 数据类型大,提供的精度也大一倍(15 位)。

小数类型支持较小的浮点数,在某些特殊情况下会用到。小数类型的数可以支持 28 位的精度。在需要用到货币值或者是需要更高精度的情况下,需要用到此种类型。

如果在代码中没有对某个非整数值(如 12.3)显式声明,则编译器一般假定该变量是 double。当给浮点数赋值时,必须在其后加上字符 F(或 f):

float f = 12.3F;

给双精度数赋值时,可以在结尾加一个 d 或 D,但这不是必须的。

double d1= 12.3d;

double d2= 12.3d;

当使用小数类型时,需要在结尾加 m 或 M,如:

decimal d = 12.30M;

3. 布尔类型

布尔类型表示布尔逻辑值 true 或 false。见表 3-3。

bool 值和整数值不能相互转换。如果变量(或函数的返回类型)声明为 bool 类型,就只能使用值 true 或 false。如果试图使用 0 表示 false,非 0 值表示 true,就会出错。下面的例子演示了布尔型的使用:

表 3-3　布尔类型

类　　型	字 节 数	值
bool	1	true 或 false

bool myBool ＝ true；

注意将整型类型转换为 bool 类型是错误的。如：

bool myBool ＝2；//错误写法

4. 字符类型

字符类型(char)表示 16 位 Unicode 字符。见表 3-4。

表 3-4　字符类型

类　　型	字 节 数	值
char	2	表示一个 16 位的(Unicode)字符

可以把一个字符通过一个单引号赋给字符型，如：

char myChar ＝ 'D'；

也可以用 4 位 16 进制的 Unicode 值(例如'\u0041')进行赋值。下面的例子通过 Uni-code 值把字符"D"赋给一个变量 myChar：

char myChar ＝ '\u0044'；

一些字符是不能直接放在单引号内，如换行符、制表符等，要表示这些字符必须使用转义字符，表 3-5 列出了常用的转义字符和它们的意义。

表 3-5　常用转义字符

转义序列	字　　符
\'	单引号
\"	双引号
\\	反斜杠
\0	空
\a	警告
\b	退格
\f	换页
\n	换行
\r	回车
\t	水平制表符
\v	垂直制表符

下面的例子把一个水平的 tab 字符赋给变量 myChar：

char myChar = '\t';

也可以把一个 16 进制的数赋给变量 myChar：

char myChar = '\x0f';

注意：因为 C# 本身有一个 string 类型（字符串类型），所以不需要把字符串表示为 char 类型的数组。

5. 结构（struct 类型）

结构看起来像类，但它们的实现是不一样的。结构和类相比，结构的域和方法比较少。

像类一样，struct 类型可包含构造函数、常数、字段、方法、属性、索引器、运算符、事件和嵌套类型；但与类相比，结构有一些限制：

①结构不支持继承。

②结构可以声明构造函数，但它们必须带参数。定义无参数构造函数是错误的，这是因为结构总是提供一个默认的无参数的不能重定义的构造函数。

③结构不能定义析构函数。

④结构中的域不能设置初始值。总是提供默认构造函数以将结构成员初始化为它们的默认值。

使用 struct 关键字定义结构，它的定义与类的定义相似，声明的一般格式如下：

[修饰符] struct 结构名
{
结构体
}[;]

其中：

修饰符（可选）：允许使用的修饰符有 new 和四个访问修饰符。

结构名：结构名称。习惯上，结构名的第一个字母大写。

结构体：结构的成员的声明，与类对成员的声明相同。

【例 3-1】下面的例子定义了一个代表点坐标的结构。

```
public struct Point
{
    public int x;
    public int y;
    public Point(int x1, int y1)
    {
        x = x1;
        y = y1;
    }
}
```

这个结构定义了两个域：x 和 y，用来存取一点 x 和 y 的坐标。它还定义了一个构造函数用来设置域的值。

创建结构对象，需要在构造函数之前加 new 关键字。下面的例子创建一个叫 aPoint 的

Point 的对象：

Point aPoint= new Point(1,2);

注意：前面的例子使用了定义在 Point 中的构造函数。C♯还提供一个默认不能重定义的构造函数。下面使用这个默认构造函数来创建另一个对象：

Point bPoint= new Point( );

bPoint. x=3;

bPoint. y=4;

当用 new 关键字使用默认构造函数创建一个对象时，各个域的值将被赋上默认值，例如，int 域将被设置为 0。因此，上面的例子中，如果没有最后给 x 赋值为 3 的语句，x 的值为 0。

因为结构为值类型，可以不使用 new 来创建对象——尽管我们推荐这样做。下面的例子没有使用 new 关键字。

Point bPoint;

bPoint. x=5;

bPoint. y=6;

如果没有使用 new 创建对象，结构的域不会被赋值，甚至也不会被设置成默认值，对象不可用。要使用对象，就必须给域赋值，如上例所示。

由于结构是值类型，所以可以把一个结构赋值给另一个结构。例如：

Point dPoint= cPoint;

【例 3-2】下面案例演示了结构的使用。

```
using System;
namespace Example3_2
{
    public struct Point
    {
        public int x;
        public int y;
        public Point(int x1, int y1)
        {
            x = x1;
            y = y1;
        }
        public void Print( )
        {
        System. Console. WriteLine("结构!");
        }
    }
    class Class1
    {
```

```
static void Main(string[] args)
{
    //用自定义构造函数创建对象
    Point aPoint = new Point(1,2);
    //显示点 aPoint
    aPoint.Print();
    System.Console.WriteLine("aPoint:x={0},y={1}",aPoint.x,aPoint.y);
    //用默认构造函数创建对象
    Point bPoint = new Point();
    //显示点 bPoint
    System.Console.WriteLine("显示 bPoint:x,y 的默认值");
    System.Console.WriteLine("x={0},y={1}",bPoint.x,bPoint.y);
    //给 x,y 分别赋值为 3、4
    bPoint.x=3;
    bPoint.y=4;
    System.Console.WriteLine("显示 bPoint:x,y 的值");
    System.Console.WriteLine("bPoint:x={0},y={1}",bPoint.x,bPoint.y);
    //不用 new 创建结构对象
    Point cPoint;
    cPoint.x=5;
    cPoint.y=6;
    //显示点 cPoint
    System.Console.WriteLine("cPoint:x={0},y={1}",cPoint.x,cPoint.y);
    //一个对象的值赋给另一个对象
    Point dPoint = cPoint;
    //显示点 dPoint
    System.Console.WriteLine("dPoint:x={0},y={0}",dPoint.x,dPoint.y);
    }
  }
}
```

输出结果：
```
结构!
aPoint:x=1,y=2
显示 bPoint:x,y 的默认值
x=0,y=0
显示 bPoint:x,y 的值
x=3,y=4
cPoint:x=5,y=6
dPoint:x=5,y=6
```

结构使用简单,并且有时证明很有用。但要牢记:结构是值类型不是引用类型。当需要一种只是包含一些数据的类型时,结构可能是最佳选择。

6. 枚举类型

(1)枚举类型

枚举类型是指一组已命名的数字常量。用关键字 enum 声明枚举,一般采用下列形式:

[修饰符] enum 枚举名称[:数据类型]{成员列表}[;]

其中:

修饰符(可选):允许使用的修饰符有 new 和四个访问修饰符。

枚举名称:枚举名。习惯上,枚举名的第一个字母大写。

数据类型:枚举成员的类型,可以是除 char 类型外的整型之一,默认为 int。

成员列表:成员之间由逗号分隔,在声明成员时可以赋值。

下面定义一个枚举类型:

enum Days {Sat, Sun, Mon, Tue, Wed, Thu, Fri};

上面这个语句定义了一个名叫 Days 的枚举类型,成员为 Sat, Sun, Mon, Tue, Wed, Thu, Fri。

枚举成员的默认类型为 int。默认情况下,第一个成员的值为 0,后面成员的值依次递增 1。在此枚举中,Sat 为 0,Sun 为 1,Mon 为 2,依此类推。枚举成员在声明时可以赋值。例如:

enum Days {Sat=1, Sun, Mon, Tue, Wed, Thu, Fri};

在此枚举中,强制元素序列从 1 而不是 0 开始,Sat 为 1,Sun 为 2 ,依此类推。

也可以在枚举中指定成员的值,如:

enum Color {Red= 200, Green= 250,Blue= 300};

(2)枚举成员的访问

用点运算符存取枚举成员。例如,存取 Sun 成员,用 Days. Sun。如:

System. Console. WriteLine("Sun = "+Days. Sun);

这个语句的输出结果是:

Sun =Sun

如果想取 Sun 的值可以采用如下语句:

System. Console. WriteLine("Sun = "+(int)Days. Sun);

(int)为强制整型运算符,这样就取得了 Sun 值。这个语句的结果是:

Sun =2

【例 3-3】下面案例演示了枚举类型的使用。

```
using System;
namespace Example3_3
{
    //定义枚举
    enum Days {Sat, Sun, Mon, Tue, Wed, Thu, Fri};
    class Class1
    {
```

```
static void Main(string[] args)
{
    //输出 Days 的 Sun
    Console.WriteLine("Sun = "+Days.Sun);
    //输出 Days.Sun 的值
    Console.WriteLine("Sun = "+(int)Days.Sun);
}
}
}
```

结果是：

    Sun = Sun
    Sun =0

3.1.2 引用类型

C♯中的另一大数据类型是引用类型。"引用"的含义是,该类型的变量不直接存储所包含的值,而是指向它所存储的值。也就是说,引用类型存储实际数据的地址。C♯中的引用类型有四种:类,委托,数组,接口。

类和委托前面已经介绍过,本节主要介绍数组。

1. 引用类型与值类型差别

值类型存储一个实际数据的值,当把一个值类型变量 A 的值赋给另一个值类型变量 B时,B 变量是 A 变量的拷贝,对于 B 变量的操作不会影响 A 变量的值,同样对于 A 变量的操作也不会影响 B 变量的值。而引用类型则不是这样,引用类型存储的是一个实例的地址。当把一个引用类型变量 A 的值赋给另一个引用类型变量 B 时,B 变量也是 A 变量的拷贝,但 B 变量和 A 变量都是同一个对象的地址,如果对一个对象进行操作,将影响另一个对象,因为实际上是对同一个对象的操作。

以下例子说明它们之间的差别。下面代码定义一个简单的引用类型(类)Point,它声明了两个 Point 引用,p1 和 p2。引用 p1 被初始化为对一个新 Point 对象的引用,p2 等于 p1,设置两者相等并不是产生新 Point 对象的拷贝,而仅仅拷贝了地址。因此修改其中一个Point 会同时影响这二者。

【例 3-4】:

```
class Point
{
    public int x;
    public int y;
}
...
Point p1 = new Point();
p1.x = 1;
```

```
p1.y = 2;
Point p2=p1；    //复制地址,新的对象 p2 的存取空间与 p1 相同
//修改 p2 对象
p2.x = 3;
p2.y =4;
System. Console. WriteLine("P1=({0},{1})",P1.x,P1.y);//结果写出 P1=(3,4)
System. Console. WriteLine("P2=({0},{1})",P2.x,P2.y);//结果写出 P2=(3,4)
```

下面的代码与上面的代码基本一样,只是 Point 是值类型(结构)。但是由于是让一个值类型等于另一个值类型而创建后者的拷贝,因而结果完全不同。对一个 Point 修改不会影响另一个 Point。

```
struct Point
{
    public int x;
    public int y;
}
...
Point p1 = new Point( );
p1.x = 1;
p1.y = 2;
Point p2=p1；    //值拷贝,创建一个新的对象的存取空间
//修改 p2 对象
p2.x = 3;
p2.y =4;
System. Console. WriteLine("P1=({0},{1})",P1.x,P1.y);//结果写出 P1=(1,2)
System. Console. WriteLine("P2=({0},{1})",P2.x,P2.y);//结果写出 P2=(3,4)
```

有时引用类型与值类型之间的差异是很不易察觉的。如果 Point 是值类型,下面的程序是合法的:

```
Point p;
p.x = 1;
p.y = 2;
```

但是如果 Point 是引用类型,则这段程序根本不能编译。这是因为引用类型的变量 P 只是一个地址,类似于指针,在下面这样的初始化之前是不分配存储空间的,因而无法使用:

```
Point p = new Point( );
```

2. 字符串类:string

C# 提供了一种基本的类 System. String,它的值用 Uinocode 字符的字符串表示,专门用来处理各字符串操作。字符串的用途非常广泛,通过类的定义,内部封装了很多的操作,可以很方便地用它来处理数据。例如用加号"+"来连接两个字符串,可以用下标的方式从字符串中读取单个字符。

(1)创建字符串

下面的例子创建一个字符串：

string myString = "this is a test!";

这个语句创建了一个名叫 myString 的字符串，字符串的内容为"this is a test!"。

可以在字符串中嵌入转义字符。下面的字符串中包含了一个 tab 字符，它是通过使用\t 转义字符来实现的：

string   myString = "……\tthis is a test!";

显示这个字符串时，在省略符后面将显示一个 tab。

……   this is a test!

也可以使用逐字字符串，它是由带前缀@的字符构成。其主要特点是对"\"不敏感，组成的转义字符被当做普通字符对待。

string filepath = @"\t C:\ProCSharp\First. cs";

显示这个字符串时将显示为:\t C:\ProCSharp\First. cs。

在这里没有把\t 当做转义字符对待。

在字符串中可以包含换行符：

stringmyString= @"Twas brillig and the slithy toves

Did gyre and gimble in the wabe. ";

显示这个字符串时将显示为：

'Twas brillig and the slithy toves

Did gyre and gimble in the wabe.

可以用加号"+"来连接两个字符串，如：

string str1 = "Hello ";

string str2 = "World";

string str3 = str1 + str2; // 将两个字符串连接起来

（2）字符串属性和方法

字符串实际上是 System. String 的对象，可以在程序中使用这个类包含的属性和丰富的方法来操作字符串。下面我们讲解 System. String 类其中的一部分属性和方法的使用。

1）使用 Length 属性获取字符串的长度

string myString = "this is a test!";

System. Console. WriteLine("myString. Length={0}",myString. Length);

Length 属性的类型为 int 型，上面的语句显示：myString. Length= 15。

可以用索引运算符读取字符串中的单个字符：myString[0]的值为't'；myString[1]的值为'h'。

2）使用 IndexOf( )和 LastIndexOf( )在字符串中查找子串和字符

可以使用 IndexOf( )和 LastIndexOf( )在一个字符串中查找给定的子串或字符的索引。IndexOf( )方法查找子串或字符第一次出现的位置，而 LastIndexOf( )方法查找子串或字符最后一次出现的位置，两个都返回一个始于 0 的 int 索引。如果字符串中没有找到要查的内容，这些方法返回—1。

IndexOf( )和 LastIndexOf( )方法已重载，最简单的版本是接受一个子串或字符值，其语法如下：

string1. IndexOf(value)

string1. LastIndexOf(value)

value 是要查找的子串或字符。

下面的例子演示其使用方法：

string myString = "this is a test!";

int index1 = myString . IndexOf("is") ;

int index2 = myString . LastIndexOf("is") ;

在 myString 中首次出现"is"是在"this"这个单词中，"i"的索引号为 2，所以 index1 的值为 2；同样，"is"最后出现时的"i"的索引号为 5，所以 index2 的值为 5。

有关 System. String 类的其他属性和方法可以参见 MSDN。

【例 3-5】下面案例演示了字符串属性和方法的使用。

程序 Example3_5

```
using System;
namespace Example3_5
{
    class Class1
    {
        static void Main(string[] args)
        {
            int index1;
            int index2;
            //创建字符串
            string myString = "this is a test!";
            //显示字符串长度
            Console. WriteLine("myString. Length ={0}", myString. Length);
            //查找"is"
            index1 = myString . IndexOf("is") ;
            //注意\"的使用
            Console. WriteLine("myString. IndexOf(\"is\") ={0}", index1);
            index2 = myString . LastIndexOf("is") ;
            Console. WriteLine("LastIndexOf(\"is\") ={0}", index2);
            //查找字符'b'，没有 index1＝-1
            index1 = myString . IndexOf('b') ;
            //注意\'的使用
            Console. WriteLine("myString. IndexOf(\'b\') ={0}", index1);
        }
    }
}
```

输出结果：

myString. Length =15

myString. IndexOf("is") =2

LastIndexOf("is") =5

myString. IndexOf('b') =-1

3. 数组

数组是一个同类型数据元素连续存储的集合,可以使用数组来存储多种变量或对象。数组分为一维数组、多维数组、不规则数组。

数组的每一维都有一定的长度,这个长度是一个大于或等于零的整数。数组中元素的数量是每一维长度的乘积。C♯提供的 System. Array 类是抽象类,是所有数组的基类。

(1)声明数组和创建数组

声明一维数组的一般格式为:

数据类型[] 数组名;

其中:

数据类型:指数组的数据类型,也就是每一个元素的类型。它可以是基本值类型,也可以是引用类型。

[]:表示定义了一个数组。

数组名:遵循标识符的命名规则。习惯上数组名的第一个字母小写,其他单词的第一个字母大写(Camel 样式),数组名是数组的地址。

下面的例子声明了一个叫 integers 的整型数组:

int[] integers;

在这个语句中,int 表示整数类型,而 int[]表示一个整型数组。这个语句只是声明了一个数组,还没有让 C♯用特定的元素来创建数组,C♯使用 new 关键字来创建数组,在类型名后面的方括号中给出大小:

integers = new int[12];

这个语句创建了一个有 12 个 int 元素的数组,这样就可以用 integers 来存取它们了。

也可以用一个返回整数值的表达式(包括常量和变量)作为创建数组时所用的特定的元素数。下面例子用了一个叫 Length 的 int 变量,作为特定数组的元素数:

int Length = 12;

int[] integers= new int[Length];

其实不必使用两个分开的语句声明和创建数组,可以用一个语句来完成这两件事情:

int[] integers= new int[12];

数组元素的默认值:数组中的元素为数字元素时,每个元素的默认值为零。因此,对 integers 来说,12 个元素的默认值为零。对字符数组,元素的默认值为'\0';对字符串数组,元素的默认值为 null。

所有的数组都是引用类型,因此,即使各个元素都是基本的值类型,integers 数组也是引用类型。如果编写如下代码:

int[] copy = integers;

这个语句也只是把变量 copy 指向同一个数组,而不是创建一个新数组。

(2)使用数组

要访问数组中的单个元素,需要使用索引运算符[],它的语法格式如下:

数组名[索引号]

其中:索引号是在数组中想存取的那个元素的序号——可以是一个返回值是整型的表达式。

数组是从 0 开始编号的,所以要用 integers[0]访问第一个元素,下面的例子把 35 赋给 integers 数组的第一个元素:

integers[0] = 35;

而下面的例子读取这个值:

int value = integers[0];

(3)初始化数组

C#通过括在大括号({})内的用逗号分开的一组数据来初始化数组的全部元素。如果在声明时没有初始化数组,则数组成员将自动地初始化为该数组类型的默认初始值。另外,如果将数组声明为某类型中的域,则当实例化该类型时它将被设置为默认值 null,因为该域为引用。

下面的例子创建一个叫 numbers 的数组,并且用了一组数据来初始化它的全部元素:

int[] numbers = new int[5] {1, 2, 3, 4, 5};

这将把 numbers[0]设置为 1、numbers[1]设置为 2,一直到把 numbers[4]设置为 5。

在创建数组时,可以省略数组元素的个数,数组将被系统自动的按初值的个数设定长度。下面创建一个叫 charArray 的字符数组:

char[] charArray = new char [ ]{'a','b','c','d'};

这将自动把 charArray 的大小设置为 4 个元素,并设置 charArray[0]为"a", charArray[1]为"b",一直到 charArray[3]为"d"。

还可以在创建数组时省略去 new 运算符,数组的元素和大小都将被自动适当设置。下面的例子说明了其用法:

string[] names = {"Matt", "Joanne", "Robert"};

int[] numbers = {1, 2, 3, 4, 5};

【例 3-6】下面案例演示数组的定义、创建、访问、初始化。

程序 Example3_6 代码

```
using System;
namespace Example3_6
{
    class Class1
    {
        static void Main(string[] args)
        {
            //定义、创建、初始化数组
            int[] numbers = new int[5] {1, 2, 3, 4, 5};
            //显示初始化数组元素 numbers[0]的值
            System. Console. WriteLine("numbers[0]的初始值 = {0}", numbers[0]);
```

```
            //更改 numbers[0]的值为 10
            numbers[0]=10;
            //显示数组元素 numbers[0]更改后的值
            System. Console. WriteLine("numbers[0]更改后的值={0}", numbers
            [0]);
        }
    }
}
```

输出结果为：

  numbers[0]的初始值=1

  numbers[0]更改后的值=10

  (4)数组的属性和方法

  在 C# 中，数组实际上是 System. Array 类的对象。System. Array 类是所有数组类型的抽象基类型。可以使用 System. Array 具有的属性以及其他类成员。例如，使用"长度"(Length) 属性获取数组的长度。下面的代码将 integers 数组的长度赋给名为 Length-OfNumbers 的变量：

  int LengthOfNumbers = integers. Length;

  因为 integers 包含 12 个元素，Length 属性返回 12。

  System. Array 类提供了许多有用的方法/属性，如用于排序、搜索和复制数组的方法。

  在 C# 中，数组实际上是 System. Array 抽象类的对象，而这个类提供了许多可以在自己的数组中使用的有用属性和方法。表 3-6 列出了 System. Array 类两个最常用的属性。

表 3-6 System. Array 常用属性

属　　性	类　　型	说　　明
Length	int	获得一个 32 位整数，数组元素的总数
Rank	int	获得数组的维数

  在数组中可以使用数组方法，来做一些排序和查找数组元素的工作。表 3-7 列出了 System. Array 类的一些公有方法。

  下面举一些类属性和方法使用的例子。

  1)使用 Sort( )方法对数组元素排序

  可以使用静态的 Sort( )方法对一个数组中的元素排序。如果数组中包含数字，那么元素就按数字顺序排序；如果数组中包含字母，那么元素就按字母排序；如果数组中包含字母和数字的混合，那么元素就按数字和字母排序。Sort( )已重载，有多种版本，最简单的用法是：

  Array. Sort(array);

  这个语句中 array 是要排序的数组。由于 Sort( )是静态方法，所以使用类名 Array 来调用。

  下面的例子创建一个叫 intArray 的数组，用 Sort( )方法来进行排序：

表 3-7　System. Array 类常用公有方法

属　性	类　型	说　明
BinarySearch( )（静态）	int	已重载。在一个排序的数组中搜索值。
Clear( )（静态）	void	将数组中的一系列元素设置为零、false 或空引用，具体取决于元素类型。
Copy( )（静态）	void	已重载。将一个数组的一部分复制到另一个数组中，并根据需要执行强制类型转换和装箱。
CreateInstance( )（静态）	Array	已重载。初始化数组的新实例。
IndexOf ( )（静态）	int	已重载。返回一维数组或部分数组中某个值第一个匹配项的索引。
LastIndexOf ( )（静态）	int	已重载。返回一维数组或部分数组中某个值的最后一个匹配项的索引。
Reverse ( )（静态）	void	已重载。反转一维数组或部分数组中元素的顺序。
Sort ( )（静态）	void	已重载。对一维数组对象中的元素进行排序。
Equals( )（从 Object 继承）	bool	已重载。返回一个布尔值以确定两个实例是否相等。
GetEnumerator ( )	IEnumerator	返回数组的 IEnumerator。
GetHashCode( )	int	用作特定类型的哈希函数，适合在哈希算法和数据结构（如哈希表）中使用。
GetLength( )	int	获取一个 32 位整数，该整数表示数组的指定维中的元素数。
GetLowerBound( )	int	获取数组中指定维度的下限。
GetType( )（从 Object 继承）	Type	获取当前实例的类型。
GetUpperBound( )	int	获取数组的指定维度的上限。
GetValue( )	object	已重载。获取当前数组中指定索引位置元素的值。
SetValue( )	void	已重载。将当前数组中的指定元素设置为指定值。
Initialize( )	void	通过调用值类型的默认构造函数，初始化值类型数组的每一个元素。
ToString( )（从 Object 继承）	String	返回代表当前对象的字符串。

```
int[] intArray = {1,6,4,3,5,2};
Array. Sort(intArray);
```
上面的语句执行后，intArray 数组的元素按升序排列：
```
intArray[0] = 1
```

```
intArray[1] = 2
intArray[2] = 3
intArray[3] = 4
intArray[4] = 5
intArray[5] = 6
```

下面的例子创建一个叫 stringArray 的数组,用 Sort( )方法来进行排序:

```
string[]stringArray = {"this"," is"," a"," test"};
Array. Sort(intArray);
```

上面的语句执行后,stringArray 数组的元素按升序排列:

```
stringArray[0] = a
stringArray[0] = is
stringArray[0] = test
stringArray[0] = this
```

排序会花费许多计算机资源,因此在需要时才使用。

2)使用 IndexOf ( )和 LastIndexOf ( )方法查找数组中的元素

可以使用静态的 IndexOf ( )和 LastIndexOf ( )方法查找数组中的一个元素。IndexOf ( )方法返回第一个与指定值匹配的元素的索引;同样,LastIndexOf ( )方法返回最后一个与指定值匹配的元素的索引。IndexOf ( )和 LastIndexOf ( )方法已重载,有多种版本,最简单的版本用法是:

```
Array. IndexOf (array1,value);
Array. LastIndexOf (array1,value);
```

这里,array1 是被查找的数组,value 是想查找的值。

下面的例子创建一个叫 intArray1 的数组,分别用 IndexOf ( )和 LastIndexOf ( )方法来查找 intArray1 中的数字 1:

```
int[] intArray1 = {1,6,4,3,1,2};
int index; //表示索引值
index = Array. IndexOf (intArray1,1);
System. Console. WriteLine("Array. IndexOf (intArray1,1) ={0}", index);
index = Array. LastIndexOf (intArray1,1);
System. Console. WriteLine("Array. LastIndexOf (intArray1,1) ={0}", index);
```

因为第一次出现的位置为索引 0,最后出现的位置为索引 4,因此这个例子的结果显示为:

```
Array. IndexOf (intArray1,1) = 0
Array. IndexOf (intArray1,1) = 4
```

【例 3-7】下面的案例演示了数组的属性和方法使用。

程序 Example3_7 代码

```
using System;
namespace Example3_7
{
```

```
class Class1
{
    static void Main(string[] args)
    {
        int[] intArray1 = {1,6,4,3,1,2};
        int index;
        //属性 Length 的使用
        System. Console. WriteLine("数组的长度为:{0}",intArray1. Length);
        //IndexOf( )和 LastIndexOf( )方法查找数组中元素的值为 1 的元素索引
        index = Array. IndexOf (intArray1,1);
        System. Console. WriteLine("Array. IndexOf (intArray1,1) ={0}", index);
        index = Array. LastIndexOf (intArray1,1);
        System. Console. WriteLine("Array. LastIndexOf (intArray1,1) ={0}", in-
        dex);
        //使用 Sort( )方法对数组元素排序
        System. Console. WriteLine("数组排序的结果为:");
        Array. Sort(intArray1);
        //输出排序的结果
        for(int counter = 0;counter<intArray1. Length;counter++)
        {
            System. Console. WriteLine("intArray1[{0}] = {1}", counter,intAr-
            ray1[counter]);
        }
    }
}
```

输出结果如下:

数组的长度为:6

Array. IndexOf (intArray1,1) = 0

Array. IndexOf (intArray1,1) = 4

数组排序的结果为:

intArray1[0] = 1

intArray1[1] = 1

intArray1[2] = 2

intArray1[3] = 3

intArray1[4] = 4

intArray1[5] = 6

(5)多维数组

前面讲的是一维数组的一些概念,在这一节里简单地讲一些关于多维数组的知识。多维数组的声明和初始化与一维数组的基本一样。对于数组中的每一维,都要在数组声明的方括号中添加一个逗号,初始化时,还要在方括号中指定每一维的元素个数。下面声明一个二维数组和一个三维数组:

```
int[,] intArray = new int[2,3];//二维数组
int[,,] intArray = new int[2,3,3]; //三维数组
```

对于多维数组,数组的初始化必须具有与数组维数一样的嵌套级别。最外层与最左边的维数对应,而最里层的嵌套与最右边的维数对应。数组的每维的长度由数组初始化函数中相应嵌套级别的元素数量决定。对于每个嵌套的数组初始化函数,元素的数量必须与相同级别的其他数组初始化函数相同。请看下面的例子:

```
int[,] intArray = {{1,2,3},{4,5,6}};
```

这个语句创建了一个二维数组,最左边的维数为 2,最右边的为 3,等价于下面的声明:

```
int[,] intArray = new int [2,3] {{1,2,3},{4,5,6}};
```

使用索引运算符来指定行值和列值,可以存取数组中的元素——例如,intArray[0,0]指定的是数组的第一行第一列的元素。下面的例子说明如何存取数组的数据:

```
intArray[0,0] = 1;//给元素赋值
value = intArray[0,1];//读取元素
```

(6)交错数组(不规则数组)

交错数组是这样的一种数组,它的行也是数组——行数组的元素个数和维数可以不同。声明一个两维的交错数组的格式如下:

数据类型[][] 数组名;

数组声明中的一系列方括号([])表明那个数组是齿形的,括号对的个数表示数组的维数。

下面的例子声明一个叫 arrays 的两维交错数组:

```
int[][] arrays;
```

接着创建三个数组,它们的元素是 int 数据:

```
arrays = new int[3][];
```

arrys 数组包含三个元素,每一元素都是一个数组。为了完成这个数组,必须为每一行创建一个数组。下面的语句为每一行创建一个数组:

```
arrays[0] = new int[0]{1};
arrays[1] = new int[1]{1,2};
arrays[2] = new int[2]{1,2,3};
```

可以用以下的方式来读取数据:

读取第一个数组第一个元素:arrays[1][0]

设置第二个数组第二个元素:arrays[2][1] = 12;

用同样的方法可以访问该数组中的任何元素。

(7)创建对象数组

为了创建对象数组我们先定义一个类,这个类是一个关于坐标点的类:

```
class Point
{
```

```
public int x；
public int y；
}
```

下面的例子创建一个叫 pointArray 的对象一维数组：

```
Point[] pointArray = new Point[3]；
```

这个数组的元素是对象，共有三个对象，对象的默认值是 null，因此 pointArray 数组的每个元素的初始值都为 null。

下面的语句把三个对象加入到数组中：

```
pointArray[0] = new Point( )；
pointArray[1] = new Point( )；
pointArray[2] = new Point( )；
```

使用索引运算符来存取数组中的对象：

给对象 pointArray[0]的 x 域赋值：pointArray[0]. x = 12；

读取对象 pointArray[1]的 x 域值：valueX = pointArray[1]. x；

【例 3-8】下面的案例演示对象数组的使用。

程序 Example3_8 代码

```
using System；
namespace Example3_8
{
    class Point    //定义 Point 类
    {
        public int x；
        public int y；
    }
    class Class1
    {
        static void Main(string[] args)
        {
            //创建对象数组
            Point[] pointArray = new Point[3]；
            //创建数组的三个对象
            pointArray[0] = new Point( )；
            pointArray[1] = new Point( )；
            pointArray[2] = new Point( )；
            //给对象 pointArray[0]的 x 域赋值
            pointArray[0]. x = 12；
            //给对象 pointArray[1]的 x 域赋值
            pointArray[1]. x = 16；
            //读取对象 pointArray[1]的 x 域值
```

```
        int valueX = pointArray[1]. x;
        Console. WriteLine("pointArray[1]的 x 域赋值 = {0}",valueX);
    }
  }
}
```

输出结果：

pointArray[1]的 x 域赋值 = 16

4. 集合

数组功能虽然强大,但它们的使用受到一定的限制:创建数组后,不能再改变数组的元素个数,这样有可能数组太大或太小不能直接插入或删除数组中的元素;只能使用数字索引来存取数组元素。

System. Collections 命名空间包含很多可以用来创建对象的集合类,对象可以存储许多元素,而且在创建对象后也可以改变它们的容量。进一步说就是这些对象提供了比数组更灵活的方法来存取它们的元素。当需要处理一些复杂的数据时,集合是非常有用的。

这些集合类包括数组列、位数组、哈希表、队列、排序列、栈等。本节我们讲解数组列(ArrayList),其他的内容请查看 MSDN。

数组列(ArrayList)与数组相似,但在给它增加元素时,能够自动扩展,而数组则不能。同其他集合类一样,ArrayList 也是 System. Collections 命名空间的一部分。数组列(Array-List)包含许多可以用来操作元素的方法,例如,可以在数组列中的任何一点插入和删除元素。

(1)创建数组列

创建数组列:

ArrayList myArrayList = new ArrayList( );

这个语句创建了一个叫 myArrayList 的数列,这里没有指明数组列的大小,它的初始大小为 16,就是说,它初始可以存储 16 个元素。当给数组列增加超过 16 个元素时,它的容量会自动增加。可以用 Capacity 属性来得到或设置数组列的大小。

(2)使用数组列

ArrayList 提供了许多可以在程序中使用的属性和方法。

可以使用 Add()方法给 ArrayList 增加一个元素,下面的语句给数组列增加五个元素：

myArrayList. Add("this");

myArrayList. Add("is");

myArrayList. Add("a");

myArrayList. Add("test");

myArrayList. Add(2);

因为 ArrayList 把元素存储为 System. Object 类的对象,因此 Add( )方法的参数可以是任何类型。如上述语句中最后语句 Add( )方法的参数为整数,而其他参数为字符串。

每次调用 Add( )方法都会把对象添加到 ArrayList 的结尾。可以使用 Count 属性来获得存储在 ArrayList 中的元素个数,因为前面给 myArrayList 类加入了五个元素,所以 Count 属性为 4。

可以使用索引运算符来存取数组列的元素。下面的 for 循环使用了 myArrayList 的 Count 属性并显示存储在 myArrayList 中的元素：

```
for (int counter = 0 ; counter<myArrayList. Count; counter++)
{
    Console. WriteLine(myArrayList[counter]);
}
```

通过一个已存在的数组列构建另一个新数组列,这会把已存在的数组列的元素拷贝到新数组列中。例如,下面的语句创建了第二个数组列,并把 myArrayList 传递给了新数组列的构造函数。

```
ArrayList anotherArrayList = new ArrayList(myArrayList);
```

有关 ArrayList 类的其他属性和方法可以参见相关书籍或者 MSDN。

【例 3-9】下面的案例演示了数组列的一些用法。

程序 Examle3_9 代码

```
using System;
using System. Collections;
namespace Examle3_9
{
    class Class1
    {
        static void Main(string[] args)
        {
            ArrayList myArrayList = new ArrayList( );
            myArrayList. Add("this");
            myArrayList. Add("is");
            myArrayList. Add("a");
            myArrayList. Add("test");
            myArrayList. Add(1);
            //通过一个数组列创建另一个数组列
            ArrayList anotherArrayList = new ArrayList(myArrayList);
            //把数组列最后一个元素的值 1 改为 ok
            anotherArrayList[4] = "ok";
            //显示 myArrayList
            Console. WriteLine("myArrayList");
            for (int counter = 0 ; counter<myArrayList. Count; counter++)
            {
                Console. WriteLine(myArrayList[counter]);
            }
            //显示 anotherArrayList
            Console. WriteLine("anotherArrayList");
```

```
            for (int counter = 0 ; counter<anotherArrayList. Count; counter++)
            {
                    Console. WriteLine(anotherArrayList[counter]);
            }
        }
    }
}
```

输出结果：

    myArrayList
    this
    is
    a
    test
    1
    anotherArrayList
    this
    is
    a
    test
    ok

3.1.3 类型转换

在程序开发时，经常需要将一种数据类型转换为另一种数据类型。C# 支持两种数据类型的转换：显式转换和隐式转换。

1. 隐式转换

隐式转换是系统默认的，不需要加以声明，也不需要编写代码就可以进行转换。在隐式转换时，编辑器不需要对转换进行详细检查就能够安全实施转换。隐式转换的原则是：任何类型只要其取值范围完全包含在另一个类型的取值范围内，就可以从这个类型转换为另一类型，即隐式转换。例如 int 类型的取值范围完全包含在 long 类型的取值范围内，这样就可以从 int 类型转换为 long 类型。下面的例子说明了这两种类型之间的转换：

    long myLong = 6;

    int myInt = 2;

    myLong = myInt;

int 类型是 4 字节，而 long 是 8 字节，因此上面第三个语句把 myInt 赋给 myLong 时引起隐式转换，myInt 的值转换为 8 字节的值赋给 myLong。

隐式转换原则的本质是只有在没有信息丢失的情况下转换才是可能的，否则编译器会产生错误。也就是不能把一个的"大"的值存取在一个"小"的值当中。如下面的代码编译器报错：

myInt = myLong；

表 3-8 所列为合法的隐式转换。

表 3-8　合法的隐式转换

类　　型	可以转换的类型
bool	无
char	ushort、int、uint、long、ulong、float、double、decimal
sbyte	short、int、long、float、double、decimal
byte	short、ushort、int、uint、long、ulong、float、double、decimal
short	int、long、float、double、decimal
ushort	int、uint、long、ulong、float、double、decimal
int	long、float、double、decimal
uint	long、ulong、float、double、decimal
long	float、double、decimal
ulong	float、double、decimal
float	double
double	无
decimal	无

其实无须强记这个表，只要记住特例（bool 无隐式转换、任何类型不能转换为 char 类型）及隐式转换的原则就可以了。

2. 显式转换

当明确的要求编译器把数据由一种类型转换为另一种类型时，叫显式转换。显式转换也叫强制转换。与隐式转换正好相反，显式转换要指明转换类型，当然就要编写额外的代码。显式转换的语法如下：

（类型）

其中类型是想转换的类型，把一个显式转换符号放到变量前就可实现强制转换，下面是强制转换的例子：

int myInt = 12；

short myshort = 16；

myShort = （short）myInt；

在这个例子中，显式转换符把 myInt 转换成一个 short 型。在使用显式转换时，应该小心，因为这可能导致信息丢失。下面的例子说明了由于转换导致了信息丢失：

int myInt = 34000；

short myshort = 12；

myShort = (short)myInt;

上面的第三条语句是把一个 int 类型显式的转换为 short 类型,转换的结果是 myShort 的值为 -31536,这导致了信息丢失,主要因为转换后已经超出了 short 类型的取值范围。因此在显式转换时,一定要使用正确的数据类型。

【例 3-10】下面的案例说明类型转换的使用。

程序 Example3_10 代码

```
using System;
namespace Example3_10
{
    class Class1
    {
        static void Main(string[] args)
        {
            int myInt;
            short myShort = 17000;
            //隐式转换
            myInt = myShort;
            Console.WriteLine("隐式转换 short－－＞int ={0}",myInt);
            //强制转换
            myShort = (short)myInt;
            Console.WriteLine("强制转换 int－－＞short ={0}",myShort);
            //信息丢失
            myShort = (short)(myInt * 2);
            Console.WriteLine("强制转换 int－－＞short ={0}",myShort);
        }
    }
}
```

输出结果:

    隐式转换 short－－＞int =17000
    强制转换 int－－＞short =17000
    强制转换 int－－＞short =-31536

3. 装箱与拆箱

装箱与拆箱是 C# 语言系统的一个核心概念,装箱与拆箱功能可以把数值类型和引用类型作为对象使用。也就是说,在 C# 语言类型系统中任何数值类型和引用类型都可以与 System.Object(对象)类型之间进行转换。所以,有了装箱与拆箱的功能,任何类型的值都可以看作是 System.Object(对象)。

(1)装箱

装箱就是将数值类型转换为 System.Object 类型。把一个值类型的值装箱就是创建一个 System.Object 对象并将这个值类型的值复制给这个 System.Object 对象。如:

int x = 88;//声明变量类型,并初始化

object obj = x;//隐式地对变量 x 进行装箱操作

也可以对 x 显式地进行装箱操作,如:

object myObj = (object)x;

注:System. Object 和 object 是同一回事,它们都指 System. Object。

(2)拆箱

把一个 System. Object 类的对象转换为一个值类型,这个过程叫拆箱。如:

int myInt = (int)myObj; // myObj 拆箱

注意:拆箱需使用强制转换符。

3.2 变量和常量

变量和常量是 C# 编程语言的基础知识,在任何 C# 语言的程序中,常量和变量都是不可缺少的基本元素,而每一门编程语言都有自己对变量和常量的命名和使用方式,C# 语言也不例外,对于变量和常量的用途以及定义、命名、初始化也具有自己的特点。

3.2.1 变量

变量用于保存在程序中对数据进行读、写、运算等操作后的特定值或运算结果。变量的类型决定了存储在变量中的数值类型。变量保存的值是可以改变的,例如,通过赋值就可能改变变量的值。变量可以在定义时被赋值,也可以在定义时不赋值,定义时被赋值,表明在变量定义的同时,就给了变量一个初始值,如果定义时没有给变量赋初始值,变量就应该在程序执行过程中赋值。

1. **声明变量**

在 C# 中声明变量使用下述语法:

数据类型　变量名;

其中:

数据类型:值类型或引用类型。

变量名:变量的名称。习惯上变量名的第一个字母小写,其他单词的第一个字母大写(Camel 样式),例如 myFirstVariable。

在 C# 中为变量命名要遵守以下规则:

①变量名只能由字母或下划线开头。

②变量名只能由字母、下划线、数字组成,不能包含空格、标点符号、运算符等。

③变量名不能与关键字、库函数名称相同。

④变量名以@开始时,允许使用关键字。

下面是一些合法的变量名:

itree 　_myName 　@int

下面是一些不合法的变量名:

8result(数字 8) 　double(关键字) 　mony $(不合法字符)

下面的例子声明了 int 类型的变量 myValue：

int myValue；

在 C#中要使用变量必须声明，如果使用了一个未声明的变量，代码将不能通过编译，编译器会指出错误在什么地方。

在变量声明时可以初始化变量的值——即赋一个初始值给变量。下面的语句定义了一个叫 myLetter 的字符型变量并赋初值"A"：

char myLetter = 'A'；

2. 变量赋值

声明变量后，就可以对其赋值。其语句形式如下：

myValue = 88；

它将 88 赋给变量 myValue，其中等号(=)是赋值操作符，它将右边的值赋给了左边的变量。变量声明后便可供程序员调用，在下面的语句中使用上面的变量，在控制台中显示为 88：

Console. WriteLine ("myValue = "+myValue)；

C#中在使用变量前，变量必须赋值，否则编译器会提示错误。

3. 变量作用域

变量的作用域是变量能够被访问的那块代码，也可以认为就是变量存在的区域，以下的块定义了一个叫 myValue 的变量：

```
{
    int myValue = 66；
}
```

大括号"{"和"}"分别表示块的开始和结尾。变量 myValue 只可以在该块内被访问，也就是说，myValue 的作用域就局限于块中，如果想在块外访问，就会产生编译错误。

如果块内包含子块，则在子块中可访问块内的变量，下面说明了其用法：

```
class MyClass
{
    public static void Main( )
    {
        int myValue；
        {
            myValue = 1；
        }
        myValue = 2；
    }
}
```

在这个例子中，myValue 的作用域是全部块。

4. 变量的类型

在 C#中把变量分为七种类型，它们是静态变量、非静态变量、数组元素、值参数、引用参数、输出参数，还有局部变量。看下面例子：

【例 3-11】变量类型示例。

```
class MyClass
{
    public static int x;
    public int y;
    public void F(int [] v,int a,ref int b,out int c)
    {
        int i =1;
        c = a+b;
    }
}
```

在上面的变量声明中,x 是静态变量,y 是非静态变量,v[0]是数组元素,a 是值参数,b 是引用参数,c 是输出参数,i 是局部变量。

静态变量:带有"static"修饰符声明的变量是静态变量。一旦静态变量所属的类被装载,直到包含该类的程序结束时它将一直存在。静态变量属于类,它的初始值是静态变量的默认值。

非静态变量:不带有"static"修饰符声明的变量是非静态变量。对于类中的非静态变量而言,一旦创建了新对象,非静态变量一直存在到该对象结束。

局部变量:是指在一个独立的程序块中,或一个 for 语句、switch 语句中声明的变量,它只在该范围中有效。当程序运行到这一范围时,该变量才开始有效,程序离开时变量失效。与其他几种类型的变量不同,局部变量不会自动初始化,所以也就没有默认值。

3.2.2 常量

在声明和初始化变量时,在变量的前面加上关键字 const,就可以把该变量指定为一个常量。顾名思义,常量是其值在使用过程中不会发生变化的变量:

const int a = 100;// 这个值是不变的

常量具有如下特征:

①常量必须在声明时初始化,指定了其值后,就不能再修改了。

②常量总是静态的。但注意,不必(实际上是不允许)在常量声明中包含修饰符"static"。

在程序中使用常量至少有 3 个好处:

①常量用易于理解的、清楚的名称替代了"含义不明确的数字或字符串",使程序更易于阅读。

②常量使程序更易于修改。例如,假设在 C# 程序中有一个表示税率 SalesTax 的常量,该常量的值为 6%,如果以后销售税率发生变化,可以把新值赋给这个常量,就可以修改所有的税款计算,而不必查找整个程序,修改税率为 0.06 的每个项。

③常量更容易避免程序出现错误。如果要把另一个值赋给程序中的一个常量,而该常量已经有了一个值,编译器就会报告错误。

3.3 运算符和表达式

表达式是由操作数（可以是变量、常量、文字值），运算符等连接而成的式子，这个式子的结果是一个运算结果的值。运算符指明对操作数采用何种操作方式，常见的有＋、－、＊、／。

运算符所包括的范围很大，其中有简单的（如"＋"），也有复杂的（如条件操作符"？："），另外还有些专用操作符（如 new）。有关运算符的分类请参见表 3-9。

表 3-9　运算符的分类

类　　别	运　　算　　符
算术运算符	＋　－　＊　／　％
逻辑运算符	&　|　^　~　&&　||　！
字符串连接运算符	＋
增量和减量运算符	++　－－
移位运算符	<<　>>
比较运算符	==　！＝　<>　<=　>=
赋值运算符	＝　+=　－=　＊=　/=　%=　&=　|=　^=　<<=　>>=
成员访问运算符（用于对象和结构）	.
索引运算符（用于数组和索引器）	[]
数据类型转换运算符	( )
条件运算符（三元运算符）	?:
对象创建运算符	new
类型信息运算符	sizeof（只用于不安全的代码）is typeofas
溢出异常控制运算符	checked unchecked
间接寻址运算符	＊　－>　&（只用于不安全代码）[]

当一个表达式中出现各种运算符时，要考虑运算符的优先级及结合性。因为运算符的优先级及结合性决定了一个表达式的求值顺序。优先级高的运算符先运算，优先级低的运算符后运算；运算符的结合性体现了运算符对其操作数进行运算的方向，如果一个运算符对其操作数从左向右进行规定的运算，称此运算符是右结合的，反之称其为左结合的。运算符的优先级如表 3-10 所示，其优先级从上到下由高到低排列。

表 3-10 运算符的优先级

组	运 算 符
初级运算符	（） . [] new typeof sizeof checked unchecked
一元运算符	＋ ！ ～ ＋＋ －－和数据类型转换
乘/除运算符	＊ / ％
加/减运算符	＋ －
移位运算符	<< >>
关系运算符	< > <= >= is as
比较运算符	== !=
按位 AND 运算符	&
按位 XOR 运算符	|
按位 OR 运算符	^
布尔 AND 运算符	&&
布尔 OR 运算符	||
三元运算符	?:
赋值运算符	= += -= *= /= %= &= |= ^= <<= >>= >>>=

3.3.1 算术运算

1. 算术运算符及表达式

算术运算符连接操作数组成算术表达式，实现算术运算。算术运算符如表 3-11 所示。

表 3-11 算术运算符

算数运算符	操 作	结 合 性
＋、－	加、减	右结合
＋＋	自增	左结合
－－	自减	左结合
×	乘号	右结合
/	除号	右结合
％	取余	右结合
＋	加号	右结合
－	减号	右结合

其中符号、自增及自减算术运算符为单目算术运算符，加、减、乘、除和取余算术运算符为双目算术运算符。其优先级参见表 3-10 运算符的优先级。下面是一些算术运算表达式

的例子：

　　1＋2　3－2　2＊5　10/3

　　整数进行的算术运算结果也是整数,除运算的余数被舍去。在 10/3 的例子中,10 被 3 除,结果为 3,余数 1 被舍去。如果想得到余数,可以用模运算符(％),如下面的表达式结果是 1：

10％3

　　如果在算术运算符中使用了浮点数,得到也是浮点数。下面的例子将得到 3.333333：

10f/3f

　　也可以使用多项算术运算符：

3＊4/2＋5

2. 自增、自减运算

　　自增、自减运算符为＋＋和－－。自增、自减运算的作用对象是变量,不能是常量或表达式。如 5＋＋,＋＋5 或(a＋b)＋＋都是非法的。其功能是使变量的值增 1 或减 1。

　　下面的例子给变量 x 加 1：

x＋＋；

＋＋x；

　　自增、自减运算符可以放在变量前面或后面,在前为前缀运算符,在后面为后缀运算符。对于上面的两条语句,前缀运算和后缀运算的结果都是一样的,但如果在一个给变量赋值的语句中使用自增、自减运算,则结果要复杂一些。如：

int x ＝ 100；

int y ＝ x＋＋；

　　在这种情况下,先把 x 的当前值赋给 y,然后 x 加 1,也就是"先使用,后增加",结果是 y 的值为 100,x 的值为 101。

int x ＝ 100；

int y ＝ ＋＋x；

　　在这种情况下,先给 x 加 1,然后把 x 的值(101)赋给 y,也就是"先增加,后使用",结果是 y 的值为 101,x 的值为 101。

　　【例 3-12】本例是关于自增、自减运算符的示例程序。

程序 Example3_12

```
using System;
namespace Example3_12
{
    class Class1
    {
        static void Main(string[] args)
        {
            int x = 100;
            int y;
            //后自增运算符 y = 100, x = 101
```

```
        y = x++;
        Console.WriteLine ("y = {0},x = {1}",y,x);
        //前自增运算符 y = 102, x = 102
        y = ++x;
        Console.WriteLine ("y = {0},x = {1}",y,x);
        //后自减运算符 y = 102, x = 101
        y = x--;
        Console.WriteLine ("y = {0},x = {1}",y,x);
        //前自减运算符 y = 100, x = 100
        y = --x;
        Console.WriteLine ("y = {0},x = {1}",y,x);
      }
    }
  }
```

输出结果:

```
y = 100, x = 101
y = 102, x = 102
y = 102, x = 101
y = 100, x = 100
```

3.3.2 关系运算

1. 关系运算符

关系运算符的功能是对两个操作数比较,得到布尔类型的值(true 或 false)。共有 6 种关系运算符,参见表 3-12。

表 3-12 关系运算符

运 算 符	操 作	结 合 性
>	大于	右结合
>=	大于或等于	右结合
<	小于	右结合
<=	小于或等于	右结合
==	等于	右结合
!=	不等于	右结合

关系运算符都是双目运算符。>=、<=、!=、==各是一个运算符的整体,中间不能有空格。其优先级参见表 3-10 运算符的优先级。

2. 关系表达式

用关系运算符将两个表达式连接起来的式子称为关系表达式。一般格式为：

表达式 1 关系运算符 表达式 2

例如，a<b,a+b!＝c+d、a>b等都是合法的关系表达式。

说明：

①关系表达式的值：如果关系表达式成立，其值为 true，表示"真"；否则为 false，表示"假"。关系表达式的值只能是 true 或 false(布尔类型)。

②关系运算符两侧的表达式可以是任何类型的表达式。

下面是关于关系运算符的一些例子：

10 == 1

10 < 1

10 <= 1

上面表达式的值为 false。

10 ! = 1

10 > 1

10 >= 1

上面表达式的值为 true。

比较时可以使用变量：

int intValue1 = 10;

int intValue2 = 10;

bool result = intValue1 ! = intValue2;

【例 3-13】本例演示了关系运算符的使用。

程序 Example3_13

```
using System;
namespace Example3_13
{
    class Class1
    {
        static void Main(string[] args)
        {
            bool result;
            result =10 ! = 1;
            Console. WriteLine ("10 ! = 1 is {0}",result);
            int intValue1 = 10;
            int intValue2 = 10;
            result = intValue1 ! = intValue2;
            Console. WriteLine ("intValue1 ! = intValue2 :{0}",result);
        }
    }
```

}

输出结果：

    10！＝1 is True

    intValue1！＝intValue2 ：False

3.3.3　逻辑运算

1. 逻辑运算符

逻辑运算符对布尔值 true 和 false 进行逻辑比较。C♯提供 3 种基本的逻辑运算符，参见表 3-13。

表 3-13　逻辑运算符

运　算　符	操　作	结　合　性
！	逻辑非	右结合
& &	逻辑与	右结合
‖	逻辑或	右结合

其中 & & 和‖是双目运算符；！是单目运算符。& & 和‖各是一个操作符的整体，中间不能有空格。其优先级参见表 3-10 运算符的优先级。

2. 逻辑表达式

用逻辑运算符将关系表达式或布尔值连接起来的式子称为逻辑表达式，用于表示复杂的运算，表达式的值还是布尔值。

例如，下列左边所示是表示运算条件的数学不等式，右边是相应的 C♯逻辑表达式。

$1 > x > 0$ x<1& & x>0

$x \neq 0$ 并且 $y \neq 0$ x！＝0& & y！＝0

$x > 1$ 或 $x < -1$ x>1‖x<−1

逻辑运算按操作数的整体值进行，运算时只考虑操作数的值是否为 false。其运算结果若为真，则结果值为 true，否则为 false。

逻辑运算规则：

①逻辑与(& &)：仅当两个操作数的值都为真(true)时，逻辑结果为真(true)，否则为假(false)。

②逻辑或(‖)：两个操作数的值只要有一个为真，其结果即为真，否则为假。

③逻辑非(!)：单目运算，若操作数的值为真，其结果为假，否则为真。逻辑非的运算级别较其他逻辑运算符级别高。

④如果逻辑表达式中同时出现多种运算符时，按表 3-10 运算符的优先级顺序进行运算。

⑤在逻辑运算表达式的求值过程中，不是所有的逻辑运算符都执行，只有在必须执行下一个操作符才能求出表达式的值时才执行。例如，假设 x 为一个布尔值或一个逻辑表达式，bool－exp 是逻辑表达式，那么对于表达式 x& &(bool－exp)：如果 x 为 ture，执行对 bool－

exp 值的判断；如果 x 为 false,逻辑表达式的值已确定为 false,这样就不对 bool－exp 进行求值运算了。对于表达式 x||(bool－exp)：如果 x 为 false,执行对 bool－exp 值的判断；如果 x 为 ture,逻辑表达式的值已确定为 ture,这样就不对 bool－exp 进行求值运算了。

下面是关于逻辑表达式的例子：

(1＝＝1)&&(2>1)

这个语句进行运算的表达式的值都为 ture,所以逻辑表达式的值为 ture。

(1＝＝1)&&(2<1)

这个语句表达式中 1＝＝1 的值为 ture,所以求第二表达式的值,由于第二表达式的值为 false,所以逻辑表达式的值为 false。

(2<1)&&(1＝＝1)

这个语句表达式中(2<1)的值为 false,逻辑表达式的值已确定为 false,这样就不对(1＝＝1)进行求值运算了。

(1＝＝1)||(2>1)

这个语句中(1＝＝1)表达式的值为 ture,逻辑表达式的结果为 ture。

(2<1)||(1＝＝1)

这个语句表达式中(2<1)的值为 false,不能确定逻辑表达式的值,继续对(1＝＝1)进行求值运算,由于(1＝＝1)的值为 ture,所以逻辑表达式的值为 ture。

3.3.4 赋值运算

1. 赋值运算符

在 C# 中,基本赋值运算符为"＝",其功能是将一个数据赋给一个变量。另外还有 5 个由算术运算符和基本赋值运算符组成的复合赋值运算符：＋＝,－＝,＊＝,/＝和%＝；5 个位运算符和基本赋值运算符组成的复合赋值运算符：<<＝,>>＝,&＝,|＝和^＝。赋值运算符结合性为左结合。

2. 赋值表达式

用赋值运算符将变量和表达式连接起来的式子称为赋值表达式,一般形式为：

变量＝表达式

例如：

y＝3;

x＝2＊3;

z＝x＋y;

说明：

①对于如下的式子：

V1＝V2＝…＝Vn＝表达式

由于基本赋值表达式的右侧还是表达式,所以对于不同的变量 V1,V2,…,Vn 还是一个赋值表达式,这称为多重赋值。执行时,把表达式的值按照 Vn,…,V2,V1 的顺序依次赋给每个变量。如 a＝b＝c＝1,运算时,先执行 c＝1,然后把它的结果赋给 b,再把 b 的赋值表达式的结果 1 赋给 a。

②使用复合赋值运算符构成复合赋值表达式,一般形式为:

V oper＝E

其中设定 oper 表示算术运算符或位运算符,E 是一个表达式,V 为变量。实质上上述表达式等价于 V＝V oper E。例如:

a＋＝3 等价于 a＝a＋3。

a％＝2 等价于 a＝a％2。

a％＝b＋2 等价于 a＝a％(b＋2),而不是 a＝a％b＋2。

③赋值表达式的值为变量的值。例如,x＝5,则该赋值表达式的值为 5。

3.3.5 条件运算

条件运算符为"?:",是三目运算符。条件表达式的一般形式为:

条件表达式? 表达式 1:表达式 2

条件表达式的执行过程为:首先计算条件表达式,若为 ture(真),则将表达式 1 的值作为整个条件表达式的值;若条件表达式的值为 false(假),则将表达式 2 的值作为整个条件表达式的值。下面是关于条件运算符的例子:

int result ＝ 8＞1 ? 88:66;

在这里条件表达式 8＞1 成立,该表达式的值为 true,所以整个条件表达式的值为 88。

int result ＝ 8＜1 ? 88:66;

在这里条件表达式 8＜1 不成立,该表达式的值为 false,所以整个条件表达式的值为 66。

条件运算符的结合方向为"自右至左"。如下面的表达式:

a＞b? a:c＞d? c:d;

相当于:

(a＞b)? a:(c＞d? c:d);

3.3.6 其他操作符与表达式

1. is 运算符

is 运算符可以检查对象是否是特定的类型,如果是,它就返回真,否则返回假。如:

int i ＝ 10;

bool isFloat ＝ i is float; //isFloat ＝ false

2. typeof 运算符

typeof 运算符用于获取系统中对象的类型信息。例如,typeof(string)返回 System.String。

3.4 流程控制

高级语言源程序的基本组成单位是语句。语句按功能可以分为两大类:一类用于描述计算机执行的操作运算(如表达式语句),即操作运算语句;另一类是控制上述操作运算的执行顺序(如循环控制语句),即流程控制语句,包括条件(分支)语句、循环语句和转移语句。

3.4.1　语句

　　C#程序是由一系列的执行操作的语句组成的,语句的作用是告诉C#做什么,每个语句用一个分号(;)结束。在C#语言中为了规范代码,设定了一套明确定义的规则,这些规则称为语法,例如语句要以分号结束。C#编写代码比较自由,其中的空格、空行都是被忽略的,这样,程序员在编写代码时,可以根据需要在各节之间加空行或空格对齐相关语句,使程序更加结构化,更宜于代码的阅读和理解。程序员可以将语句以分号隔开,在一行中可以放置多条语句,但从可读性方面来看这样不好,通常一行只包含一条语句。

　　以下是语句的例子:

```
int count = 1;
System. Console. WriteLine("This is very good ");
```

　　上例中第一个语句是 int count = 1;第二个语句是使用一个方法打印一个字符串。要注意字符串中的空格是不能忽略的,因为它是字符串的一部分。

　　在C#代码中,还有一个重要的语言结构——块。块用花括号"{"开始,以花括号"}"结束,其中可以包括任意多行语句,而且允许嵌套块。块样式如下:

```
{
    语句 A;
    语句 B
        语句 C;
}
```

　　在上面的代码中,语句 A 和语句 B 在起始位置对齐,但语句 C 向右偏移了,这是因为语句 B 并未结束(后面没有表示结束的分号),语句 C 才表示这个语句的结束,所以使用了缩进格式。

　　对于代码块嵌套,一般情况下,每个代码都使用自己的缩进格式,按照嵌套的深度不同缩进的多少也不同。如下面的例子:

```
{
    语句 A;
    {
        语句 B;
        {
            语句 C;
        }
        语句 D;
    }
    语句 E;
}
```

在这段代码中,包含了两层代码块的嵌套,每层嵌套深度不同。当然,这些格式并不是严格规定的,但通过有效的缩进,可以包含一定的语义,使代码更加整齐,更有利于阅读该代码。

3.4.2 条件语句

在实际应用中,经常需要根据不同的条件执行不同的语句,这种情况是通过条件语句来实现的。C♯语言支持 3 种基本的条件语句:if 语句,if...else 语句,switch 语句。

1. if 语句

(1)简单 if 语句

在程序中可以使用 if 语句来有条件地执行某一语句序列。其语法形式为:

```
if(条件表达式)
{
    语句 1;
    …
    语句 n;
}
```

其中条件表达式必须用括号()括起来。其执行过程是:首先计算条件表达式的值,若为 ture,表示条件为真,则执行语句序列"语句 1,…,语句 n";否则就执行 if 语句后面的语句。如果 if 语句中只有一条可执行语句,可以省略花括号{}。

(2)if...else 语句

if...else 语句表示根据不同的条件分别执行不同的语句序列。其语法形式为:

```
if(条件表达式)
{
    语句 1;
    …
}
else
{
    语句 2;
    …
}
```

当条件表达式的值为 ture,执行以语句 1 开始的语句序列,否则执行 else 分支的语句序列。当 if...else 语句中的语句序列只有一条执行语句时,可以省略花括号{}。

(3)if...else if...else

当有多个条件选择时,使用 if...else if...else 语句。其语法形式为:

```
if(条件表达式 1)
{
    语句 11;
```

```
        …
    }
    else if(条件表达式 2)
    {
        语句 21;
        …
    }
    else
    {
        语句 31;
        …
    }
```

当条件表达式 1 的值为 false 时,执行 else if 分支,对条件表达式 2 进行求值,如果值为 true,执行以语句 21 开始的语句系列,否则执行 else 分支的以语句 31 开始的语句系列。else if 语句的个数没有限制;最后的 else 可以有也可无,当有 else 时,在前面的条件判断都不符合的情况下,执行此处的操作。该语句只执行满足条件的分支,其他分支不执行。

【例 3-14】本案例演示条件语句的用法。

程序 Example3_14

```csharp
using System;
namespace Example3_14
{
    class Class1
    {
        static void Main(string[] args)
        {
            Console.WriteLine("请输入字符串:");
            string input;
            input = Console.ReadLine();//输入字符串
            Console.WriteLine("输入的字符串是:" + input);
            if (input == "")//字符串是否为空
            {
                Console.WriteLine("你没有输入字符串");
            }
            else if (input.Length < 5) //字符串的字符个数是否小于 5 个
            {
                Console.WriteLine("你输入的字符串的字符个数小于 5 个");
            }
            else if (input.Length < 10)
                //字符串的字符个数大于 5 个的情况下,判断是否小于 10 个
```

```
        {
            Console. WriteLine("字符串的字符个数大于 5 个,小于 10");
        }
        else
        {
            Console. WriteLine("字符串的字符个数大于 10 个");
        }
    }
  }
}
```

这个程序判断输入的字符个数,当输入的字符为空时执行"Console. WriteLine("你没有输入字符串")"语句,程序结束,否则执行 else if (input. Length ＜ 5)分支,对输入的字符继续判断,如果输入的字符个数小于 5,执行"Console. WriteLine("你输入的字符串的字符个数小于 5 个")"语句,程序结束,否则继续执行下面的 else if (input. Length ＜ 10)分支,对输入的字符继续判断,如果输入的字符个数小于 10,执行"Console. WriteLine("字符串的字符个数大于 5 个,小于 10")"语句,程序结束,否则执行 else 分支的"Console. WriteLine("字符串的字符个数大于 10 个")"。

在 C♯ 中,if 子句中的表达式必须是布尔值,C 程序员应特别注意这一点,与 C 不同,C ♯ 中的 if 语句不能直接测试整数(例如从函数中返回的值)。在 C♯ 中,必须明确地把返回的整数转换为布尔值 true 或 false。这个限制用于防止 C♯ 中某些常见的运行错误,特别是在 C♯ 中,当应使用"＝ ＝"时,常常误输入"＝",导致不希望的赋值,在 C♯ 中,这常常会导致一个编译错误,因为除非处理 bool 值,否则"＝"不会返回 bool。

2. switch 语句

switch 语句又称为开关语句,是多分支选择语句。语法形式为:

```
switch(条件表达式)
{
    case 常量表达式 1:
        语句 1;
        …
        break;
    case 常量表达式 2:
        语句 2;
        …
        break;
    …
    case 常量表达式 n:
        语句 n;
        …
        break;
```

```
    default：
        语句 n+1；
        …
        break；
}
```

Switch 语句中 case 后的常量表达式又称为开关常量，可以是一个整数或整型常量表达式，也可以是一个字符常量、字符串常量、枚举类型，每个常量表达式的值必须属于或可隐式转换为条件表达式的值类型，每个常量表达式的值必须互不相同。

Switch 语句的执行过程是：首先计算括号内表达式的值，然后依次与每一个 case 中的常量值进行比较，一旦发现某个能够匹配的值，就执行该 case 后面的语句序列，直到遇到 break 语句。如果表达式的值与所有 case 中的常量值都不匹配，则执行 default 后面的语句序列，default 语句可有可无。

注意每个 case 子句（分支）必须有 break 语句，它起着退出 switch 结构的作用。如果分支中没有 break 语句，那么编译时会出错。但有一种例外情况，如果一个 case 子句为空，就可以从这个 case 跳到下一个 case 上，这样就可以用相同的方式处理两个或多个 case 子句了。

在 C# 中，switch 语句的 case 子句的排放顺序是无关紧要的，甚至可以把 default 子句放在最前面。

【例 3-15】下面程序根据输入的百分制成绩显示考试成绩的等级。

```
程序 Example3_15
using System；
namespace Example3_15
{
    class Class1
    {
        [STAThread]
        static void Main(string[] args)
        {
            int score；
            string inputStr；
            Console. WriteLine("请输入学生的考试成绩：")；
            inputStr = Console. ReadLine( )；
            score = int. Parse(inputStr)；
            switch(score/10)
            {
                case 9：
                    Console. WriteLine("A")；
                    break；
                case 8：
```

```
                    Console. WriteLine("B");
                    break;
                case 7:
                    Console. WriteLine("C");
                    break;
                case 6:
                    Console. WriteLine("D");
                    break;
                default:
                    Console. WriteLine("E");
                    break;
                }
            Console. Read( );
            }
        }
    }
```

运行程序：当输入 95 时，输出为 A。

3.4.3 循环语句

循环意味着重复地执行，例如对一个表的每行进行搜索，一直到结尾，其中的搜索活动就可以用循环来实现。通过循环可以简化代码，有助于算法组织。C#语言包含以下几种循环语句：while 语句，do-while 语句，for 语句和 foreach 语句。

1. while **语句**

一般形式：

```
    while(表达式)
    {
        语句 1；
        …
        语句 n；
    }
```

一对花括号所包含的语句为 while 语句的循环体。

它的执行过程是：

①首先判断括号内表达式的值，表达式的值必须为 ture 或 false。

②表达式的值如为 false 就不执行循环语句，循环结束，这样有可能 while 循环内的程序永远不执行。表达式的值如为 ture，即为真，就执行循环语句。当执行到循环语句的结尾后，再回到第一步判断表达式的值，如此反复进行直到表达式为假时，结束 while 循环，往下继续执行其他语句。

【例 3-16】本案例演示 while 语句的使用。

程序 Example3_16

```
using System;
namespace Example3_16
{
    class Class1
    {
        static void Main(string[] args)
        {
            int counter = 1;
            while (counter<=3)
            {
                Console.WriteLine("counter = "+counter);
                counter++;
            }
        }
    }
}
```

输出结果：

counter =1

counter =2

counter =3

例中，循环的初始部分是 counter＝1，它是保证进入循环结构的条件，条件表达式 counter<=3 是循环的控制部分，它对循环条件进行判断，决定是否执行循环语句和何时结束循环，花括号内的复合语句是循环体，其中的 counter++的作用是改变循环条件，以便完成指定计算达到预订目的后能结束循环，否则会成为死循环。

2. do-while 语句

一般形式：

```
do 语句
{
    语句1；
    …
    语句n；
}
while(表达式)；
```

其执行过程是，先执行循环体中的语句，然后计算表达式的值，进行判断，如为 ture，则再次执行循环体，否则结束循环。表达式的值必须为 ture 或 false。

【例 3-17】本案例演示 do-while 语句的使用。

程序 Example3_17

```
using System;
```

```
namespace Example3_17
{
    class Class1
    {
    [STAThread]
    static void Main(string[] args)
    {
        int counter = 1;
        do
        {
            Console.WriteLine("counter = "+counter);
            counter－－;
        }while (counter>1);
    }
    }
}
```

输出结果：

counter =1

在这个程序中，先执行循环体中的语句，执行完语句 counter－－后，counter 的值为 0，循环条件表达式 counter>1 的值为 false，循环结束，因此循环体中的语句只执行了一次。

do-while 语句和 while 语句的区别是：do-while 语句是先执行循环体，再进行判断，无论条件是否成立，do-while 语句至少执行循环体一次；而 while 语句则要先对条件进行判断，只有条件成立才执行循环体，这样就有可能 while 循环内的程序永远不执行。

3. for 语句

一般形式为：

for（初始化表达式；条件表达式；迭代表达式）
{
        循环执行语句块
}

其中：

初始化表达式：指在执行第一次循环前要计算的表达式（通常初始化一个局部变量，作为循环计数器）；初始化循环计数器的表达式或赋值语句可以有多个（用逗号隔开）。

条件表达式：在每次循环前要测试的条件表达式，如果为 true，循环执行，如果为 false，循环结束。

迭代表达式：每次循环完要计算的表达式（通常是递增或递减循环计数器的表达式语句）。

循环执行语句块：要执行的循环语句块。

其执行过程是：先计算初始化表达式的值，接着计算条件表达式的值并判断，若条件表达式的值为 ture，则执行循环体的语句，执行完循环体的语句后计算迭代表达式的值，再从计算条件表达式的值开始下一次循环,重复这种先计算判断,后执行再计算的过程,直到某次(也可能是第一次)条件表达式的值为 false 时结束循环。注意初始化表达式的值只在执行第一次循环前计算一次。

for 循环非常适用于一个语句或语句块重复执行预定的次数的操作。

【例 3-18】本案例是使用 for 循环的典型用法,这段代码输出从 0 到 99 的整数。

```
for (int i = 0; i < 100; i++)
{
    Console.WriteLine(i);
}
```

这里声明了一个 int 类型的变量 i,并把它初始化为 0,用作循环计数器。接着测试它是否小于 100。因为这个条件为 true,所以执行循环中的代码,显示值 0。然后执行迭代表达式 i++ 给该计数器 i 加 1,再次执行该过程。当 i 等于 100 时,循环停止。

for 语句中的 3 个表达式允许省略或部分省略,但用作分隔符的两个分号绝不能省略。如下面语句实现了一个无限循环:

```
for( ; ; )
{
}
```

在无限循环中一般有终止无限循环的语句存在,当满足某一条件时结束无限循环,如用 if 语句与 break 语句的配合来结束无限循环。

while 与 for 在功能上是等价的,但 for 循环结构更加直观、简洁、紧凑和灵活。在实际应用中,是使用 while 循环还是 for 循环,应视具体情况而定。一般来说,如果不用赋初值,则用 while 循环比较自然,反之则用 for 循环较好,尤其是在处理数组中的一连串元素时,使用 for 循环更显方便。

4. foreach 循环

foreach 循环可以遍历集合中的元素。要使用集合对象,它必须支持 IEnumerable 接口。集合的例子有 C# 数组,System.Collection 命名空间中的集合类,以及用户定义的集合类。foreach 的语法如下:

```
foreach(类型  变量 in 表达式)
{
    循环执行语句块
}
```

其中:

类型:变量的类型。

变量:能被集合元素赋值的循环变量,是一个只读局部变量。

表达式:对象集合或数组表达式。集合元素的类型必须可以显式转换为变量类型。

从下面的代码中可以了解 foreach 循环的语法,其中假定 intArray 是一个整型数组:

```
foreach (int temp in intArray)
{
    Console.WriteLine(temp);
```

```
}
```

其中,foreach 循环一次遍历数组中的一个元素。对于每个元素,它把该元素的值放在 int 型的变量 temp 中,然后再执行一次循环。

注意,不能改变集合中各项(上面的 temp)的值,所以下面的代码不会被编译:

```
foreach (int temp in arrayOfInts)
{
    temp++;
    Console.WriteLine(temp);
}
```

如果需要迭代集合中的各项,并改变它们的值,就应使用 for 循环。

【例 3-19】本案例演示 foreach 的使用。

程序 Example3_19

```
using System;
namespace Example3_19
{
    class Class1
    {
        [STAThread]
        static void Main(string[] args)
        {
            int[] intArray = {1,2,3};
            foreach (int temp in   intArray)
            {
                Console.WriteLine("temp = "+temp);
            }
        }
    }
}
```

输出结果:

```
temp =1
temp =2
temp =3
```

3.4.4 跳转语句

有时候,需要在到达循环结尾之前就结束循环,或者是忽略循环的某一步,break 语句可以解决第一种情况,而 continue 语句可以解决第二种情况。

1. break 语句

有时候,需要提前结束循环。前面简要提到过 break 语句——在 switch 语句中使用它退出某个 case 语句。在 for,foreach,while 或 do-while 循环的情况下,就是在循环条件满足之前终止循环,立即执行循环后面的语句。

如果该语句放在嵌套的循环中,就执行最内部循环后面的语句。如果 break 放在 switch 语句外部或循环语句外部,就会产生编译时错误。

【例 3-20】本案例是一个关于 break 语句的用法的例子。

程序 Example3_20

```csharp
using System;
namespace Example3_20
{
    class Class1
    {
        [STAThread]
        static void Main(string[] args)
        {
            int total = 0;
            for (int i = 0; i < 10; i++)
            {
                total += i;//求和
                if(i==5)
                {
                    Console.WriteLine("i = {0}时,终止循环",i);
                    break;
                }
            }
            Console.WriteLine("total = "+total);
        }
    }
}
```

输出结果:

　　i = 5 时,终止循环

　　total = 15

如果没有 break 语句,这个程序中的 for 循环将运行 10 次,直到变量为 11 时才结束。在这个程序中,当 i 到 5 时,if 中的 break 语句就提前结束了循环,程序跳转到循环外的下一个语句"Console.WriteLine("total = "+total)"。

2. continue **语句**

continue 语句类似于 break,但它只能用在 for,foreach,while 或 do-while 循环中。它的作用是结束本次循环,即跳过循环体中尚未执行的语句,接着进行下一次是否执行循环的判断。

【例 3-21】本案例是一个关于 continue 语句用法的例子。

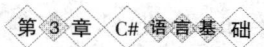

程序 Example3_21

```
using System;
namespace Example3_21
{
    class Class1
    {
        [STAThread]
        static void Main(string[] args)
        {
            int total = 0;
            for (int i = 1; i <= 3; i++)
            {
                if(i==2)
                {
                    Console.WriteLine("i = {0} 时,本次循环终止,进行下次循
                    环",i);
                    continue;
                }
                total += i;
                Console.WriteLine("i = {0},total = {1}",i,total);
            }
        }
    }
}
```

输出结果:

　　i = 1,total = 1

　　i = 2 时,本次循环终止,进行下次循环

　　i = 3,total = 4

　　当 i 变量为 2 时,if 语句中的 continue 语句将被执行,这样立即开始下一次循环而跳过了本次循环的其余行,所以 total 变量保存了除 2 以外的 i 变量的值的总和。

　　continue 语句和 break 语句的作用有相似之处,却有着本质的区别。continue 语句只结束本次循环,还要进行下一次循环,而不是要结束整个循环;break 语句则是结束整个循环,转到循环体外面。

3.4.5　异常处理程序

　　我们编写的程序再好,在运行时难免不会出现这样或那样的错误:一个数被 0 除,无效的数据类型转换,调用不存在的文件,存取溢出等,这些情况有一些我们能在代码编写时发现并能够避免其发生,但是,还有一些我们无法估计会不会发生。如果不对它们进行处理,那么一旦发生某种错误,就会使运行的程序崩溃,造成数据的丢失等。所以在遇到这些问题时,应该对其进行相应的处理。我们把程序在执行期间遇到的任何错误和意外行为称为异常。C#为我们提供了一种良好的处理异常的机制。

在 C# 中,异常处理机制就是 C# 为处理错误情况提供的一种机制。它为每种错误情况提供了定制的处理方式,并且把标识错误的代码与处理错误的代码分离开来。

C#中的异常处理机制也是一种面向对象的技术。异常本身就是一个对象,它包含了有关异常的信息,如异常类型、发生错误时的程序状态等,当程序在运行过程中遇到异常时,就创建一个异常对象并被抛出(throw),与此同时抛出的异常对象被异常处理程序监视和处理。

对. NET 类来说,一般的异常类 System. Exception 派生于 System. Object。其他许多定义好的异常类(如 System. SystemException,System. ApplicationException 等),都派生于 System. Exception 类。其中 System. ApplicationException 类是第三方定义的异常类,如果我们要自定义异常类,那么就应派生于它。

在程序中对异常进行处理,一般要使用三个代码块:try 块,catch 块和 finally 块。

1. try,catch 和 finally 块

为了要实现监视和处理异常的代码,C#语言包含了结构化异常处理(Structured Exception Handling)的语法,相关的关键字为:try,catch 和 finally。try 关键字及后面的代码块(放在一对花括号中)称为一个 try 块。同样,catch 形成一个 catch 块(也称为异常处理器,exceptionhandler),finally 形成一个 finally 块。这三个块相互关联,其基本结构如下:

```
try
{
    ...
}
catch(<Exception>e)
{
    ...
}
finally
{
    ...
}
```

这 3 种代码块的用法如下:

try:try 块的代码是程序中可能出现错误的操作部分,可能会抛弃一个或多个异常。

catch:catch 块包含处理异常的代码。可以通过在 catch 块内指定异常派生类来指明该代码块响应的异常类型。因此,程序员可以根据需要,对不同的异常采用不同的处理方法。

finally:finally 块包含必须执行的代码。无论在 try 块中的代码有没有产生异常,也不管 catch 块有没有执行,finally 代码块总是执行。

【例 3-22】本例是一个关于除数为零产生异常的处理例子。用一个整数变量除另一个整数变量,如果第二个变量为零将产生异常,因为用零除是没有意义的。为处理这个异常,可

以把除法放在 try 块中,再增加一个 catch 块来处理异常。

```
try
{
    int x = 0;
    string inputStr;
    //输入一个数据
    Console. WriteLine("请输入数据:");
    //字符串转换为整型数据
    x= int. Parse(inputStr);
    int y = 12/x;
    Console. WriteLine("未发生异常");
}
catch
{
    Console. WriteLine("发生异常,catch 处理异常 ");
}
```

当在 try 块中进行除法时,如果 x 的值为 0,会产生异常,程序流程立即转到 catch 块,然后执行这个块中的代码,这样也就永远不会看到 try 块结尾显示的信息(在本例中是"未发生异常")了,因为程序流程已经跳转到 catch 块了。

【例 3-23】在上面的例子中,try 块可能发生多种异常,如:输入的字符串数列经转换后数据超过 int 类型的取值范围等,但当任何异常发生时,程序流程都转到处理异常对象的 catch 块,采用统一的处理方法。实际上我们可以针对不同的异常编写不同的 catch 块来处理异常,通过在 catch 块内指定派生类的名字来完成这个任务。下面是关于这方面的例子。

```
程序 Example3_23
using System;
namespace Example3_23
{
    class Class1
    {
        [STAThread]
        static void Main(string[] args)
        {
            try
            {
                int x = 0;
                string inputStr;
                //输入一个数据
                Console. WriteLine("请输入数据:");
                //字符串转换为整型数据
```

```
                inputStr = Console.ReadLine( );
                x = int.Parse(inputStr);
                int y = 12/x;
                Console.WriteLine("未发生异常");
            }
            //派生类 DivideByZeroException  零不能作除数
            catch(DivideByZeroException e)
            {
                Console.WriteLine("零不能作除数");
            }
            //派生类 OverflowException 算术运算溢出
            catch(OverflowException e)
            {
                Console.WriteLine("超过 int 类型变量的取值范围");
            }
            //异常基类的 catch 块
            catch
            {
            Console.WriteLine("其他异常");
            }
            finally
            {
                Console.WriteLine("finally:try 块是否异常总是执行");
            }
        }
    }
}
```

对于上述程序,运行时如果输入 0,结果为:

　　请输入数据:

　　0

　　零不能作除数

　　finally:try 块是否异常总是执行

如果输入 9999999999,结果为:

　　请输入数据:

　　9999999999

　　超过 int 类型变量的取值范围

　　finally:try 块是否异常总是执行

如果输入 k,结果为:

　　请输入数据:

k

其他异常

finally：try 块是否异常总是执行

这个程序包含多个 catch 块，程序对异常的处理遵循这样的原则：当程序产生一个异常对象后，按照 catch 块出现的先后顺序进行扫描，由第一个匹配的 catch 块处理此异常；而且，当匹配的 catch 块代码执行完毕后，其他的 catch 块都不被执行。对异常匹配的 catch 块的寻找，按出现的顺序来处理，所以 catch 块参数指定的异常子类必须位于所有用到异常基类的 catch 块之前，否则这些 catch 块不可能被访问到。

在使用异常处理结构时，请注意一个 try 块可以：

①有一个或多个相关的 catch 块，无 finally 块。

②有一个 finally 块，无 catch 块。

③包含一个或多个 catch 块，同时有一个 finally 块。

注：异常类基类及其派生类有很多有用的信息，如果要使用这些信息请参看 MSDN。

2. 使用 throw 抛出异常

以上介绍的都是程序在运行过程中产生异常时，由 . NET 运行引擎自动抛出的异常。在 C♯ 中，我们还可以使用 throw，显式地抛出异常。其语法是：

throw   异常对象；

通过显式抛出异常，不仅可以帮助程序员方便地控制抛出的异常类型和消息，还能够在 catch 块中再次抛出异常，从而使得异常处理机制更为灵活多变。

【例 3-24】本案例是一个使用 throw 的例子。

程序 Example3_24

```
using System;
namespace Example3_24
{
    class Class1
    {
        [STAThread]
        static void Main(string[] args)
        {
            try
            {
                //创建一个异常对象
                Exception myException = new Exception("myException");
                //设置异常对象的属性
                myException. Source ="Example3_19";
                //抛出异常
                throw myException;
            }
            catch(Exception e)
```

```
            {
                Console. WriteLine("myException. Source:"＋e. Source);
                Console. WriteLine("myException. Message:"＋e. Message);
            }
        }
    }
}
```

程序结果：

myException. Source：Example3_19

myException. Message：myException

在这个例子中，首先创建一个异常对象，同时传递了一个字符串给构造函数（这个字符串用来设置对象的 Message 属性）：

Exception myException ＝ new Exception("myException");

接着为异常对象 myException 设置了 Source 属性：

myException. Source ＝"Example3_19";

最后用 throw 语句抛出对象：

throw myException;

这样抛出的对象与自动抛出的异常是一样的，同样可以使用 catch 块来处理。

3.5 本章小结

本章介绍的内容是编写程序的基础，如果你学习过其他语言可能会发现这些内容都很简单。本章主要内容包括：

数据类型

运算符与表达式

流程控制语句

异常处理程序

3.6 实训：考生信息录入

实训目的

(1)掌握数据类型的使用。

(2)掌握控制语句的用法。

(3)学会编写异常处理程序。

(4)进一步熟悉应用程序的结构。

实训要求

(1)熟练建立控制台应用程序。

(2)编写考生信息类，考生信息类包含考生姓名、考生考号。

(3)编写一个对象数组，对象为考生。

（4）考生信息输入时，使用异常处理机制。

（5）录入完后用 foreach 将考生信息打印出来。

根据以上要求写出实训报告。

实训参考

本实训的编程思路是：

①本程序是控制台应用程序，我们在此建立一个名为 TEST 项目的控制台应用程序。

②根据实训要求，我们编写一个名为 Examinee 的类，包含二个域：考生姓名（name），考生考号（examineeID）。

③创建一个数组列 ExamineeList，把考生对象加入到考生列中，在对对象的域赋值时使用异常处理机制。

④最后用 foreach 将考生信息打印出来。

下面代码为本实训参考代码。

```
using System；                 //using 语句
using System. Collections；//using 语句
namespace TEST   //项目默认命名空间名为 TEST
{
    //考生信息类
    public class Examinee
    {
        public string name；
        public int ExamineeID；
    }
    class Class1
    {
    [STAThread]
    static void Main(string[] args)   //程序入口函数,只能有一个
    {
        char str='y';
        string temp；
        //创建数组列对象
        ArrayList ExamineeList = new ArrayList( )；
        //录入考生信息
        Console. WriteLine("开始录入考生信息:")；
        //使用 do. . . while()
        do
        {   //异常处理 try. . . catch
            try
            {
                Examinee stu = new Examinee ( )；
```

```
            Console. Write("请输入考生姓名:") ;
            stu. name＝Console. ReadLine( ) ;
             Console. Write("请输入考生考号(字符 0～9):") ;
            temp ＝ Console. ReadLine( ) ;
            //把字符型转换为 int 类型,转换不在 int 取值范围或不能转
            //换,出现异常
            stu. ExamineeID ＝ Convert. ToInt32(temp) ;

            ExamineeList. Add ( stu);
            Console. WriteLine( ) ;
            Console. Write("任意键继续,N 或 n 停止录入:") ;
            str ＝ (char)Console. Read( ) ;
            Console. ReadLine( ) ;//处理输入的多余字符
        }
        catch
        {
            Console. WriteLine("输入的数据不正确,请重新输入") ;
        }
}while(str! ＝'N'& &str! ＝'n') ;
//用 foreach 打印考生信息
Console. WriteLine( ) ;
Console. WriteLine("已录入考生信息清单") ;
foreach(Examinee stu1 in ExamineeList)
{
    Console. WriteLine( ) ;
    Console. WriteLine("考生姓名:"＋stu1. name);
    Console. WriteLine("考生考号:"＋stu1. ExamineeID);
        }
    }
  }
}
```

3.7 习题

1. 整型有几种数据类型? 如果在代码中没有对某个整型数值显式声明,则编译器一般假定该变量是什么类型的?

2. 浮点类型有几种数据类型? 如果在代码中没有对某个非整型数值(如 12.3)显式声明,则编译器一般假定该变量是什么类型的?

3. 值类型和引用类型有什么区别?

4. 写一个通讯录(PhoneBook)的结构,它包含一个人的姓名(name)、地址(address)、电话(phone)。

5. 什么是枚举类型?

6. 字符串类(string)在实际应用中经常用到,查看相关的书籍,看一看除了书上所讲的属性和方法外它还有哪些属性和方法?

7. 如何初始化数组? 数组是 System.Array 类的对象,查看相关的书籍,看一看除了书上所讲的属性和方法外它还有哪些属性和方法?

8. 集合功能强大,查看相关的书籍,看一看除了书上所讲的属性和方法外它还有哪些属性和方法?

9. 给变量命名应遵循哪些规则?

10. 隐式转换的规则是什么? 为什么显式转换要特别小心?

11. 执行完下列语句后,x 和 y 各为何值?

(1)int x＝10;

　int y＝＋＋x;

(2)int x＝10;

　int y＝(x＞＝1)? 100:10;

(3)int x＝10;

　int y＝(x＝＝1)? x＋＋:＋＋x;

(4)int x＝10,y＝20;

　if(x＜＝10&&y＞＝10)

　{

　　x＋＋;

　　y＋＝10;

　}

　else

　{

　　x－－;

　　y－－;

　}

12. break 语句和 continue 语句有什么区别?

13. 采用 for 循环语句设计一个程序块,要求计算从 1 到 100 的和值。

14. 采用 while 循环语句设计一个程序块,要求计算从 1 加至 100 的和值。

15. 用 foreach 循环语句把整数数组中的元素打印出来。

16. 说一说 try,catch,finally 执行时的相互关系。

17. 编写一个除法程序,要求实现在除数为 0 情况下的异常处理。

第 4 章 Windows 窗体程序设计

本章要点
- ✓ 控件的基本概念
- ✓ 窗体控件
- ✓ 常用的几大类控件的方法、属性及事件

在 Windows 操作系统中,窗体程序设计是程序开发的基本内容。要进行 Windows 窗体程序设计,就必须熟悉窗体和其他常用控件,掌握这些控件的属性的含义及类型、事件发生的时机和参数、方法的参数及返回值。本章即主要介绍这些内容。各控件的属性、事件、方法很多,初学者应注意从最常用的开始学习,举一反三。

通过本章的学习,读者应能够熟练使用.NET 所提供的常用控件,开发简单的 Windows 应用程序。

4.1 Windows 窗体程序设计概述

.NET 提供了一个有条理的、面向对象的、可扩展的类集,它使得用户得以开发丰富的 Windows 应用程序。通过使用 Windows"窗体设计器"来设计窗体,用户可以创建 Windows 应用程序,并且还可以对窗体指定某些特性并在窗体上放置控件,然后编写代码以增加控件和窗体的功能。另外,还可以通过继承机制,从其他窗体中继承。

对于 Windows 应用程序开发,用户可以像编写 C 语言程序一样,在编辑器中创建程序、调用.NET 方法和类,然后在命令行编译应用程序,并执行所产生的可执行程序。而现在普遍的 Windows 应用程序开发方法是使用可视化设计,它与传统的开发方法的实质是一样的,只不过可视化设计器自动生成部分代码,使得应用程序开发更快、更容易和更可靠。

4.1.1 什么是控件

控件(Controls)表示用户和程序之间的图形化链接。控件可以提供或处理数据、接收用户输入、对事件做出响应或执行连接用户和应用程序的其他功能。控件本质上是具有图形接口的组件,所以它能提供组件所提供的功能并与用户进行交互。

窗体中提供的控件有很多,在"工具箱"中的"Windows 窗体"里面包含了所有的 Windows 窗体的标准控件,像标签控件(Label)、按钮控件(Button)、文本框控件(TextBox)等,这些窗体控件均派生自 System. Windows. Forms. Control 类。作为各种窗体控件的基类,

Control 类实现了所有窗体交互控件的基本功能,如处理键盘输入、处理消息驱动、限制控件大小等。

在.NET 中,窗体交互的功能已经被封装到各个具体的控件中,用户直接调用各个相关的控件即可。在使用控件之前,我们先来介绍一下控件的属性、方法和事件。

4.1.2 控件的属性、方法和事件

1. 属性

属性是提供对控件的特性进行访问的成员。属性的例子包括控件的名称(Name)、控件的大小(Size)、控件的位置(Location)等。属性是字段的自然扩展,两者都是用相关类型成员命名,并且访问字段和属性的语法是相同的。然而,与字段不同,属性不指示存储位置。作为替代,属性有存取程序,通过这些特殊的存取程序来对它们进行读或写。

对于程序员,要了解属性的含义及其数据类型。

进行 Windows 窗体设计时,可以直接在属性面板上更改属性的值,属性面板一般在窗口右边,可以按 F4 键显示,或操作菜单"视图|属性窗口"(如图 4-1 所示)。

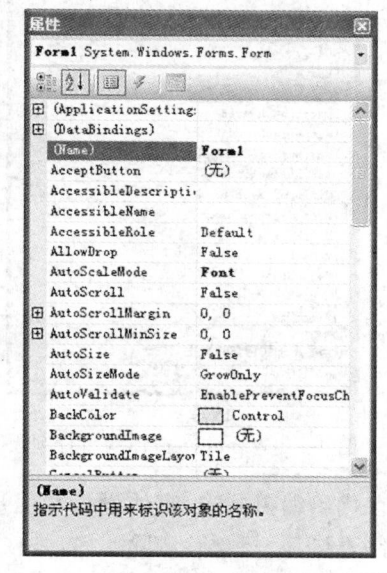

图 4-1 Windows 窗体的属性面板

2. 方法

方法是一个执行可以由对象或类完成的计算或行为的成员。方法有一个形式参数列表(可能为空),一个返回数值(或 void),并且可以是静态也可以是非静态。静态方法要通过类来访问。非静态方法,也称为实例方法,通过类的实例来访问。

方法可以被重载,这意味着只要有一个惟一的签名,多个方法可能有相同的名称。方法的签名包括方法、数据、修饰符和它的形式参数的各种类型的名称。

对于程序员,应主要掌握常用的方法的参数和返回值。

3. 事件

所谓事件就是可以通过代码响应或处理的操作,是向对象和类提供通知的成员。事件可以由用户操作(如单击鼠标或按某个键)、程序代码或系统生成。事件驱动的应用程序执行代码以响应事件。每个窗体和控件都公开一组预定义的事件,用户可以根据这些事件来编程。如果发生了其中的某一个事件,且在它相关联的事件处理程序中有代码,则调用该代码。

对于程序员来说,要了解事件发生的时机和事件的参数。

在 Visual Studio.NET 的可视化设计界面中,把选中对象的所有的事件都列了出来,集中在了属性面板的事件列表中,如图 4-2 所示。

在这个事件列表中,左边是这个对象支持的事件,右边是这个事件发生时要执行的方法,如果是空的,那么这个对象将不对这个事件做出反应。因此,事件和方法可以通过这里连接起来。

在.NET中,只要双击事件的名称,系统就会把这个事件默认的处理方法名称和这个事件挂接起来,即前述的事件委托。例如,双击Cilck事件,属性栏就会变为如图4-3所示。

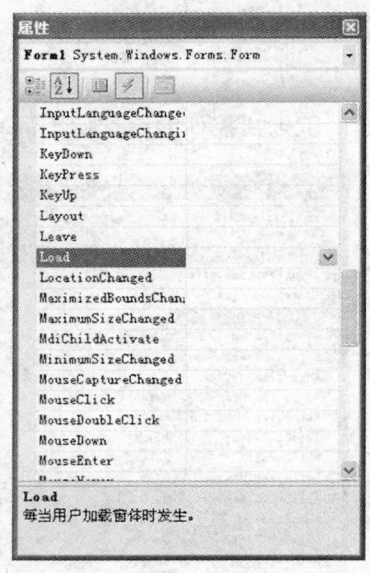
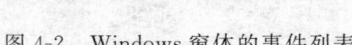
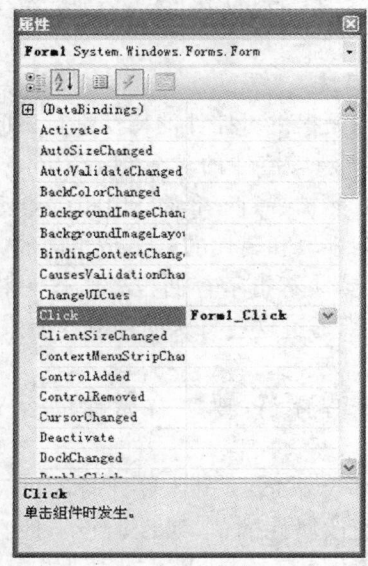

图4-2　Windows窗体的事件列表　　　　图4-3　Click事件和Form1_Click方法的挂接

在代码编辑器中,窗体设计器生成的代码里,会自动出现以下语句,该语句和图4-3中的事件表格是一致的:删除此句,表格中的"Form_Click"就会自动消失;清除"Form_Click",下面的语句就会被自动删除:

this. Click += new System. EventHandler(this. Form1_Click);

这样,Click事件和Form1_Click方法就关联起来,即建立了委托关系。也就是程序运行时,在发生窗体Form1被用户Click的事件时,就会执行Form1_Click方法。

与此同时,系统会自动添加Form1_Click方法的声明,代码如下:

```
private void Form1_Click(object sender, EventArgs e)
{

}
```

4.1.3　Windows 窗体程序设计思路

设计一个Windows窗体程序,首先要建立Windows应用程序项目,然后设计窗体程序的"三部曲"是:固定工具箱,在窗体上组织控件并布局;隐藏工具箱、显示属性面板,设计各控件的各属性初始值;指定控件的事件委托,编写事件委托函数及相关函数代码。

下面我们通过一个例题为大家演示一下Windows窗体程序的设计过程。

【例4-1】Windows窗体程序的设计过程。

首先建立 Windows 应用程序项目：启动 Visual Studio . NET 2005，参照第 1 章实训，建立一个 Windows 应用程序。名称可以使用默认值。

窗体设计器的主界面，如图 4-4 所示，接下来就开始设计。

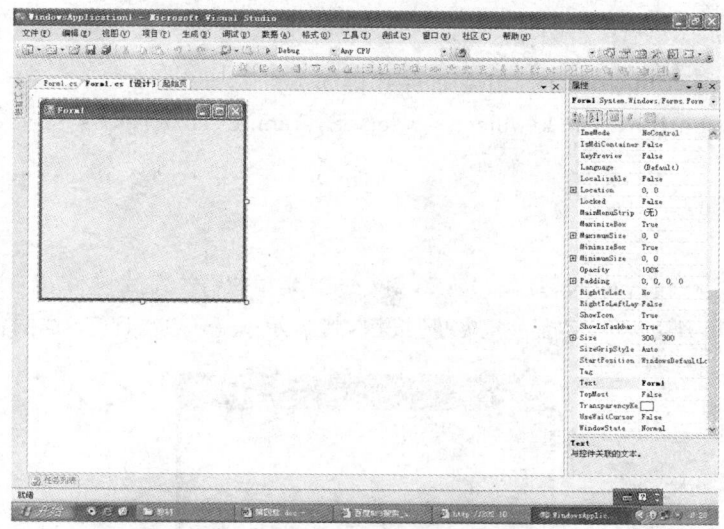

图 4-4　Windows 窗体设计界面

第一步：打开"工具箱"，从中拖放控件到窗体，如果控件较多，最好固定住工具箱面板。本例拖放一个 Button 控件，默认实例名称为"button1"。

第二步：将"工具箱"隐藏，打开"属性"面板，设计控件的各属性初始值。本例中，将 button1 的"Text"属性改为"显示：欢迎"。如图 4-5 所示。

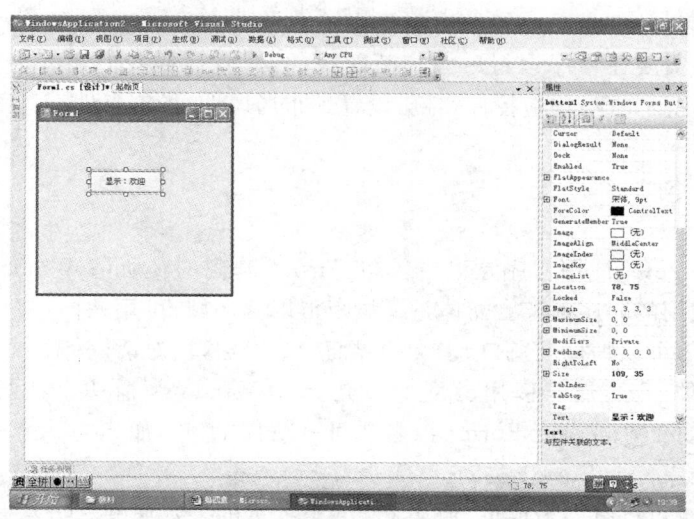

图 4-5　属性设置界面

第三步：指定控件的事件委托，编写事件委托函数及相关函数代码。本例中，由于 Click 事件是 Button 控件的默认事件，因此，直接双击窗体上的"显示：欢迎"按钮，切换到代码编

辑器,系统自动生成如下函数声明,并在窗体设计器生成的代码中自动建立该函数与按钮 Click 事件的委托关系:

```
private void button1_Click(object sender, System.EventArgs e)
{
}
```

在该函数中编写 button1 的 Click 事件代码如下:

```
private void button1_Click(object sender, System.EventArgs e)
{
    MessageBox.Show("欢迎");
}
```

最后,调试执行设计好的程序。按 F5 键(或用菜单操作"调试|启动"),进行调试,程序 执行界面如图 4-6 所示,单击"显示:欢迎"按钮,将显示一个有"欢迎"字样的消息框。

图 4-6　调试后的界面

有的情况下,需要在程序运行后添加新的控件,这就需要我们用程序完成上面的三部 曲。也就是要用代码完成:构造控件实例,设置其布局属性,指定事件委托函数等操作。

4.2　Form 类

　　C#中的 Windows 应用程序是以窗体(Form)为基础的。所谓 Windows 窗体,是一种 创立 Windows 应用的程序框架。窗体是一块矩形屏幕区域,可用来向用户显示信息并接受 用户的输入。窗体可以是标准窗口、多文档界面(MDI)窗口、对话框等。

　　窗体也是一种对象,属于引用类型中的类。用"Windows 窗体设计器"创建的窗体是 Form 类(在 System.Windows.Forms 命名空间中)的派生类,如建立一个 Windows 应用程 序,IDE 会默认建立一个 Form1 类,它就派生自 Form 类。

　　窗体类当然也可以有静态成员,但从 Form 类继承的多数属性和方法是实例成员,例如 窗体的尺寸属性、显示窗体的方法等。所以,在程序运行时显示出的窗体是由该类创建的实 例。如第 2 章所述,在程序中,用 this 关键字引用当前窗体实例。

　　用户还可以从现有的窗体类继承,以便添加新的功能或修改现有的行为。当向项目添加窗体时,可以选择是从框架提供的 Form 类继承还是从以前创建的窗体类继承。

　　窗体是与用户交互的主要载体,它就好像是一个容器,其他界面元素(控件等)都可以放置在这个容器中。通过组合不同的控件集、设置窗体的属性以及编写相应的事件、方法代码,可以满足用户对应用程序的要求。

　　下面我们就对窗体的一些重要属性、方法和事件进行讲述,之后会发现窗体是一个功能非常强大的对象。

4.2.1　Form 类常用属性

　　属性就是一组设置值,用于描述某类对象(如窗体 Form)的外观、形状、大小、位置等。对于窗体(Form 类),属性可以在设计时用属性窗口(如图 4-7)来设置,也可以在运行过程中通过代码动态设置。

　　说明:有些窗体属性,例如 Region,只能通过代码设置。

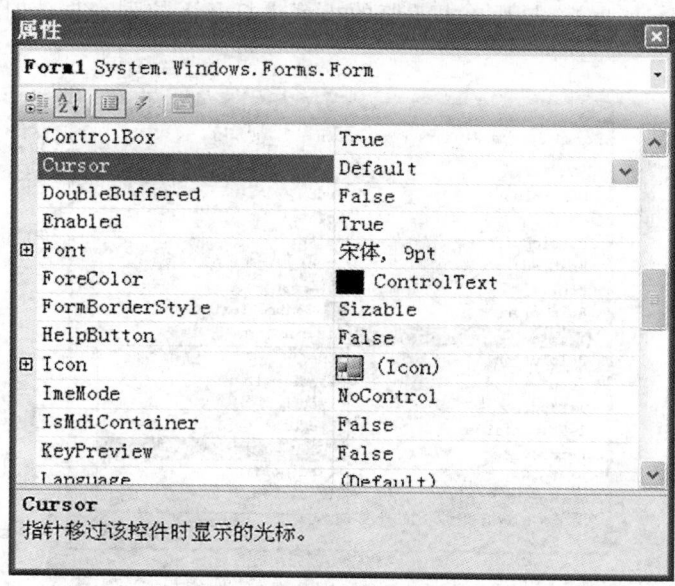

图 4-7　属性窗口

　　很多窗体属性都可以在属性窗口中设置,例如窗体图标、背景颜色、显示方式和外观等。下面我们介绍一些常用的窗体属性。

　　说明:当在属性窗口选中某属性时,在属性窗口的底部窗格中就会显示该属性的简要描述。

　　1. Text 属性

　　Text 属性主要用来设置窗体标题栏中的显示文本。它可以通过属性窗口来设置(如图 4-8 中设置为"窗体的标题"),也可以在窗体运行时为 Text 属性设置属性值,如:

　　this. Text＝"窗体的标题";

　　把以上代码放在窗体的构造函数(该过程创建窗体的对象实例,具体参见"构造函数")中或者窗体的 Load 事件中,运行效果如图 4-8 所示。

图 4-8   Text 属性运行效果

2. FormBorderStyle 属性

FormBorderStyle 属性用来指示窗体的边框和标题栏的外观和行为。

要设置 FormBorderStyle 属性,首先在设计窗口中打开窗体,然后在窗体的属性窗口中选中 FormBorderStyle 属性,最后单击游览的小箭头打开下拉列表框(如图 4-9),从中选择即可。

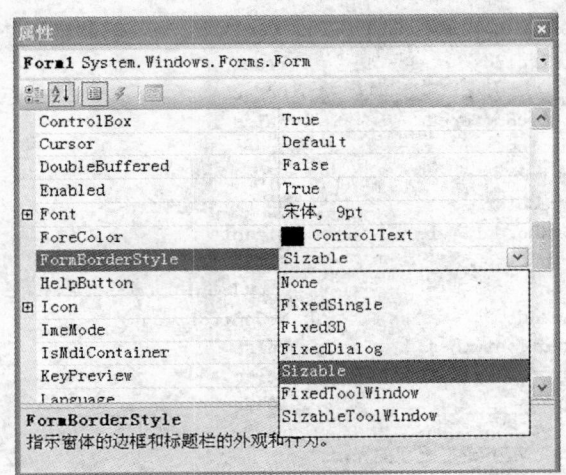

图 4-9   FormBorderStyle 属性窗口

在 FormBorderStyle 属性窗口中有 7 个枚举值,它们的具体含义如表 4-1 所示。

表 4-1   FormBorderStyle **属性选项的枚举常量**

枚举常量	窗口的特性
Fixed3D	固定的三维边框。
Fixed Dialog	固定的对话框样式的粗边框。
Fixed Single	固定的单行边框。
FixedToolWindow	不可调整大小的工具窗口边框。
None	无边框。
Sizable	可调整大小的边框。

3. Name 属性

该属性为 String 类型的值,用于获取或设置窗体的名称,该名称主要用于在程序中引用该窗体对象。我们知道,Visual Studio 默认给新建的窗体命名为 Form1,Form2 等,如果不满意这样毫无个性的名称,我们可以修改窗体的 Name 属性,一般应在设计阶段即为所有的窗体拟定合适的名称,并在窗体新建的第一时间内就将 Name 属性改定,以免中途改名会带来种种麻烦。具体如图 4-10 所示。

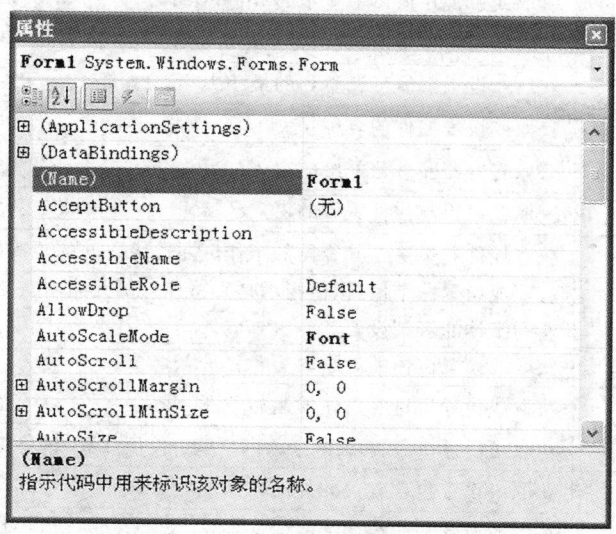

图 4-10 Name 属性的可视化设置

除了以上几个常用属性外,窗体属性还有很多(例如窗体图标、背景颜色、显示方式等),这里就不作一一介绍了,详见表 4-2。

表 4-2 Form 类常用的其他属性

属 性	说 明
AutoScroll	获取或设置一个值,该值指示窗体是否实现自动滚动。
BackColor	获取或设置在窗体中显示的背景颜色。
BackgroundImage	获取或设置在控件中显示的背景图像。
Bottom	获取控件下边缘与其容器的工作区上边缘之间的距离(以像素为单位)。
ContextMenu	获取或设置与控件关联的快捷菜单。
ControlBox	获取或设置一个值,该值指示在该窗体的标题栏中是否显示控件框。
DesktopLocation	获取或设置 Windows 桌面上窗体的位置。
Focused	获取一个值,该值指示控件是否有输入焦点。
Font	获取或设置控件显示的文字的字体。
ForeColor	获取或设置控件的前景色。
Height	获取或设置控件的高度。
Left	获取或设置控件左边缘与其容器的工作区左边缘之间的距离(以像素为单位)。

Location	获取或设置该控件的左上角相对于其容器的左上角的坐标。
MaximizeBox	获取或设置一个值,该值指示是否在窗体的标题栏中显示最大化按钮。
MaximumSize	获取窗体可调整到的最大大小。
MdiChildren	获取窗体的数组,这些窗体表示以此窗体作为父级的多文档界面(MDI)子窗体。
MdiParent	获取或设置此窗体的当前多文档界面(MDI)父窗体。
Menu	获取或设置在窗体中显示的 MainMenu。
MinimizeBox	获取或设置一个值,该值指示是否在窗体的标题栏中显示最小化按钮。
MinimumSize	获取或设置窗体可调整到的最小大小。
Name	获取或设置控件的名称。
ParentForm	获取将容器控件分配给的窗体。
Region	获取或设置与控件关联的窗口区域。
Right	获取控件右边缘与其容器的工作区左边缘之间的距离(以像素为单位)。
RightToLeft	获取或设置一个值,该值指示是否将控件的元素对齐以支持使用从右向左的字体的区域设置。
Size	获取或设置窗体的大小。
StartPosition	获取或设置运行时窗体的起始位置。
TabStop	获取或设置一个值,该值指示用户能否使用 TAB 键将焦点放到该控件上。
Tag	获取或设置包含有关控件的数据的对象。
Text	获取或设置与此控件关联的文本。
Top	获取控件下边缘与其容器的工作区上边缘之间的距离(以像素为单位)。
TopLevel	获取或设置一个值,该值指示是否将窗体显示为顶级窗口。
TopLevelControl	获取没有另一个 Windows 窗体控件作为其父级的父控件。通常,这是控件所在的最外面的 Form。
TopMost	获取或设置一个值,指示该窗体是否应显示为最顶层窗体。
TransparencyKey	获取或设置将表示窗体透明区域的颜色。
Visible	获取或设置一个值,该值指示是否显示该控件。
Width	获取或设置控件的宽度。
Windowstate	获取或设置窗体的窗口状态。

4.2.2 Form 类常用方法

方法是对象完成工作的一种方式。在这种方式下,属性是关联到对象上的变量,而方法就是关联到对象上的过程和函数。

方法是通过函数完成的,调用方法时,在对象实例后加点号、再加方法名和括号即可,如下:

Form1.Show();

下面是一些最常用的窗体的方法及其用途描述。

- Activate：激活窗体并给予它焦点。
- Close：关闭窗体。
- Focus：为控件设置输入焦点。
- Hide：对用户隐藏控件。
- Show：向用户显示控件。
- ShowDialog：将窗体显示为模式对话框。

4.2.3 Form 类常用事件

在.NET 开发环境下设计窗体时，经常使用的 Form 类的事件有：

- Activate/ Deactivate 事件。

当一个窗体变为活动窗体时，就会触发 Activate 事件；而当另外一个窗体变成活动窗体时，当前窗体上会触发 Deactivate 事件。

- Click / DoubleClick 事件。

分别在单击窗体和双击窗体时触发这两个事件。

- Init 事件。

初始化窗体时触发的事件。初始化是窗体生存周期的第一步，在该事件的生存周期内不应该访问其他控件，因为这些控件可能尚未生成。

- Load / UnLoad 事件。

在第一次显示窗体前触发 Load 事件。当从内存中卸载该窗体时触发 UnLoad 事件。

注意：Load 事件要比 Init 事件稍晚一些发生。

- MouseDown / MouseEnter / MouseHover / MouseLeave / MouseMove/MouseUp 事件。

这些都是与鼠标的操作有关的事件，分别是在鼠标按下、鼠标移入窗体、鼠标在窗体内保持静止、鼠标移出窗体、鼠标在窗体内移动、鼠标键抬起等情况下发生。

- Move / Resize 事件。

分别在窗体移动位置和改变大小时触发。

4.2.4 两个 Form 的窗体程序

通过上面的介绍，我们在建立好了项目之后，系统会自动给我们添建一个窗体 Form1，我们可以在上面添加控件、编写程序。当我们的应用程序需要多个窗体时，我们该如何添加第二个窗体？如何控制第二个窗体呢？本节介绍两个 Form 的窗体程序。

【例 4-2】两个 Form 的窗体程序小案例。

第一步：启动 C♯应用程序，新建一个项目（步骤在 4.1.3 节中已介绍过），进入编辑环境，这样系统自动给我们添建一个窗体 Form1。如图 4-11 所示。

第二步：从"项目"菜单中选择"添加 Windows 窗体"项，打开添加新项界面，如图 4-12 所示，选择"Windows 窗体"。在名称栏内，默认的名称是 Form2，可以根据需要来修改它的名称。修改好后单击"添加"按钮，这样设计窗口内就有了第二个窗体。

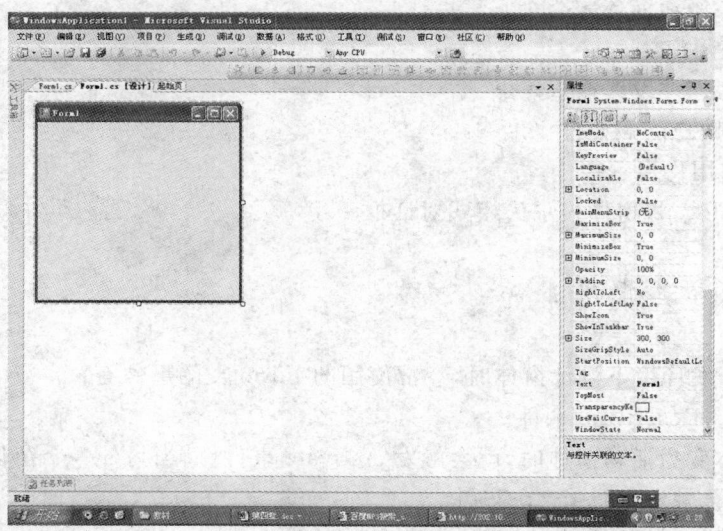

图 4-11　Windows 窗体设计界面

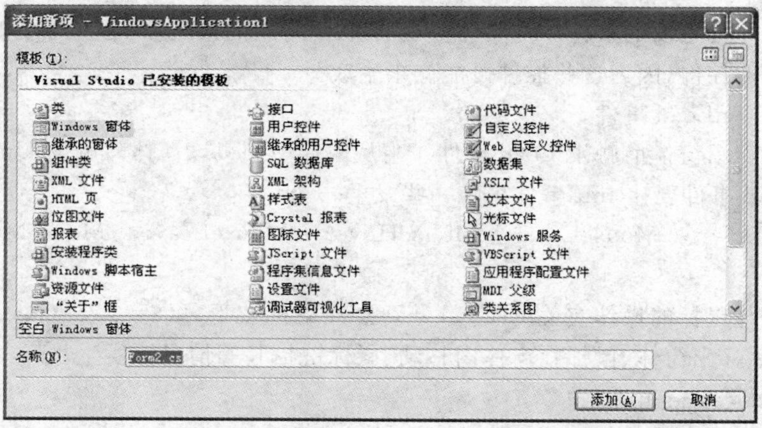

图 4-12　添加 Windows 窗体设计界面

　　第三步：从左边的"工具箱"中拖放控件，并为所拖放的控件设置属性，编写相关的事件代码。如拖放一个 Button 控件，默认为"button1"，在右边的"属性"面板中，将 button1 的"Text"属性改为"显示窗体 Form2"。然后双击"button1"，切换到代码页，系统自动生成如下语句：

private void button1_Click(object sender，System. EventArgs e)

{

}

编写 button1 的 Click 事件代码为：

private void button1_Click(object sender，System. EventArgs e)

```
    {
        Form2 myform = new Form2();
        myform.Show();
    }
```

这样就可以了。当程序运行后,首先出现的是 Form1 窗口,其上有一个按钮,单击该按钮后,出现了 Form2 窗口,如图 4-13 所示。

图 4-13　两个 Windows 窗体的运行效果

4.3　基本控件

Visual Studio.NET 提供了很多 Windows 窗体控件,而且每个控件都有大量的属性和事件。这些控件及其属性和事件使得我们可以快速地设计出内容丰富的 Windows 窗体。本节将介绍几个最基本的控件。

4.3.1　Label 类控件

标签(Label)控件是一种最简单的控件,通常用于需要文字提示的场合,是最常用的控件之一。Label 控件还可用于显示应用程序运行时的信息,也可用于为窗体添加描述性文字,以便为用户提供帮助信息。在应用 Label 控件前,我们先来了解一下 Label 控件的几个主要属性。

1. Text 属性

Label 控件所显示的提示性的文字保存在 Text 属性中。它的设置方法为:首先从"工具箱"中的"Windows 控件"中拖动一个 Label 控件放在一个窗体中,选中所生成的 Label1,再在窗口右侧的属性面板中把 Text 属性改为所要显示的文本即可,如图 4-14 所示。运行效果如图 4-15 所示。

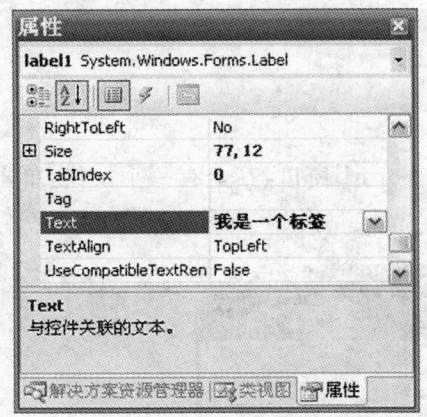

图 4-14 修改 Label1 属性面板中 Text 属性

图 4-15 标签的界面效果

2. TextAlign 属性

为了设置 Label 控件中文字的排列方式，Label 控件还定义了一个 TextAlign 属性，该属性同样采用了可视化设置技术，如图 4-16 所示，用户可以很方便的设置 Label 控件中文字的排列方式。

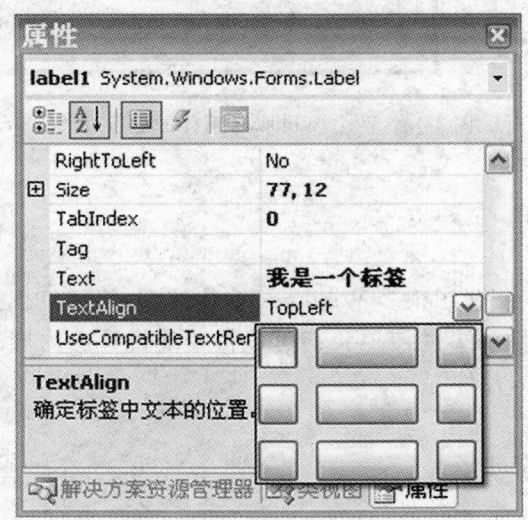

图 4-16 TextAlign 属性的可视化设置

3. Image 属性

为了美化 Label 控件的显示效果，还可以通过 Image 属性给 Label 控件指定一个图片作为背景。可以作为 Label 控件背景的图片类型包括 jpg，bmp，gif，ico 等。另外还可以使用 Image Index 和 Image List 属性来显示组合图片。

4. BackColor 属性

通过 Label 控件的 BackColor 属性可以设置标签的背景颜色。在属性面板中，系统提供了几十种颜色可供选择。另外还可以通过程序代码来修改 BackColor 属性，例如：

Label1. BackColor＝Color. Transparent；

是将标签设为半透明状。

4.3.2 TextBox 类控件

文本框(TextBox)用于获取用户输入或显示的文本,是最常用的控件之一。在应用该控件前,我们先介绍一些它的常用属性和方法事件。

1. 常用属性

• Text 属性:保存用户通过文本框输入的信息,可以在页面设计时指定一个初始值,这样,程序运行时,该初始值将自动显示在该文本框中。程序中可以通过读取该属性的值来获取用户的输入信息。

• ReadOnly 属性:指定文本框是否为只读控件,默认值为 false。默认的情况下,文本框中的内容可以被编辑。如果将 ReadOnly 属性设为 True,则该文本框不可编辑。

• MultiLine 属性:控制编辑控件的文本是否能够跨越多行,默认值为 false。在默认的情况下,文本框最多可以输入 2048 个字符。如果将 MultiLine 属性设为 True,则最多可以容纳 32KB 的文本。同样,在多行输入的情况下,也可以通过读取该属性的值来获取用户的输入信息。

• WordWrap 属性:指示多行编辑控件是否自动换行,默认值为 true。在默认的情况下,控件中的文本将显示为一个或多个段落;否则将显示为一个列表,其中的某些行可能在控件边缘处被裁减。

• ScrollBars 属性:当文本框的内容超出所显示的范围时,可以设置是否使用滚动条。当 ScrollBars 属性值设为 Vertical 时,文本框会出现纵向滚动条,如图 4-17 所示。当 ScrollBars 属性值设为 Horizontal 时,文本框会出现横向滚动条。

图 4-17　文本框添加纵向滚动条

2. 常用事件

对于文本框,我们常用的事件是 TextChanged 事件,作用是当文本框的内容改变时所引发的处理操作。

【例 4-3】文本框 TextChanged 事件的应用演示。

其大体步骤为:首先从"工具箱"中的"Windows 控件"中拖动一个 TextBox 控件放在一

个窗体中,双击所生成的 TextBox1,进入代码编辑区域,输入如下代码:

```
private void textBox1_TextChanged(object sender, System. EventArgs e)
{
        MessageBox. Show("文本已改变,请注意存盘!");
}
```

程序运行后,如果我们对文本框中的文本作任何的改动,都会弹出一个如图 4-18 的对话框:

图 4-18   文本框 TextChanged 事件演示

4.3.3   Button 类控件

按钮(Button)控件允许用户通过单击来执行操作。当该按钮被单击后,它看起来像是被按下,然后释放。它是最常用的控件之一。在应用该控件前,我们先介绍一些它的常用属性和方法事件。

1. 常用属性

• Text 属性:Button 控件所显示的提示性的文字保存在 Text 属性中。它的设置方法为首先从"工具箱"中的"Windows 控件"中拖动一个 Button 控件放在一个窗体中,选中所生成的 Button1,再在窗口右侧的属性面板中把 Text 属性改为所要显示的文本即可。

• FlatStyle 属性:C♯ 允许改变按钮的外观,一般设置 FlatStyle 属性的不同值,就可以改变它的平面显示风格,该属性可以取如下的值:

Flat:按钮总是以平面方式显示。

Popup:鼠标移动到按钮上时,以三维方式显示按钮,其他情况同 Flat。

Standard:按钮总是以三维方式显示。

• Image 和 ImageList 属性:Button 控件可以通过 Image 和 ImageList 属性来显示背景图片。

2. 常用事件

• Click 事件:对于 Button 控件,我们常用的事件是 Click 事件,作用是单击按钮时所引发的处理操作。

【例 4-4】按钮 Click 事件的应用演示。

下面我们通过一个小例子,来演示一下 Click 事件的应用。其大体步骤为:首先从"工具箱"中的"Windows 控件"中拖动一个 Button 控件放在一个窗体中,如图 4-19 所示,双击所生成的 button1,进入代码编辑区域,输入如下代码:

```
private void button1_Click(object sender, System. EventArgs e)
```

```
{
    MessageBox.Show("你单击了一下按钮哦!");
}
```

图 4-19　简单的 Button 控件应用

程序运行结果如图 4-20 所示。

图 4-20　单击按钮的效果

• 其他事件:对于 Button 控件,我们还经常用 KeyDown,KeyPress,KeyUp 事件来响应键盘的一些操作,用 MouseDown,MouseEnter,MouseHover,MouseLeave,MouseMove 事件来响应鼠标的一些操作。

Button 控件还有很多事件,有兴趣的读者可以自己试验一下,看看有什么有趣的事件发生。

4.4　菜单条、状态条和工具条

菜单条、状态条和工具条是 Windows 窗体程序中用户界面的一个重要部分,是应用非常普遍的桌面元素。在.NET Framework 2.0 中,菜单条、状态条、工具条都由新增的 Tool-Strip 控件提供高度一致和高度灵活的处理。

ToolStrip 控件及其派生类被设计成一个灵活的可扩展系统,可以在 Windows 窗体应用程序中承载菜单、控件和用户控件的工具条。ToolStrip 控件设计方便,在设计器中可以就地激活和编辑。

ToolStrip 的派生类 MenuStrip,ContextMenuStrip 和 StatusStrip 均为工具条项的容

器。这些控件的功能也主要是由这些工具条项实现的。工具条项都是从 ToolStripItem 抽象类中派生的,如 ToolStripLabel,ToolStripButton,ToolStripTextBox 等,它们的功能和 Label,Button,TextBox 控件很类似。

　　MenuStrip,ContextMenuStrip,StatusStrip 以及 ToolStrip 的最明显的不同之处是它们各自容纳不同的工具条项。虽然任何工具条项都可以寄宿在任何 ToolStrip 派生的容器中,但不同的工具条项在相应的容器中的显示效果最好。表 4-3 简单说明了这种情况。

表 4-3　不同工具条项适合的不同容器

包含的项	ToolStrip	MenuStrip	ContextMenuStrip	StatusStrip
ToolStripButton	是	否	否	否
ToolStripComboBox	是	是	是	否
ToolStripSplitButton	是	否	否	是
ToolStripLabel	是	否	否	是
ToolStripSeparator	是	是	是	否
ToolStripDropDownButton	是	否	否	是
ToolStripTextBox	是	是	是	否
ToolStripMenuItem	否	是	是	否
ToolStripStatusLabel	否	否	否	是
ToolStripProgressBar	是	否	否	是

　　所有这些类均包含在 System. Windows. Forms 命名空间中,并且类名中通常带有 "ToolStrip"前缀(如 ToolStripLabel)或"Strip"后缀(如 MenuStrip)。

4.4.1　ToolStrip 控件

　　ToolStrip 控件为 Windows 工具栏对象提供支持。它是多种工具条项(工具条子控件)的容器。

　　ToolStrip 控件的主要属性:
　　• Name 属性:获取或设置控件的名称。
　　• Items 属性:获取菜单条中的工具条项的集合。
　　• ImageList 属性:获取或设置包含 ToolStrip 项上显示的图像的列表。
　　• ShowItemToolTips 属性:获取或设置一个值,该值指示是否显示 MenuStrip 的工具提示。

　　【例 4-5】演示工具栏 ToolStrip 控件的应用。
　　①启动 Visual Studio 2005,建立一个项目,进入窗体设计的主界面(具体步骤见 4.1. 3)。
　　②从左边的"工具箱"中拖放一个 ToolStrip 控件至窗体,默认名为"toolStrip1",单击智能按钮,选择"Button"选项,如图 4-21 所示,然后在右边的"属性"面板中,单击"Image"属性

后的"..."按钮,打开"选择资源"对话框,如图 4-22 所示,点击"导入"按钮,导入相应的图片资源后点击"确定"。

图 4-21　ToolStrip 控件的智能按钮

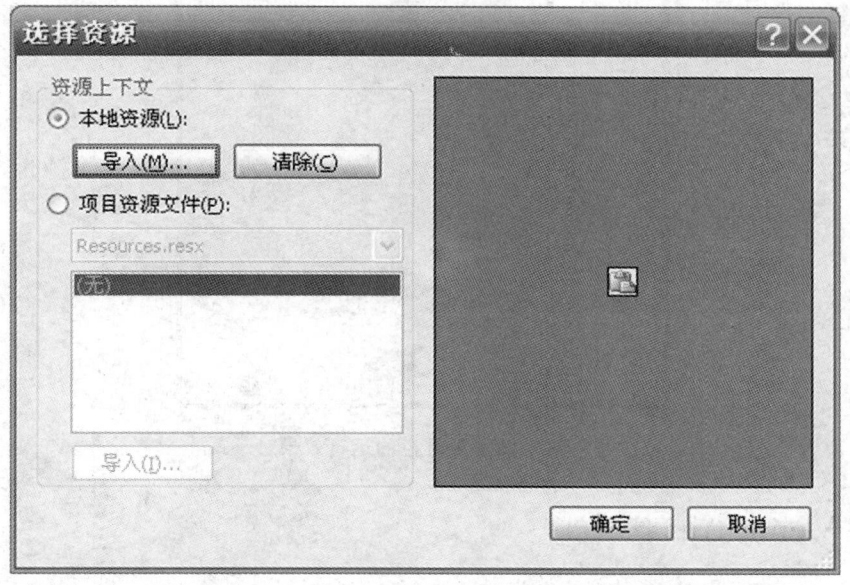

图 4-22　选择资源对话框

　　③重复步骤②,添加"保存"、"剪切"、"粘贴"和分隔栏,如图 4-23 所示。在添加分隔栏时,选择的是智能按钮中的"separator"项。

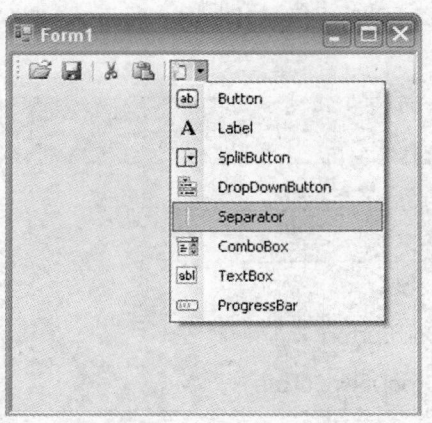

图 4-23　添加工具栏图片按钮

④双击"打开"按钮，切换到代码页，系统自动生成如下语句：

```
private void toolStripButton1_Click(object sender，EventArgs e)
{

}
```

编写"打开"按钮的 Click 事件代码。

重复本步骤，添加"保存"、"剪切"、"粘贴"项的代码。

⑤按 F5 键（或用菜单操作"调试|启动"），进行调试，调试成功则如图 4-24 所示。

图 4-24　工具栏的运行效果

4.4.2　MenuStrip 控件

　　MenuStrip 控件是表示窗体菜单结构的容器。MenuStrip 适合容纳 ToolStripMenu-Item，ToolStripComboBox，ToolStripSeparator 和 ToolStripTextBox 对象。MenuStrip 控件主要用来容纳 ToolStripMenuItem 控件，该控件表示一个菜单项。用户可以将 Tool-StripMenuItem 对象添加到 MenuStrip 中。每个 ToolStripMenuItem 也可以是其他子菜单

项的父菜单。ToolStripSeparaor 只是一个占位间隔。

MenuStrip 控件的属性和 ToolStrip 类似。其功能主要是由 ToolStripMenuItem 控件实现的。

1. ToolStripMenuItem 控件的主要属性

• Name：获取或设置控件的名称。

• Text：获取或设置菜单项的显示文本。

• Checked：获取或设置一个值，该值指示是否选中 ToolStripMenuItem。

• CheckOnClick：获取或设置一个值，该值指示 ToolStripMenuItem 是否应在被单击时自动显示为选中或未选中。

• CheckState：获取或设置一个值，该值指示 ToolStripMenuItem 处于选中、未选中还是不确定状态。

• ImageIndex：获取或设置在该项上显示的图像的索引值。

• ToolTipText：获取或设置作为控件的 ToolTip 显示的文本。

• ShortcutKeyDisplayString：获取或设置快捷键文本。

• ShortcutKeys：获取或设置与 ToolStripMenuItem 关联的快捷键。

• ShowShortcutKeys：获取或设置一个值，该值指示与 ToolStripMenuItem 关联的快捷键是否显示在 ToolStripMenuItem 的旁边。

2. ToolStripMenuItem 控件的主要事件

Click：在单击 ToolStripItem 时发生。

【例 4-6】菜单条及菜单项的应用。

①启动 Visual Studio 2005，建立一个项目，进入窗体设计的主界面（步骤见 4.1.3）。

②从左边的"工具箱"中拖放一个 MenuStrip 控件至窗体，默认名为"menuStrip1"，单击智能按钮，选择"MenuItem"选项，如图 4-25 所示，然后在右边的"属性"面板中，将"Text"属性改为"文件"。

③重复步骤②，添加"打开"、"保存"和分隔栏，如图 4-26 所示。在添加分隔栏时，选择的是智能按钮中的"separator"项。

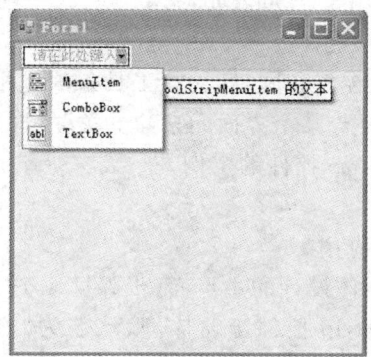
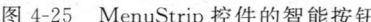

图 4-25　MenuStrip 控件的智能按钮

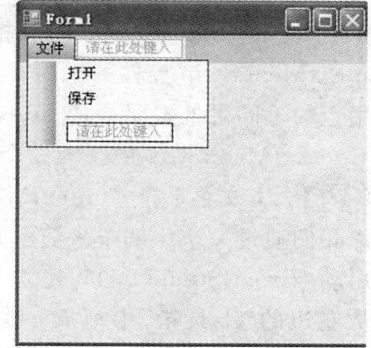

图 4-26　添加子菜单

④双击"打开"菜单项，切换到代码页，系统自动生成如下语句：

private void 打开 ToolStripMenuItem_Click(object sender，EventArgs e)

```
{
}
```

编写"打开"菜单项的 Click 事件代码,如:

```
private void 打开 ToolStripMenuItem_Click(object sender，EventArgs e)
{
    MessageBox.Show("您单击的是打开项!");
}
```

重复本步骤,添加"保存"项的代码。

⑤按 F5 键(或用菜单操作"调试|启动"),进行调试,调试成功则如图 4-27 所示。

⑥单击"打开"项后,会弹出一个消息框,如图 4-28 所示。

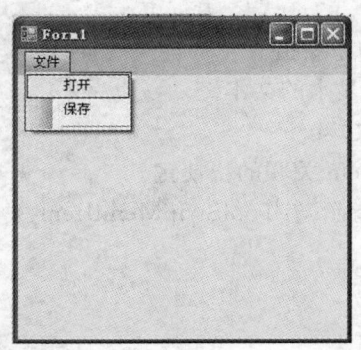

图 4-27 菜单运行显示

图 4-28 消息框

4.4.3 ContextMenuStrip 控件

在像 Windows 操作系统、Office 办公软件等这类软件中,用户在某个界面元素上单击鼠标右键,都可以弹出一个快捷菜单,帮助用户实现一些功能的快捷操作。如果我们在开发 Windows 应用程序时,实现了这一功能,将大大方便用户。那么如何来实现这一功能呢?在.NET 中,利用 ContextMenuStrip 控件可以完成此功能。

ContextMenuStrip 控件的主要属性和 MenuStrip 控件相同,容纳的工具条项也相同,它们在使用上的不同之处主要是:ContextMenuStrip 需要与某个界面元素建立关联,即设定某控件的 ContextMenuStrip 属性为一个 ContextMenuStrip 控件的实例。

【例 4-7】上下文菜单条 ContextMenuStrip 的使用。

下面我们通过一个小例子来演示一下快捷菜单的应用。

①启动 Visual Studio 2005,建立一个项目,进入窗体设计的主界面(步骤见 4.1.3)。

②从左边的"工具箱"中拖放一个 ContextMenuStrip 控件至窗体,默认名为"contextMenuStrip1",单击智能按钮,选择"MenuItem"选项,如图 4-29 所示,然后在右边的"属性"面板中将"Text"属性改为"最大化"。

③重复步骤②,添加"最小化"、"关闭"和分隔栏,如图 4-30 所示。在添加分隔栏时,选择的是智能按钮中的"separator"项。

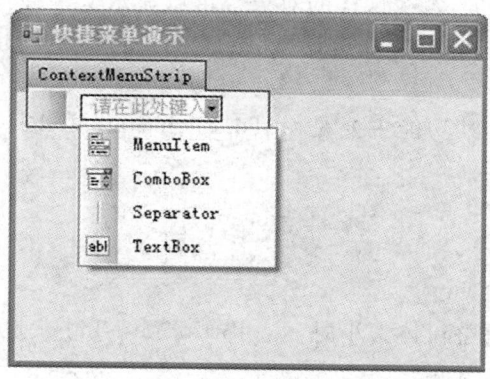

图 4-29　ContextMenuStrip 控件的智能按钮

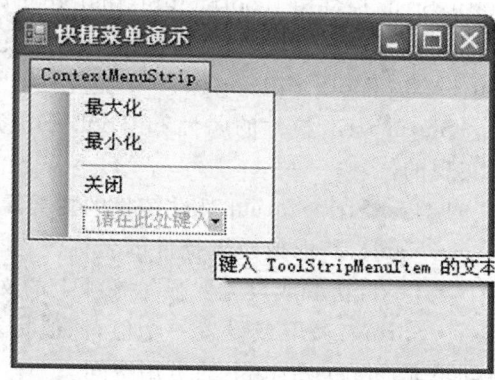

图 4-30　添加快捷菜单

④单击"最大化"菜单项,切换到代码页,系统自动生成如下语句:

private void 最大化 ToolStripMenuItem_Click(object sender，EventArgs e)

{

}

编写"最大化"菜单项的 Click 事件代码:

private void 最大化 ToolStripMenuItem_Click(object sender，EventArgs e)

{

　　Windowstate = FormWindowstate. Maximized；

}

重复本步骤,添加最小化项和关闭项的代码:

private void 最小化 ToolStripMenuItem_Click(object sender，EventArgs e)

{

　　Windowstate = FormWindowstate. Minimized；

}

private void 关闭 ToolStripMenuItem_Click(object sender，EventArgs e)

{

　　this. close()；

}

⑤设置 Form1 的 ContextMenuStrip 属性为 contextMenuStrip1。

⑥按 F5 键(或用菜单操作"调试|启动"),进行调试,调试成功则如图 4-31 所示。

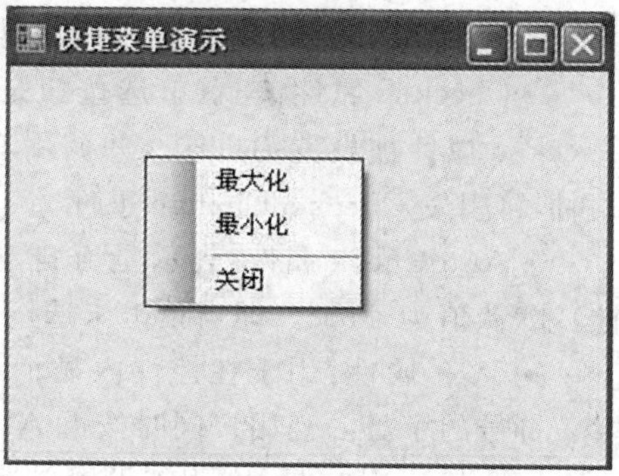

4.4.4　StatusStrip 控件

StatusStrip 控件可以显示正在 Form 上查看的

图 4-31　弹出式快捷菜单演示

对象的相关信息、对象的组件或与该对象在应用程序中的操作相关的上下文信息。通常,

StatusStrip 控件由 ToolStripStatusLabel 对象组成,每个这样的对象都可以显示文本、图标或同时显示这二者。StatusStrip 还可以包含 ToolStripDropDownButton,ToolStripSplit-Button 和 ToolStripProgressBar 控件。

StatusStrip 控件的属性和 ToolStrip 类似。其功能主要是由 ToolStripStatusLabel 控件实现的。

1. ToolStripStatusLabel 控件的主要属性

• Name:获取或设置控件的名称。

• Text:获取或设置要显示在项上的文本。

• Spring:获取或设置一个值,该值指示在调整窗体大小时,ToolStripStatusLabel 是否自动填充 StatusStrip 上的可用空间。

• Image:获取或设置显示在 ToolStripItem 上的图像。

• ImageIndex:获取或设置在该项上显示的图像的索引值。

• IsLink:获取或设置一个值,该值指示 ToolStripLabel 是否为一个超链接。

关于 StatusStrip 控件的使用,跟前面所述的 MenuStrip 控件、ContextMenuStrip 控件、ToolStrip 控件类似,这里就不再赘述,请参照上述控件自己学习。

4.5 几种常用控件

除了上述的基本控件、菜单控件以外,.NET 还提供了很多其他 Windows 窗体控件,而且每个控件都有大量的属性和事件。本节将介绍几个比较常用的控件。

4.5.1 RadioButton 类、CheckBox 类控件

1. RadioButton 控件

RadioButton 控件通常成组出现,用于为用户提供由两个或多个互斥选项组成的选项集。当用户选择单选按钮时,同一组中的其他单选按钮不能同时选中。即在这组选项中,你只能选择一个。

RadioButton 控件中经常用到的属性有:

• Checked 属性:表示单选按钮是否被选中,默认值为 False。当单击单选按钮时,其 Checked 属性被设置为 True,并调用 Click 事件来响应用户的操作。当 Checked 属性值更改时,将引发 CheckedChange 事件。

• AutoCheck 属性:表示是否自动清除该组中其他被选中按钮的选中项(Checked 属性),默认值为 Ture。即当单击未选按钮时,同组中的其他被选中按钮的选中项将被清除。

• Text 属性:用于在控件内显示文本。该属性可以包含访问键快捷方式,即前面带有"&"符号的字母。当用户同时按下 Alt 和该字母时可实现"单击"控件。

• Appearance 属性:用来设置单选钮的外观。当 Appearance 属性设置为 Button 时,将使单选按钮的外观像命令按钮一样。

另外还可以通过使用 Image 和 ImageList 属性组合来显示图像。

对于 RadioButton 控件,我们经常用到的事件有:

• Click 事件:用来响应用户的单击操作。自动生成的事件委托函数代码为:

private void radioButton1_Click(object sender，System. EventArgs e)

{

}

用户可以在这对花括号中添加相应的代码来实现某功能。例如:

private void radioButton1_Click(object sender，System. EventArgs e)

{

　　//通过标签来显示一段文字

　　label1. Text＝"您所单击的单选按钮 1";

}

效果是当单击单选按钮 1 时,标签有提示。

• CheckedChange 事件:是 Checked 属性值改变时所激发的事件。这是 RadioButton 的默认事件,即在设计器中双击 RadioButton 按钮对象就可以添加事件委托函数代码,自动生成的委托函数声明代码为:

private void radioButton1_CheckedChanged(object sender，System. EventArgs e)

{

}

用户可以在这对花括号中添加相应的代码来实现某功能。例如:

private void radioButton1_CheckedChanged(object sender，System. EventArgs e)

{

　　label1. Text＝"您单击了其他单选按钮!!";

}

效果是当单击单选按钮 2 时,单选按钮 1 的 Checked 属性发生改变,标签中的文字随之改变。

2. CheckBox 类控件

CheckBox 类控件(复选框)常用于为用户提供是否或真假之类的选择。也可以成组的使用复选框以显示多重选项,使用户可以从中选择一项或多项。

复选框和单选按钮的相似之处在于,它们都是提供用户选择的选项。不同之处在于,单选按钮组中一次只能选择一个按钮,而一组复选框中则可以同时选择任意多项。

对于 CheckBox 控件,经常使用的属性是:

• Checked 属性:表示复选框是否被选中,默认值为 false。当复选框被选中时,其 Checked 属性被设置为 true,并调用 Click 事件来响应用户的操作。当 Checked 属性值更改时,将引发 CheckedChange 事件。

• CheckState 属性:用来描述复选框当前的状态。默认的情况下,复选框只有两种状态,即 Checked 和 Unchecked。当将 ThreeState 属性设为 ture 后,则复选框具有三种状态,即:

Checked:复选框被选中,且显示一个选中标记,该控件显示凹下外观。

Unchecked:复选框为空,该控件显示凸起外观。

Interminate:复选框显示一个选中标记并变灰,该控件以平面显示。

图 4-32 中列出了复选框的不同状态。

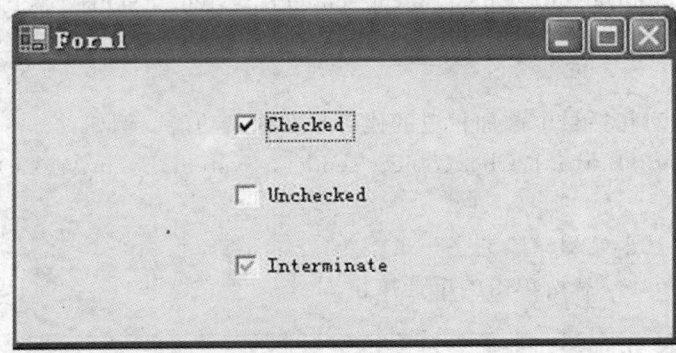

图 4-32 复选框的不同状态

• CheckAlign 属性：用来确定控件中小方框相对于文本的位置。对于这个属性,系统采用了可视化设置,如图 4-33 所示,用户可以方便的进行设置。

图 4-33 CheckAlign 属性的可视化设置

对于 CheckBox 控件,经常使用的事件跟 RadioButton 控件相同。

4.5.2 ListBox 类、ComboBox 类控件

1. ListBox 控件

ListBox 控件可以显示一组选项的列表,用户可以单击选择这些项。ListBox 类还提供了一些方法,用以添加、删除项,以及在列表的项内查找文本。

（1）主要属性

• ColumnWidth 属性：获取或设置多列 ListBox 中列的宽度。

• DataSource 属性：获取或设置此控件的数据源。

- DisplayMember 属性：获取或设置一个字符串，该字符串指定要显示其内容的数据源的属性。
- ItemHeight 属性：获取或设置 ListBox 中项的高度。
- Items 属性：获取 ListBox 的项。
- MultiColumn 属性：获取或设置一个值，该值指示 ListBox 是否支持多列。
- ScrollAlwaysVisible 属性：获取或设置一个值，该值指示是否任何时候都显示垂直滚动条。
- SelectedIndex 属性：已重写。获取或设置 ListBox 中当前选定项的从零开始的索引。
- SelectedIndices 属性：获取一个集合，该集合包含 ListBox 中所有当前选定项的从零开始的索引。
- SelectedItem 属性：获取或设置 ListBox 中的当前选定项。
- SelectedItems 属性：获取包含 ListBox 中当前选定项的集合。
- SelectedValue 属性：获取或设置由 ValueMember 属性指定的成员属性的值。
- SelectionMode 属性：获取或设置在 ListBox 中选择项所用的方法。
- Sorted 属性：获取或设置一个值，该值指示 ListBox 中的项是否按字母顺序排序。
- TabIndex 属性：获取或设置在控件的容器中控件的 Tab 键顺序。
- ValueMember 属性：获取或设置一个字符串，该字符串指定要从中取值的数据源的属性。
- Visible 属性：获取或设置一个值，该值指示是否显示该控件。
- Width 属性：获取或设置控件的宽度。

（2）主要事件
- DataSourceChanged 事件：该事件当 DataSource 更改时发生。
- DisplayMemberChanged 事件：该事件当 DisplayMember 属性更改时发生。
- SelectedIndexChanged 事件：该事件在 SelectedIndex 属性更改后发生。
- SelectedValueChanged 事件：该事件当 SelectedValue 属性更改时发生。
- ValueMemberChanged 事件：该事件当 ValueMember 属性更改时发生。
- VisibleChanged 事件：该事件当 Visible 属性值更改时发生。

（3）常用的方法
- ClearSelected：取消选择 ListBox 中的所有项。
- FindString：已重载。查找 ListBox 中以指定字符串开始的第一个项。
- FindStringExact：已重载。查找 ListBox 中第一个精确匹配指定字符串的项。
- GetSelected：返回一个值，该值指示是否选定了指定的项。

关于 ListBox 控件的使用，我们可以采用可视化的设计方法，也可以采用编写代码的方法来设计，下面通过一个例题程序来演示 ListBox 控件的使用。

【例 4-8】ListBox 控件的使用。本例实现在程序运行后，而不是设计时，添加一个 ListBox 控件。

```
private void button1_Click(object sender，System.EventArgs e)
{
    //创建一个列表框
```

```
ListBox listBox1 = new ListBox();
//设置列表框的大小和初始位置
listBox1.Size = new System.Drawing.Size(200, 100);
listBox1.Location = new System.Drawing.Point(10,10);
//将列表框添加到窗体
this.Controls.Add(listBox1);
//设置列表框可以支持多列
listBox1.MultiColumn = true;
//设置列表框可以选中多列
listBox1.SelectionMode = SelectionMode.MultiExtended;
listBox1.BeginUpdate();
//循环添加项
for (int x = 1; x <= 20; x++)
{
    listBox1.Items.Add("Item " + x.ToString());
}
//显示新添加的项
listBox1.EndUpdate();
//选中三项.
listBox1.SetSelected(1, true);
listBox1.SetSelected(3, true);
listBox1.SetSelected(5, true);
}
```

该程序运行的效果如图 4-34 所示。

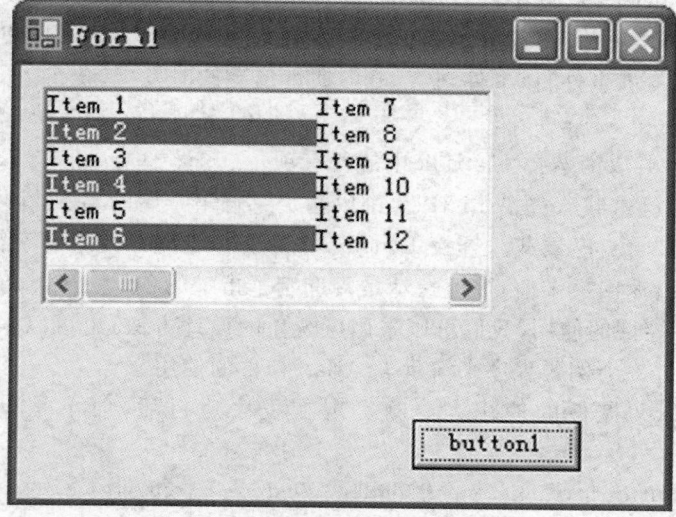

图 4-34　ListBox 控件运行效果

2. ComboBox **类控件**

ComboBox 控件通常称为组合框,可以看作是把一个 TextBox 控件和一个 ListBox 控件组合在一起的控件。因此它具有上述两种控件的特点:用户既可以在 ComboBox 控件中进行输入,就像在 TextBox 控件中一样,也可以在其附带的下拉列表框中选取某项内容。通常 ComboBox 控件的下拉列表部分折叠显示。

ComboBox 控件的属性大部分都来自于文本框和列表框,用法上基本也没什么区别。下面就介绍几个 ComboBox 控件特有的属性:

- DropDownStyle:获取或设置指定组合框样式的值。该属性可取的值为下列值之一:
  DropDown:文本部分可编辑。用户必须单击箭头按钮来显示列表部分。
  DropDownList:用户不能直接编辑文本部分。用户必须单击箭头按钮来显示列表部分。
  Simple:文本部分可编辑。列表部分总可见。
- DropDownWidth:获取或设置组合框下拉部分的宽度。
- DroppedDown:获取或设置一个值,该值指示组合框是否正在显示其下拉部分。
- MaxDropDownItems:获取或设置要在 ComboBox 的下拉部分中显示的最大项数。
- MaxLength:获取或设置组合框可编辑部分中允许的最大字符数。

ComboBox 控件的方法和事件也大部分来自文本框和列表框,这里就不再赘述。

4.5.3 通用对话框

在 Windows 应用程序中,有这么一类操作,例如文件的打开和保存、打印预览、打印设置等等,这些操作都是通过 Windows 的标准对话框实现的。在 C♯ 中也可以利用这些对话框来实现相应的功能,本节将介绍如何来使用这些标准对话框。

1. OpenFileDialog **控件**

"打开"对话框主要用于已经存在的文件,如图 4-35 所示。C♯ 用 OpenFileDialog 控件封装了该对话框。下面来了解一下它的主要属性及方法。

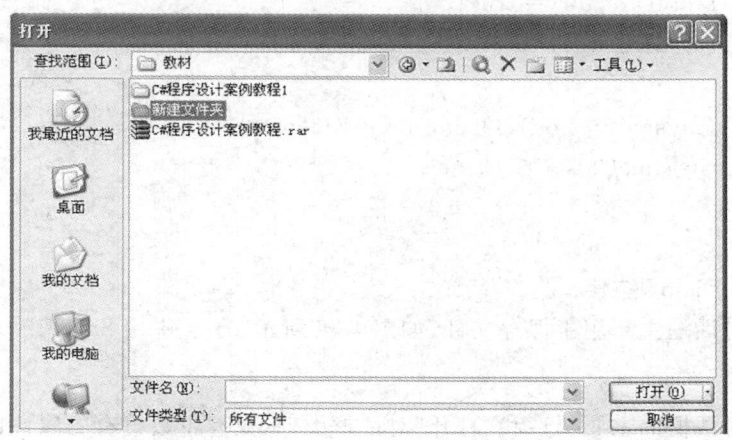

图 4-35 "打开"对话框

(1)"打开"对话框的主要属性

• Filter 和 FilterIndex 属性：该属性用于根据文件的后缀来过滤文件。一般来讲每个文件都有一个后缀，例如 Word 生成文件的后缀是.DOC。为了过滤掉不适合当前应用程序的文件，可以在 Filter 属性中指定一些文件的后缀名，只有当文件的后缀名和 Filter 属性中指定的后缀名相匹配时，相应的文件才显示在对话框中。Filter 属性的类型为 String，通过下面的方式可以设置该属性：

openFileDialog1.Filter＝文本文件(＊.txt)｜＊.txt｜所有文件(＊.＊)｜＊.＊;

由于一次可以设置多个过滤器，哪个过滤器优先使用则靠 FilterIndex 属性指定过滤器的索引值。

• InitialDirectory 属性：获取或设置"打开"对话框所显示的初始目录。

• FileName 和 FileNames 属性：FileName 属性用来记录用户在对话框中所选文件的文件名。当用户选中多个文件时，用 FileNames 属性来记录多个文件名。

• MultiSelect 属性：指示对话框是否允许选择多个文件。如果允许，则设 MultiSelect 属性的值为 Ture，反之则设为 False。

• Title 属性：用于指定显示在对话框标题栏中的文本信息。

(2)"打开"对话框的主要方法

"打开"对话框的主要方法是 ShowDialog，用来显示对话框，OpenFile 方法用来打开一个文件。下面通过一个例子来演示它的用法。

【例 4-9】"打开"对话框的主要方法的使用。

```
private void button1_Click(object sender, System.EventArgs e)
{
    Stream mystream;
    OpenFileDialog od1＝new OpenFileDialog();
    od1.InitialDirectory＝@"C:\";
    od1.Filter＝"文本文件(＊.txt)｜所有文件(＊.＊)";
    od1.FilterIndex＝2;
    od1.RestoreDirectory＝true;
    if(od1.ShowDialog()＝＝DialogResult.OK)
    {
        if((mystream＝od1.OpenFile())!＝null)
        mystream.Close();
    }
}
```

2. SaveFileDialog 控件

"另存为"对话框主要用于保存文件，如图 4-36 所示。C♯中用 SaveFileDialog 控件封装了该对话框。

"另存为"对话框的主要属性和"打开"对话框类似，只有少数特有的属性：

• CreatePrompt 属性：该属性用于指定用户在另存为对话框内创建一个新的文件夹来保存文档时是否弹出一个消息框提示用户。

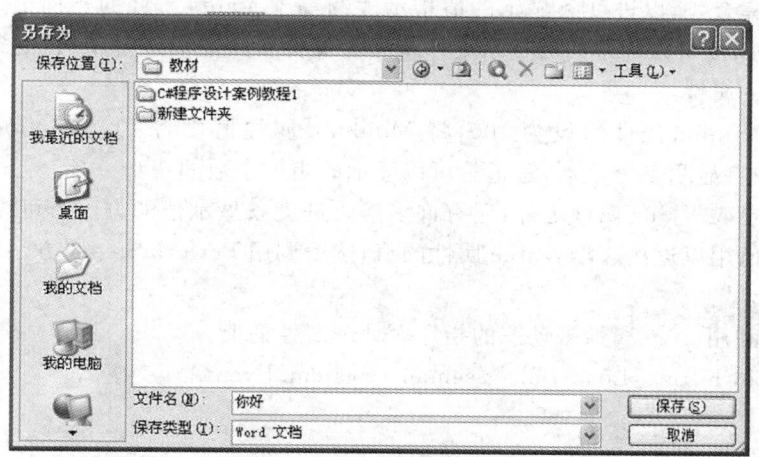

图 4-36 另存为对话框

· AddExtension 属性：用于指定是否自动向文件名中追加后缀。当该属性的值为 Ture 时，对话框使用当前指定的文件过滤器中的后缀名加到第一个相匹配的文件的文件名后。

· Overwrite 属性：用于确定用户覆盖一个已有文件时是否提示用户。

"另存为"对话框的方法和"打开"对话框相同，这里就不再赘述。

3. 其他通用对话框

除了上述的"另存为"对话框和"打开"对话框外，还有"打印"对话框、"字体"对话框、"打印预览"对话框，它们被 . NET 分别封装到了 PrintDialog，Colordialog，PrintPreviewDialog 控件中，除个别特有的属性外，其他属性基本类似于"打开"对话框。所有对话框的显示方法均为 ShowDialog，读者可以参照附录，自行学习。

4.5.4 ProgressBar 类控件

ProgressBar(进度条)控件通过在水平栏中显示适当长度的矩形来指示进程的进度。当执行进程时，进度条用系统突出显示颜色在水平栏中从左至右进行填充。进程完成时，进度栏被填满。如图 4-37 所示。

进度栏通常用于显示完成一项长时间的进程所需的时间。如果没有视觉提示，用户可能会认为应用程序不响应，通过在应用程序中使用进度条，可以告诉用户应用程序正在执行冗长的任务且程序仍在响应。

ProgressBar 控件主要的属性为 Maximum，Mininum 和 Value，其默认值

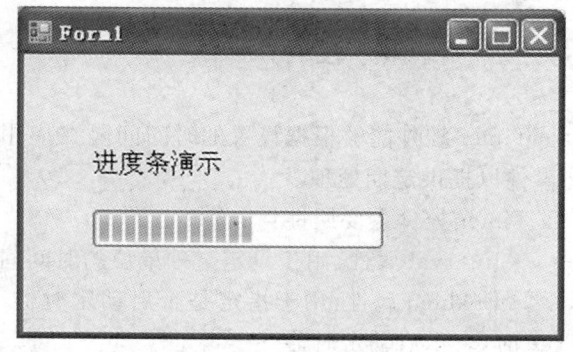

图 4-37 进度条效果演示

分别为 100，0 和 0。其中 Maximum 和 Mininum 属性用于设置进度条能够显示的最大值和最小值，最小值由一个矩形表示，而 Value 属性可以设置进度条的当前位置。由于控件中显

示的栏是块的集合,所以进度条显示的值指示大约等于 Value 属性的当前值。根据进度条的大小,Value 属性可以确定何时显示下一块。若要更新当前的进度值,就必须编写代码来重新设置 Value 属性。

如果将 Maximum 属性值设为 100,将 Mininum 属性值设为 10,将 Value 属性值设为 50,则进度条中将显示 5 个矩形,这正是可以显示的矩形个数的一半。

除了直接更改 Value 属性之外,还有许多修改进度条显示值的方法。可以用 Step 属性指定一个特定值用以逐次递增 Value 属性的值,然后调用 PerfermStep()方法来使 Value 属性的值递增。

【例 4-10】利用 Step 属性来动态的指定 Value 属性的值。

```
private void Form1_Load(object sender, System.EventArgs e)
{
    //创建一个进度条 ProgressBar 控件
    ProgressBar pbar=new ProgressBar();
    //显示 ProgressBar 控件
    pbar.Visible=true;
    //设置 ProgressBar 控件的最大与最小值
    pbar.Maximum=100;
    pbar.Minimum=1;
    //设定步长为 1
    pbar.Step=1;
    //调用 PerfermStep()方法来改变显示
    for(int x=pbar.Minimum;x<pbar.Maximum;x++)
    pbar.PerformStep();
    //将 ProgressBar 控件放到窗体中
    this.Controls.Add(pbar);
}
```

4.5.5 Timer 控件

Timer 控件能够根据设置的时间间隔在应用程序中引发周期性的事件,然后可以操控此事件以提供定期处理。

Timer 控件主要属性:

• Interval 属性:用于设定毫秒单位的时间间隔。

• Enabled 属性:用于指定是否启动定时器,默认值为 False。当 Enabled 属性设置为 True 时,表示启动定时器。

Timer 控件主要事件为:

• Tick 事件:定时间隔到后触发此事件。

【例 4-11】Timer 控件的应用。

```
private void Form1_Load(object sender, System.EventArgs e)
```

```
    {
        System. Forms. Timer atimer＝new System. Forms. Timer();
        aTimer. Interval＝3000;
        aTimer. Enabled＝true;
        aTimer. Tick＋＝new EventHandler(aTimer_Click);
    }
    public void aTimer_Click(object source, EventArgs e)
    {
        label1. Left＝label1. Left＋20;
    }
```

这段程序运行的结果是，标签在窗体上每隔 3 秒钟向右移动 20 像素，如图 4-38 所示。

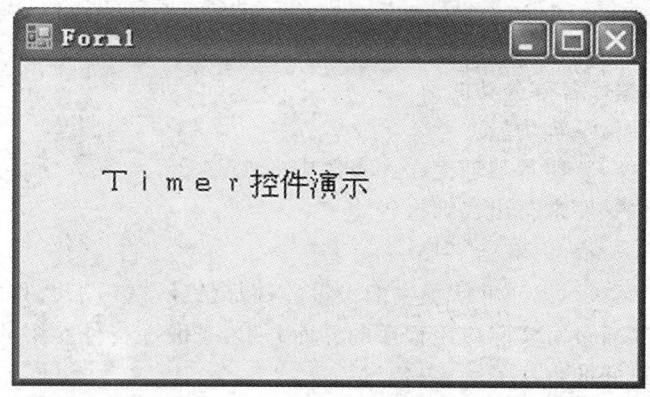

图 4-38　Timer 组件效果演示

除了 System. Forms. Timer 控件外，. NET 还提供了 System. Timers. Timer 组件，这是基于服务器的定时器，在多任务环境中，比 System. Forms. Timer 控件计时更准确。它的使用与 System. Forms. Timer 控件基本相同，只是用 Elapsed 事件代替了 Tick 事件，并且事件的参数是 ElapsedEventHandler 类型，而不是 EventHandler。

4.6　本章小结

本章首先介绍了 Windows 应用程序以及窗体、控件、方法和事件。Windows 应用程序是围绕. NET Framework 构建的，使用该框架提供的一组丰富的类，可以编写复杂应用程序。所谓 Windows 窗体(Windows Forms)，是一种创建 Windows 客户端应用程序的框架。C♯ 应用程序的界面是以窗体为基础的。

. NET 提供了大量的控件，这些控件可以大大减少开发者的重复工作，使开发者可以专心于程序功能的设计。本章介绍了其中的标签(Label)、文本框(TextBox)、按钮(Button)、菜单(MainMenu 类和 ContextMenu 类)、单选按钮(RadioButton)、复选框(CheckBox)、列表框(ListBox)、下拉列表框(ComboBox)、工具栏(ToolBar)、状态栏(StatusBar)、进度条(ProgressBar)、计时器(Timer)等控件，这只是. NET 所提供的控件中常用的一些。掌握控件最好的方法就是多使用它们,多上机练习。

　　.NET 除了这些已经定制好的控件外,还允许开发者自己创建新的控件,并提供了丰富的控件开发技术。掌握好这些控件的应用方法将为快速设计程序带来极大的方便,也为后续学习奠定了基础。

4.7　实训:大案例窗体程序设计

实训目的

　　(1)熟悉.NET 各个控件的属性、方法和事件。

　　(2)能够熟练的应用各种控件来设计 Windows 窗体程序。

　　(3)完成大案例的界面设计。

实训要求

　　(1)复习第 1 章,分析大案例数据库业务逻辑。

　　(2)粗略设计数据库各部分功能。

　　(3)分析参考代码,了解功能。

　　(4)对照本章内容,掌握基本理论在大案例中的应用。

　　(5)根据以上目的、要求写出实训报告。

实训参考

　　通过本章内容的学习,.NET 所提供的大量控件都已经掌握,那么我们就可以着手考试系统的界面开发了。通过对实际应用程序的界面开发,来锻炼控件使用的熟练程度。多练、多实践是掌握控件最好的方法。

1. 考试管理子系统界面

　　建立考试管理子系统的主界面,界面中有菜单栏、数据绑定控件、多格式文本框,如图 4-39 所示。

图 4-39　考试管理子系统的主界面

　　建立的步骤为:

　　(1)新建一个项目,项目的名称为 CSExamManage。

　　(2)设置窗体的 IsMdiContainer 属性为 true,即设置为 MDI 窗体。

（3）从工具箱中向窗体添加主菜单 MenuStrip，设置菜单的属性，如表 4-4 所示。

表 4-4　MenuStrip 中的各个菜单项

菜 单 项	属 性	值
toolStripMenuItem1	Text	通信控制
toolStripMenuItem2	Text	开始
toolStripMenuItem3	Text	停止
toolStripMenuItem4	Text	Separator
toolStripMenuItem5	Text	刷新数据
toolStripMenuItem6	Text	Separator
toolStripMenuItem7	Text	断开选中的连接
toolStripMenuItem8	Text	考生控制
toolStripMenuItem9	Text	全部允许登录
toolStripMenuItem10	Text	全部停止登录
toolStripMenuItem11	Text	Separator
toolStripMenuItem12	Text	允许选中考试重新抽题
toolStripMenuItem13	Text	Separator
toolStripMenuItem14	Text	选中考生延时
toolStripMenuItem15	Text	选中考生强制交卷评分
toolStripMenuItem16	Text	设置……

（4）从工具箱中向窗体添加多格式文本框 RichTextBox，设置其大小。

（5）从工具箱中向窗体添加数据绑定控件 DataGridView，设置其大小。

2. 考试子系统界面

考试子系统的界面主要有考生登录信息界面、考试界面和试题显示界面三个，下面分别介绍他们的设计。

（1）考生登录信息界面。

考生登录信息界面的主要作用是接收考生的相关信息，用于验证考生的身份和为考生创建相应的考生考试目录环境，所以界面中加有两个下拉列表框、两个文本框、两个按钮及四个标签，如图 4-40 所示，各控件的属性设置如表 4-5 所示。

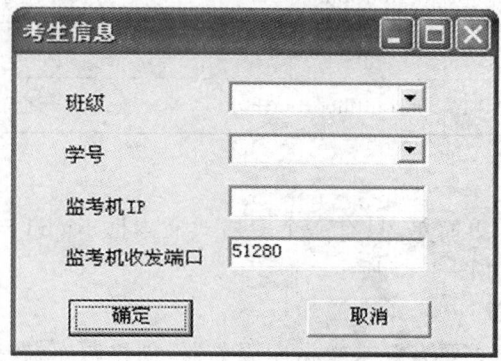

图 4-40　考生登录信息界面

表 4-5   考生登录信息界面控件的属性设置

控件类型	Name 属性	Text 属性	Itemes 属性
Label	Label1	班级	
Label	Label2	学号	
Label	Label3	监考机 IP	
Label	Label4	监考机收发端口	
Button	buttonOk	确定	
Button	buttonCancel	取消	
TextBox	textBox1		
TextBox	textBox2	51280	
ComboBox	comboBox1		信息 1 信息 2 …
ComboBox	comboBox2		01 02 03 …

（2）考试界面。

考试界面的设计非常简单，主要有三个按钮和一个标签，如图 4-41 所示。各控件主要
属性设置如表 4-6 所示。

图 4-41   考试界面

表 4-6   考试界面控件的属性设置

控件类型	Name 属性	Text 属性
Label	labelTime	
Button	buttonComplete;	评分
Button	buttonQuestion	显示题目
Button	buttonImportantHint	注意事项

（3）题目显示界面。

题目显示界面的设计更简单，只有一个多格式文本框 RichTextBox，其 Text 属性设置
为：此处显示题目内容。如图 4-42 所示。

3. 题库管理系统界面

题库管理系统的界面主要有登录数据库服务器、创建题库、题库管理三个界面，下面分
别介绍它们的设计。

（1）登录数据库服务器界面。

登录数据库服务器界面的主要作用是用于验证登录者的身份,并连接相应的数据库,所以界面中加有四个文本框、两个单选按钮、两个按钮及四个标签,如图 4-43 所示。各控件的属性设置如表 4-7 所示。

图 4-42 题目显示界面

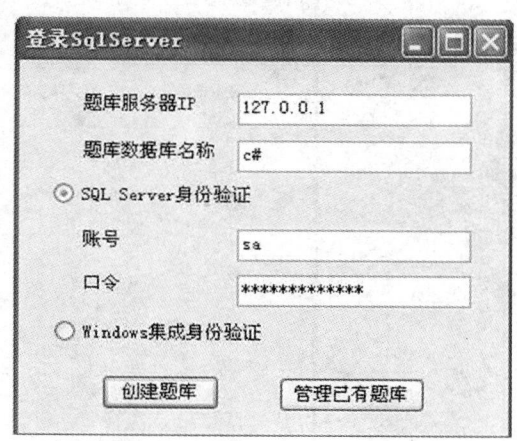

图 4-43 登录数据库服务器界面

表 4-7 登录数据库服务器界面控件的属性设置

控件类型	Name 属性	Text 属性
Label	Label1	题库服务器 IP
Label	Label2	题库数据库名称
Label	Label3	帐号
Label	Label4	口令
Button	buttonOk	创建题库
Button	buttonCancel	管理已有题库
TextBox	textBoxDatabaseServerIP	
TextBox	textBoxDatabaseDefault	
TextBox	textBoxDbUser	
TextBox	textBoxPassword	
RadioButton	radioButtonIntegratedLogin	Windows 集成身份验证
RadioButton	radioButtonSqlServerLogin	SQL Server 身份验证

(2)建立试题数据库界面。

建立试题数据库界面的主要作用是为用户提供一个平台,用户可以在此平台上编写 SQL 语句,建立试题数据库或者附加相应的数据库,所以界面中加有两个列表框、两个单选按钮、三个按钮及两个标签,如图 4-44 所示,各控件的属性设置如表 4-8 所示。

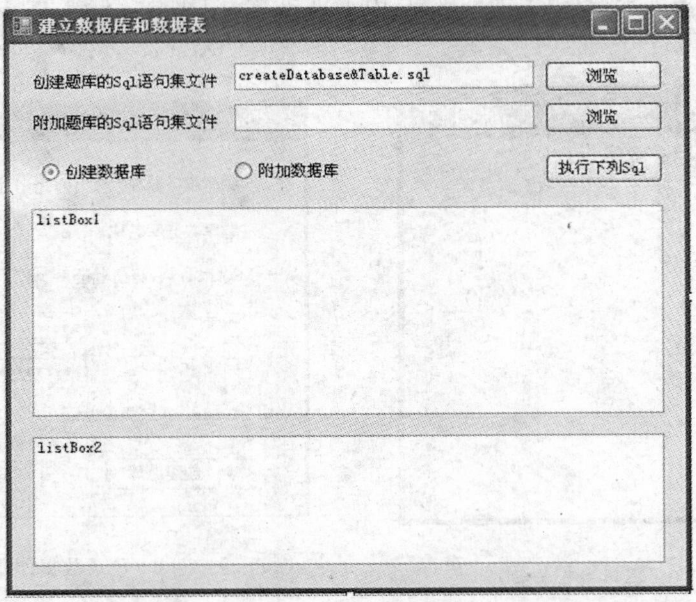

图 4-44　建立试题数据库界面

表 4-8　建立试题数据库控件的属性设置

控件类型	Name 属性	Text 属性
Label	Label1	创建题库的 SQL 语句集文件
Label	Label2	附加题库的 SQL 语句集文件
Button	buttonBrowseAttach	浏览
Button	buttonBrowseCreate	浏览
Button	buttonExecuteSqlStatementList	执行下列 SQL 语句
ListBox	listBox1	
ListBox	listBox2	
RadioButton	radioButtonImport	附加数据库
RadioButton	radioButtonCreate	创建数据库

(3)管理题库界面。

管理题库界面的主要作用是为用户提供一个平台,用户可以在此平台上创建试题或对原有的试题内容进行修改,在界面中加有两个按钮、一个多格式文本框、四个单选按钮、一个数据交互控件、一个分组框以及一个快捷菜单,如图 4-45 所示。各控件的属性设置如表4-9所示。

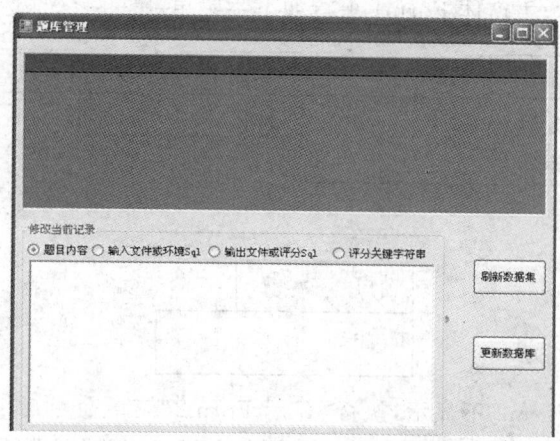

图 4-45 管理题库界面

表 4-9 管理题库界面控件的属性设置

控件类型	Name 属性	Text 属性
Button	buttonUpdate	刷新数据集
Button	buttonFill	更新数据库
RichTextBox	richTextBox	
RadioButton	radioButtonKeyStrings	评分关键字符串
RadioButton	radioButtonOutFile	输出文件或评分 Sql
RadioButton	radioButtonInFile	输入文件或环境 Sql
RadioButton	radioButtonQuestion	题目内容
DataGrid	dataGrid1	
GroupBox	groupBoxModifyCurrentRecord	修改当前记录
ContextMenuStrip	contextMenu1	复制、粘贴

4.8 习题

1. 设计一个应用程序:在窗体上放入两个单行文本框和一个命令按钮,命令按钮的标题为"交换文本"。程序开始运行时,两个文本框为空,"交换文本"按钮则处于未启用(灰显)状态。当两个文本框都有了内容时,该按钮即处于启用状态。单击"交换文本"按钮能使两个文本框内的内容互相交换。单击窗体程序即结束。提示:注意在合适的文本框事件委托函数中启用"交换文本"按钮。

2. 编写程序,在程序主窗体内放入一个 GroupBox 控件,一个文本框和一个按钮。GroupBox 内有六个单选按钮,分别显示文本:"春城","花城","石头城","黄鹤楼","岳阳楼","滕王阁",当选中其中某一项时,该项文本即能显示到文本框。点击按钮时,查找显示的文本与文本框内容相一致的单选钮。若能找到,则使该项被选中,且窗体标题栏显示"找到了";若找不到,则在窗体标题栏上输出"没找到"。

3. 试按如下要求设计 Windows 应用程序。

程序使用两个窗体,主窗体 Form1 上有如下主菜单:

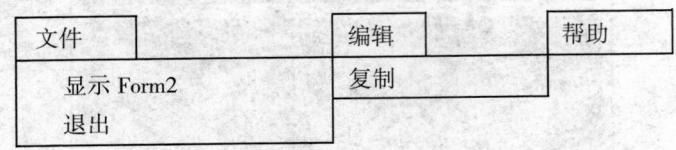

Form2 有如下菜单:

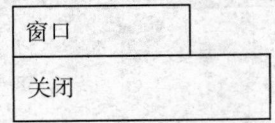

　　要求程序开始时 Form2 不显示,执行"显示 Form2"菜单命令后 Form2 显示。执行"关闭"时关闭 Form2,执行"退出"则关闭 Form1 并退出程序。此外,要为"显示 Form2"定义快捷键"Alt+2"。

　　4. 在应用程序主窗体中放入一个多行文本框,并创建主菜单,包括菜单项"Open","Save As","Exit","Font","Color",并分别为各菜单项设置快捷键"Ctrl+O","Ctrl+S","Ctrl+E","Ctrl+F","Ctrl+C"。

　　执行"Open"时应弹出打开文件对话框,在该对话框内选中一个文本文件后在文本框中将其打开。执行"Save As"时弹出保存文件对话框,在该对话框输入文件名后将文本框中的内容保存到该文件。执行"Font"或"Color"菜单命令时可分别弹出字体设置或颜色设置对话框,选择的字体或颜色被用于设置文本框的字体及背景颜色。执行"Exit"退出程序。

　　再添加一个有五个按钮的工具栏,这些按钮的功能分别对应"Open","Save As","Exit","Font","Color"菜单项。

　　5. 编写一个模拟的计算器,界面如图 4-46 所示。要求能对小数进行四则运算。

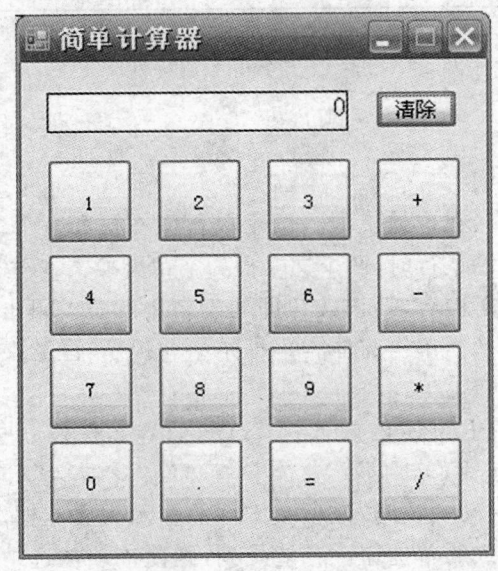

图 4-46　简单的计算器

第 5 章　文件操作程序设计

本章要点
- ✓ System.IO 命名空间的基本知识。
- ✓ 目录结构及其属性，目录的创建、移动、删除。
- ✓ 文件的创建、移动、复制、删除。
- ✓ 读写文件。
- ✓ FileSystemWatcher 组件的应用。
- ✓ 大案例文件操作部分。

在编写应用程序时，常常需要以文件的形式保存和读取一些信息，这时就不可避免地要进行各种文件操作，还经常会需要设计自己的文件格式。因此，有效地实现文件操作是一个良好的应用程序所必须具备的内容。

文件是计算机管理数据的基本单位，同时也是应用程序保存和读取数据的一个重要场所。文件管理是操作系统的一个重要组成部分，而文件操作则是用户在编写应用程序时对文件进行管理的一种手段。本章将介绍.NET 的文件操作处理系统，使用户可以掌握在.NET中如何管理文件和目录，并能开发出方便的、简洁的文件操作程序。

5.1　System.IO 命名空间

.NET 提供了文件操作的强大功能，利用这些功能可以方便的编写 C♯程序来实现文件的存储管理、对文件的读写等各种操作。实现这些功能的类都封装在了.NET 的 System.IO 命名空间中，各类及说明具体见表 5-1。

表 5-1　System.IO 命名空间包含的类及说明

类	说　　明
BinaryReader	用特定的编码将基元数据类型读作二进制值。
BinaryWriter	以二进制形式将基元类型写入流，并支持用特定的编码写入字符串。
BufferedStream	给另一流上的读写操作添加一个缓冲层。无法继承此类。
Directory	公开用于创建、移动和枚举目录和子目录的静态方法。
DirectoryInfo	公开用于创建、移动和枚举目录和子目录的实例方法。
DirectoryNotFoundException	当找不到文件或目录的一部分时所引发的异常。

EndOfStreamException	读操作试图超出流的末尾时引发的异常。
ErrorEventArgs	Error 为事件提供数据。
File	提供用于创建、复制、删除、移动和打开文件的静态方法,并协助创建 FileStream 对象。
FileInfo	提供创建、复制、删除、移动和打开文件的实例方法,并且帮助创建 FileStream 对象。
FileLoadException	当找到托管程序集却不能加载它时引发的异常。
FileNotFoundException	试图访问磁盘上不存在的文件失败时引发的异常。
FileStream	公开以文件为主的 Stream,既支持同步读写操作,也支持异步读写操作。
FileSystemEventArgs	提供目录事件的数据:Changed,Created,Deleted。
FileSystemWatcher	侦听文件系统更改通知,并在目录或目录中的文件发生更改时引发事件。
InternalBufferOver-flowException	内部缓冲区溢出时引发的异常。
IODescriptionAttribute	设置可视化设计器在引用事件、扩展程序或属性时可显示的说明。
IOException	发生 I/O 错误时引发的异常。
MemoryStream	创建以内存作为其支持存储区的流。
Path	对包含文件或目录路径信息的实例执行操作。这些操作是以跨平台的方式执行的。
PathTooLongException	当路径名或文件名超过系统定义的最大长度时引发的异常。
RenamedEventArgs	为 Renamed 事件提供数据。
Stream	提供字节序列的一般视图。
StreamReader	实现一个 TextReader,使其以一种特定的编码从字节流中读取字符。
StreamWriter	实现一个 TextWriter,使其以一种特定的编码向流中写入字符。
StringReader	实现从字符串进行读取的 TextReader。
StringWriter	实现一个用于将信息写入字符串的 TextWriter。该信息存储在基础 StringBuilder 中。
TextReader	表示可读取连续字符系列的阅读器。
TextWriter	表示可以编写一个有序字符系列的编写器。该类为抽象类。

5.1.1 文件目录管理类

很多应用程序需要对文件及文件夹进行创建、删除、移动等操作。.NET 框架通过组合使用 Directory 类和 File 类以及它们的动态类 DirectoryInfo 类和 FileInfo 类,可以有效的管理文件和文件夹。

1. 文件类简介

.NET 框架使用 File 类及 FileInfo 类对文件进行操作管理。File 类提供用于创建、复制、删除、移动和打开文件的静态方法，并协助创建 FileStream 对象。File 类的所有方法都是静态的，因而无需具有文件的实例即可被调用。

FileInfo 类包含创建、复制、删除、移动和打开文件的实例方法。在使用 FileInfo 类的方法时应首先对其进行实例化，然后才能够调用。

2. 目录类简介

.NET 框架提供了 Directory 类及 DirectoryInfo 类来对磁盘和目录操作管理。用 Directory 类可以完成创建、移动、浏览目录（或子目录）等操作。Directory 类是一个静态类，它的方法都是静态方法，同样无需具有目录的实例即可被直接调用。

另外，实现目录的操作还可以使用 DirectoryInfo 类的实例方法。

5.1.2 读写类

在编写应用程序时，常常需要以文件的形式保存和读取一些信息，这时就不可避免地要对文件进行读写操作。.NET 框架提供了一系列的类来实现对文件的读写操作。

1. FileStream 类

FileStream 类以文件流的方式来操纵文件。这个类中的 Read 方法、Write 方法可以实现以文件流的方式从文件中读取数据或向文件中写入数据。ReadByte 方法主要用于从文件流中读取一个字节的数据，WriteByte 方法则是向文件流中写入一个字节的数据。

2. StreamReader 类和 StreamWriter 类

除了 FileStream 类可以实现文件的读写外，.NET 框架提供了两个专门负责文件读取和写入操作的类 StreamReader 类和 StreamWriter 类。它们向用户提供了按文本模式读写数据的方法。与 FileStream 类相比，这两个类应用得更为广泛。其中，StreamReader 类负责从文件中读取数据，而 StreamWriter 类则负责向文件中写入数据。

3. BinaryReader 类和 BinaryWriter 类

.NET 框架提供了 BinaryReader 类和 BinaryWriter 类来读写二进制数据，因此通常使用这两个类来操纵二进制文件。BinaryReader 类可以用特定的编码格式将原始数据类型的数据读作二进制数据。BinaryWriter 类可以将原始数据类型的数据写入到文件流中，并且还可以写入特定编码格式的字符串。

4. XmlTextReader 类和 XmlTextWriter 类

.NET 框架提供了 XmlTextReader 类和 XmlTextWriter 类对 XML 文件进行读写等 I/O 操作。XmlTextReader 类继承自 XmlReader 类，它提供一个高效快速的解析功能，可以从不同的对象中读取数据，如 TextReader 类派生的对象、本地文件和 Web 站点的文件等。XmlTextWriter 类提供一系列的方法，使用这些方法能够快速生成包含 XML 数据的流和文件。

5.2　目录管理

5.2.1　Directory 类的静态方法

　　.NET 框架提供了 Directory 类来对磁盘和目录进行操作管理，Directory 类在 System.IO 命名空间中。用 Directory 类所提供的方法可以完成创建、移动、浏览目录（或子目录）等操作。

　　Directory 类是一个密封类，它的方法都是静态方法，因而无需具有目录的实例即可被直接调用。Directory 类的静态方法对所有方法执行安全检查。如果打算多次重用一个对象，请考虑改用 DirectoryInfo 类的实例方法，因为安全检查并不总是必要的。

　　注意，在接受路径作为输入字符串的成员中，路径的格式必须正确，否则将引发异常。例如，如果路径是完全限定的但以空格开头，则路径在类的方法中不会被修剪，因此路径的格式不正确，并将引发异常。同样，路径或路径的组合不能被完全限定两次。例如，"c:\temp c:\windows"在大多数情况下也将引发异常。在使用接受路径字符串的方法时，请确保路径的格式正确。

　　在接受路径的成员中，路径可能是指文件或仅仅是目录。指定路径也可以是相对路径或者服务器和共享名称的统一命名约定（UNC）路径。例如，以下都是可接受的路径：C＃中的"c:\\MyDir"，C＃中的"MyDir\\MySubdir"，C＃中的"\\\\MyServer\\MyShare"。

　　默认情况下，系统应当向所有用户授予对新目录的完全读/写访问权限。

　　表 5-2 是 Directory 类的主要方法。

表 5-2　Directory 类的主要方法

方　　法	说　　明
CreateDirectory	按 path 的指定创建所有目录和子目录。
Delete	已重载。删除目录及其内容。
Exists	确定给定路径是否引用磁盘上的现有目录。
GetCreationTime	获取目录的创建日期和时间。
GetCreationTimeUtc	获取目录创建的日期和时间，其格式为通用协调时间（UTC）。
GetCurrentDirectory	获取应用程序的当前工作目录。
GetDirectories	已重载。获取指定目录中子目录的名称。
GetDirectoryRoot	返回指定路径的卷信息、根信息或两者同时返回。
GetFiles	已重载。返回指定目录中的文件的名称。
GetFileSystemEntries	已重载。返回指定目录中所有文件和子目录的名称。
GetLastAccessTime	返回上次访问指定文件或目录的日期和时间。
GetLastAccessTimeUtc	返回上次访问指定文件或目录的日期和时间，其格式为通用协调时间（UTC）。

GetLastWriteTime	返回上次写入指定文件或目录的日期和时间。
GetLastWriteTimeUtc	返回上次写入指定文件或目录的日期和时间,其格式为通用协调时间(UTC)。
GetLogicalDrives	检索此计算机上格式为"<驱动器号>:\"的逻辑驱动器的名称。
GetParent	检索指定路径的父目录,包括绝对路径和相对路径。
Move	将文件或目录及其内容移到新位置。
SetCreationTime	为指定的文件或目录设置创建日期和时间。
SetCreationTimeUtc	设置指定文件或目录的创建日期和时间,其格式为通用协调时间(UTC)。
SetCurrentDirectory	将应用程序的当前工作目录设置为指定的目录。
SetLastAccessTime	设置上次访问指定文件或目录的日期和时间。
SetLastAccessTimeUtc	设置上次访问指定文件或目录的日期和时间,其格式为通用协调时间(UTC)。
SetLastWriteTime	设置上次写入目录的日期和时间。
SetLastWriteTimeUtc	设置上次写入目录的日期和时间,其格式为通用协调时间(UTC)。

5.2.2 目录操作

1. 目录的创建

创建目录要用到 Directory 类的 CreateDirectory 方法。CreateDirectory 方法的原型如下:

Public static Directory CreateDirectory(string path);

其中参数 path 代表要创建的目录路径。

例如在 C 盘根目录下创建一个名为 Directory 的目录的示例代码如下:

Directory. CreateDirectory("C:\\ Directory");

使用 CreateDirectory 方法可以创建多级子目录,如下面代码所示,可以同时创建 Directory 目录和其下一级的 d1 一级子目录和 d2 二级子目录。

Directory. CreateDirectory("C:\\ Directory\\d1\\d2");

2. 目录的移动

移动目录要用到 Directory 类的 Move 方法。Move 方法的原型如下:

Public static Directory Move (string srcDirName, string destDirName);

其中参数 srcDirName 为要被移动的目录(即源目录)的名称和路径,参数 destDirName 为移动后的目标目录的名称和路径。注意,在使用 Move 方法时,要被移走的目录必须出现在目标目录的路径中,即你尝试将"C:\mydir"移动到"C:\public",此时如果"C:\public"已经存在,则会引发 IOException 异常。你必须将 destDirName 参数指定为"C:\ public \ mydir"或重新新建一个新的目录。即如果 C 盘根目录下不存在 public 文件夹的话,则可以用:

Directory. Move ("c:\\ mydir","C:\\public");

如果 C 盘根目录下已存在 public 文件夹的话,则必须用:

Directory. Move ("c:\\mydir","C:\\public \\ mydir ");

3. 目录的删除

删除目录要用到 Directory 类的 Delete 方法。Delete 方法的原型如下:

Public static Directory   Delete (string dirName, bool bool);

参数 dirName 是要被删除的目录,参数 bool 是一个布尔型的值。如果 dirName 没有文件或子目录时,可以不用带参数 bool。当待删除目录下有文件或子目录时,抛出异常,除非第二个参数为 true。

即如果 C 盘根目录下的 public 文件夹是一个空文件夹的话,则可以用:

Directory. Delete ("c:\\ mydir");

如果 C 盘根目录下的 public 文件夹中还有文件或其他子目录的话,则必须用:

Directory. Delete ("c:\\ mydir",true);

4. 判断一个目录是否存在

判断一个目录是否存在用到 Directory 类的 Exists 方法。Exists 方法的原型如下:

Public static Bool Exists(string path);

参数 path 是用于判断的路径,其返回值为布尔值,目录存在返回 True,目录不存在则返回 False。例如:

Bool   b=Directory. Exists("c:\\Dir_name");

是判断 C 盘根目录下有没有 Dir_name 这个文件夹,如果有,则 b 的值为 True。

5. 返回一个目录下的子目录

返回一个目录下的子目录用到 Directory 类的 GetDirectories 方法。GetDirectories 方法的用法如下:

string[] f1;

f1=Directory. GetDirectories("c:\\");

这段代码是用来返回 C 盘根目录下的所有子目录,这段代码也可写为:

f1=Directory. GetDirectories("c:\\","w*. *");

则为使用通配符为条件过滤,返回以 w 开头的目录。

6. 返回一个目录下的文件

返回一个目录下的文件名用到 Directory 类的 GetFiles 方法。GetFiles 方法的用法如下:

string[] f1;

f1=Directory. GetFiles("c:\\");

这段代码是用来返回 C 盘根目录下的所有文件名,这段代码也可写为:

f1=Directory. GetFiles("c:\\","w*. *");

则返回以 w 开头的文件的文件名。

5.2.3 文件操作小案例

建立如图 5-1 的操作窗体,来练习本节课的所学内容。在本案例中,练习了目录的创建、删除、移动、建立时间的访问与设置、最后访问时间的获取与设置以及最后写入时间的访问与设置。

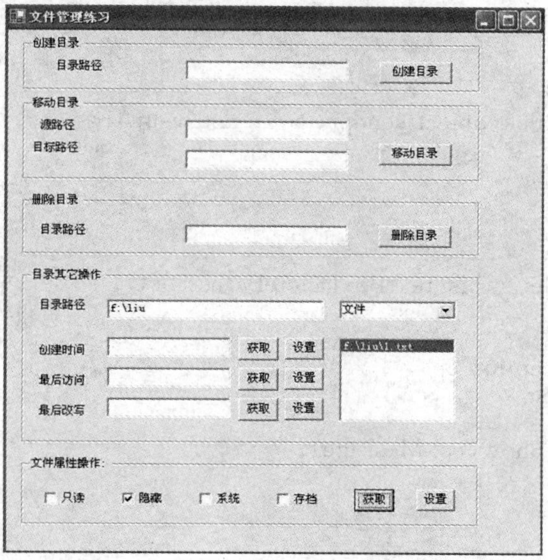

图 5-1 文件操作小案例的界面

创建目录按钮的代码为：

```
private void button1_Click(object sender，System. EventArgs e)
{
    try
    {
        Directory. CreateDirectory(this. textBoxCreatePath. Text)；
    }
    catch(System. Exception ep)
    {
        MessageBox. Show(ep. Message)；
    }
}
```

移动目录按钮的代码为：

```
private void button2_Click(object sender，System. EventArgs e)
{
    try
    {
        Directory. Move(this. textBoxMoveSourcePath. Text,this. textBoxMoveDestina-
tionPath. Text)；
    }
    catch(System. Exception ep)
```

```
    {
        MessageBox. Show(ep. Message);
    }
}
```

删除目录按钮的代码为：

```
private void button3_Click(object sender，System. EventArgs e)
{
    try
    {
        Directory. Delete(this. textBoxDeletePath. Text);
    }
    catch(System. Exception ep)
    {
        MessageBox. Show(ep. Message);
    }
}
```

下拉列表框代码如下：

```
private void comboBoxListFilter_SelectedIndexChanged(object sender，System. EventArgs
e)
{
    this. listBoxDirectoryEntries. Items. Clear();
    switch(this. comboBoxListFilter. SelectedIndex)
    {
    case 0：this. listBoxDirectoryEntries. Items. AddRange(Directory. GetDirectories(
            this. textBoxOtherOperationPath. Text));
            break;
    case 1：this. listBoxDirectoryEntries. Items. AddRange(Directory. GetFiles(
        this. textBoxOtherOperationPath. Text));
            break;
    case 2：this. listBoxDirectoryEntries. Items. AddRange(Directory.
        GetFileSystemEntries(this. textBoxOtherOperationPath. Text));
            break;
    }
}
```

获取创建时间按钮代码：

```
private void button5_Click(object sender，System. EventArgs e)
{
    this. textBoxCreationTime. Text= Directory. GetCreationTime(this. textBoxOtherOp-
erationPath. Text). ToString();
```

}

设置创建时间按钮代码：

```
    private void button6_Click(object sender，System. EventArgs e)
{

    Directory. SetCreationTime(this. textBoxOtherOperationPath. Text，Convert. ToDate-
Time(this. textBoxCreationTime. Text))；
}
```

获取最后访问时间按钮代码：

```
private void button8_Click(object sender，System. EventArgs e)
{

    this. textBoxLastAccessTime. Text = Directory. GetLastAccessTime ( this. textB-
oxOtherOperationPath. Text). ToString()；
}
```

设置最后访问时间按钮代码：

```
private void button7_Click(object sender，System. EventArgs e)
{

    Directory. SetLastAccessTime ( this. textBoxOtherOperationPath. Text，Convert. To-
DateTime(this. textBoxLastAccessTime. Text))；
}
```

获取最后写入时间按钮代码：

```
private void button10_Click(object sender，System. EventArgs e)
{

    this. textBoxLastWriteTime. Text＝Directory. GetLastWriteTime(this. textBoxOther-
OperationPath. Text). ToString()；
}
```

设置最后写入时间按钮代码：

```
private void button9_Click(object sender，System. EventArgs e)
{

    Directory. SetLastWriteTime(this. textBoxOtherOperationPath. Text，Convert. ToDa-
teTime(this. textBoxLastWriteTime. Text))；
}
```

5.3 File 文件管理

5.3.1 File 类的静态方法

File 类为 FileStream 对象的创建以及文件的创建、复制、移动、删除和打开等提供了支持，使用 File 类对文件进行操作时，用户必须具备相应的权限，如读、写等权限，否则将产生异常。

    File 类提供用于创建、复制、删除、移动和打开文件的静态方法，并协助创建 FileStream 对象。如表 5-3 所示。File 类的所有方法都是静态的，因而无需具有文件的实例即可被调用。FileStream 类只包含实例方法。File 类的静态方法对所有方法执行安全检查。如果打算多次重用一个对象，请考虑改用 FileInfo 类的相应实例方法，因为安全检查并不总是必要的。默认情况下，系统将向所有用户授予对新文件的完全读/写访问权限。

表 5-3　File 类的主要静态方法

方　法	功　能
AppendText	创建一个 StreamWriter，它将 UTF-8 编码文本追加到现有文件。
Copy	已重载。将现有文件复制到新文件。
Create	已重载。在指定路径中创建文件。
CreateText	创建或打开一个文件用于写入 UTF-8 编码的文本。
Delete	删除指定的文件。如果指定的文件不存在，则引发异常。
Exists	确定指定的文件是否存在。
GetAttributes	获取在此路径上的文件的 FileAttributes。
GetCreationTime	返回指定文件或目录的创建日期和时间。
GetCreationTimeUtc	返回指定的文件或目录的创建日期及时间，其格式为协调通用时间（UTC）。
GetLastAcessTime	返回上次访问指定文件或目录的日期和时间。
GetLastAccessTimeUtc	返回上次访问指定的文件或目录的日期及时间，其格式为协调通用时间（UTC）。
GetLastWriteTime	返回上次写入指定文件或目录的日期和时间。
GetLastWriteTimeUtc	返回上次写入指定的文件或目录的日期和时间，其格式为协调通用时间（UTC）。
Move	将指定文件移到新位置，并提供指定新文件名的选项。
Open	已重载。打开指定路径上的 FileStream。
OpenRead	打开现有文件以进行读取。
OpenText	打开现有 UTF-8 编码文本文件以进行读取。
OpenWrite	打开现有文件以进行写入。
SetAttributes	设置指定路径上文件的指定的 FileAttributes。
SetCreationTime	设置创建该文件的日期和时间。
SetCreationTimeUtc	设置文件创建的日期和时间，其格式为协调通用时间（UTC）。
SetLastAccessTime	设置上次访问指定文件的日期和时间。
SetLastAccessTimeUtc	设置上次访问指定的文件的日期和时间，其格式为协调通用时间（UTC）。
SetLastWriteTime	设置上次写入指定文件的日期和时间。
SetLastWriteTimeUtc	设置上次写入指定的文件的日期和时间，其格式为协调通用时间（UTC）。

5.3.2　一般文件操作

1. 创建文件

Create 方法用于新建一个文件,该方法执行成功后将返回代表新建文件的 FileStream 类对象。Create 方法的原型定义如下:

public static FileStream Create(string path);

其中 path 参数表示文件的全路径名称。例如代码:

FileStream fs＝File. Create("c:\\new\\f1. txt");

是在 C 盘的 new 文件夹中建立了名字是 f1 的文本文件,且返回值 fs 中存储着该文件。

2. 打开文件

在 C♯中,打开文件的方法有多种,常用的有 Open,OpenRead,OpenText,OpenWrite 等几种。

Open 方法可以打开一个文件,该方法的原型定义为:

public static FileStream Open(string , FileMode);

public static FileStream Open(string , FileMode , FileAccess);

public static FileStream Open(string , FileMode , FileAccess , FileShare);

其中 FileMode 参数用于指定对文件的操作模式,它可以是下列值之一。

• Append:打开现有文件并查找到文件尾,或创建新文件,并向文件中追加数据。

• Create:指定操作系统创建新文件。如果同名文件已存在,它将被改写。

• CreateNew:指定操作系统创建新文件。如果同名文件已存在,则将引发 IOException 异常。

• Open:指定操作系统打开现有文件。打开文件的能力取决于 FileAccess 所指定的值。如果该文件不存在,则引发 System. IO. FileNotFoundException。

• OpenOrCreate:指定操作系统打开文件(如果文件存在);否则,创建新文件。

• Truncate:指定操作系统打开现有文件。文件一旦打开,就将被截断为零字节大小。

FileAccess 参数用于指定程序对文件流所能进行的操作,它可以是下列值之一。

• Read:对文件的读访问。可从文件中读取数据。同 Write 组合即构成读写访问权。

• ReadWrite:对文件的读访问和写访问。可从文件读取数据和将数据写入文件。

• Write:文件的写访问。可将数据写入文件。同 Read 组合即构成读/写访问权。

考虑到可能有多个程序同时需要读取同一个文件,因此在 Open 方法中设置了文件共享标志 FileShare,该参数可以是下列值之一。

• Inheritable:使文件句柄可由子进程继承。

• None:谢绝共享当前文件。文件关闭前,打开该文件的任何请求(由此进程或另一进程发出的请求)都将失败。

• Read:允许随后打开文件读取。如果未指定此标志,则文件关闭前,任何打开该文件以进行读取的请求(由此进程或另一进程发出的请求)都将失败。但是,如果指定了此标志,仍可能需要附加权限才能访问文件。

• ReadWrite:允许随后打开文件读取或写入。如果未指定此标志,则文件关闭前,任何打开该文件以进行读取或写入的请求（由此进程或另一进程发出的请求）都将失败。但是，如果指定了此标志，仍可能需要附加权限才能访问文件。

　• Write：允许随后打开文件写入。如果未指定此标志，则文件关闭前，任何打开该文件以进行写入的请求（由此进程或另一进程发出的请求）都将失败。但是，如果指定了此标志，仍可能需要附加权限才能访问文件。

3. 文件复制

文件的复制用到了 File 类的 Copy 方法，其定义如下：

public static void Copy(string sourceFileName,string destFileName);

public static void Copy(string sourceFileName,string destFileName,bool overwrite);

其中参数 sourceFileName 为源文件名和路径，destFileName 为目的文件名和路径，overwrite 为 true 时，则覆盖已存在的文件。

【例 5-1】把 c:\direct\sun1\1. mp3 复制到 c:\direct\2. mp3 的示例。

```
using System;
using System. IO;
namespace ConsoleApplication3
{
    class Class1
    {
    [STA Thread]
        static void Main(string []args)
        {
            string path=@"c:\direct\sun1\1. mp3";
            string path2=@"c:\direct\2. mp3";
            File. Copy(path,path2);
        }
    }
}
```

4. 文件移动

要移动文件，可以用 File 类中的 Move 方法，其定义如下：

public static void Move(string sourceFileName,string destFileName);

注意：sourceFileName 为移动的文件的名称，destFileName 为文件的新路径。

【例 5-2】使用 Move 移动文件的示例。

```
using System;
using System. IO;
namespace ConsoleApplication3
{
    class Class1
    {
    [STA Thread]
```

```
static void Main(string []args)
{

        string path＝@"c:\direct\sun1\1. mp3";
        string path2＝@"c:\direct\2. mp3";
        if(！ File. Exists(path))
        {
        File. Create (Path);
        }
        //确信目标文件不存在
        if(File. Exists(path2))
        File. Delete(path2);
        //移动文件
        File. Move(path,path2);
        Console. WriteLine("{0} was moved to{1}. ",path,path2);
    }
  }
}
```

5. 文件删除

用 Delete 方法可以删除一个存在文件,其定义如下:

public static void Delete(string path);

参数 path 为被删除文件的名字和路径。

注意,在 Windows NT 下,如果对内存映像或已被打开的文件调用 Delete 方法,则操作将失败。而 Widows 9x 下,即使文件正在被使用,也能将其删除。

要判断文件是否在指定目录中存在可以用 File 类的 Exists 方法,要获取文件的长度用 Length 方法,要获取或设置文件创建的时间和日期,可以用 GetLastAccessTime,GetCreationTime,SetLastAccessTime,SetCreationTime 等方法,此处不再赘述。

5.3.3　文件属性的获取与设置

1. 文件属性的枚举值

对文件的属性进行设置时,要用到 FileAttributes 枚举,它有以下枚举值。

• Archive:文件的存档状态。应用程序使用此属性为文件加上备份或移除标记。

• Compressed:文件已压缩。

• Directory:文件为一个目录。

• Encrypted:该文件或目录是加密的。对于文件来说,表示文件中的所有数据都是加密的。对于目录来说,表示新创建的文件和目录在默认值下是加密的。

• Hidden:文件是隐藏的,因此没有包括在普通的目录列表中。

• Normal:文件正常,没有设置其他属性。此属性仅在单独使用时有效。

• ReadOnly:文件为只读。

• SparseFile：文件为稀疏文件。稀疏文件一般是数据通常为零的大文件。

• System：文件为系统文件。文件是操作系统的一部分或由操作系统以独占方式使用。

• Temporary：文件是临时文件。文件系统试图将所有数据保留在内存中以更快地访问，而不是将数据刷新回大容量存储器中。不再需要临时文件时，应用程序会立即将其删除。

2. 文件属性的获取

获取文件的属性可用 File 类的 GetAttributes 方法，其定义如下：

```
public static FileAttributes GetAttributes(string path);
```

其中参数 path 为文件名和路径。

【例 5-3】GetAttributes 方法应用的示例。

```
using System;
using System.IO;
namespace ConsoleApplication3
{
    class Class1
    {
    [STA Thread]
        static void Main(string []args)
        {
        string path="C:\\new\\f1.txt";
        //如果文件不存在，新建该文件
        if(! File.Exists(path))
        {
            File.Create(path);
        }
        //获取文件的属性
        File.GetAttributes(path);
        //输出
        Console.WriteLine("the file's Attributes is :{0}",
        File.GetAttributes(path).ToString());
        }
    }
}
```

3. 文件属性的设置

设置文件的属性可以用 File 类的 SetAttributes 方法，其定义如下：

```
public static void SetAttributes(string path,FileAttributes fileAttributes);
```

其中 fileAttributes 为 FileAttributes 的枚举值。

【例 5-4】SetAttributes 方法应用的示例。

```
using System;
```

```
using System. IO；
namespace ConsoleApplication3
{
    class Class1
    {
    [STA Thread]
        static void Main(string []args)
        {
            string path="C:\\new\\f1. txt"；
            //如果文件不存在,新建该文件
            if(! File. Exists(path))
            {
                File. Create(path)；
            }
            if((File. GetAttributes(path)&FileAttributes. Hidden)== FileAt-
tributes. Hidden)
            {
                //设置文件的属性为显示文件
                File. SetAttributes(path, FileAttributes. Archive)；
            }
            else
            {
                //设置文件的属性为隐藏文件
                File. SetAttributes(path, (File. GetAttributes(path)|FileAttributes.
Hidden)；
            }
        }
    }
}
```

5.3.4 完善文件操作小案例

在上次小案例的基础上,建立相应的按钮控件来练习文件属性的设置。

程序界面如图 5-2 所示,要求进行相应操作后,可在文本框中显示相应结果。

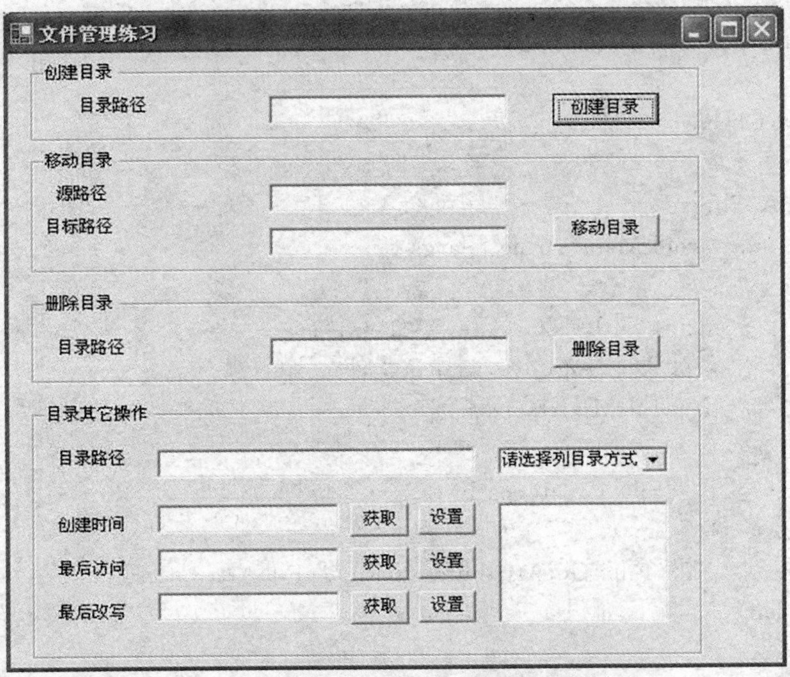

图 5-2　文件操作小案例的界面

获取并显示文件属性的代码：

```
private void listBoxDirectoryEntries_SelectedIndexChanged(object sender, System.EventArgs e)
{
    this.groupBoxFileAttributeOperations.Enabled=true;
    string path=this.listBoxDirectoryEntries.SelectedItem.ToString();
    this.checkBoxArchive.Checked = (File.GetAttributes(path)&FileAttributes.Archive)==FileAttributes.Archive;
    this.checkBoxHidden.Checked=(File.GetAttributes(path)&FileAttributes.Hidden)==FileAttributes.Hidden;
    this.checkBoxReadOnly.Checked=(File.GetAttributes(path)&FileAttributes.ReadOnly)==FileAttributes.ReadOnly;
    this.checkBoxSystem.Checked=(File.GetAttributes(path)&FileAttributes.System)==FileAttributes.System;
}
private void button15_Click(object sender, System.EventArgs e)
{
    this.listBoxDirectoryEntries_SelectedIndexChanged(sender,e);
}
```

可视化设置文件属性的代码：

```
private void button14_Click(object sender，System. EventArgs e)
{
    string path＝this. listBoxDirectoryEntries. SelectedItem. ToString();
    if(this. checkBoxArchive. Checked)
        File. SetAttributes(path,File. GetAttributes(path)|FileAttributes. Archive);
    else
        File. SetAttributes(path, File. GetAttributes(path)&～(FileAttributes. Archive));
    if(this. checkBoxHidden. Checked)
        File. SetAttributes(path,File. GetAttributes(path)|FileAttributes. Hidden);
    else
        File. SetAttributes(path,File. GetAttributes(path)&～FileAttributes. Hidden);
    if(this. checkBoxReadOnly. Checked)
        File. SetAttributes(path,File. GetAttributes(path)|FileAttributes. ReadOnly);
    else
        File. SetAttributes(path, File. GetAttributes(path)&～FileAttributes. ReadOnly);
    if(this. checkBoxSystem. Checked)
        File. SetAttributes(path,File. GetAttributes(path)|FileAttributes. System);
    else
        File. SetAttributes(path,File. GetAttributes(path)&～FileAttributes. System);
}
```

5.4　文件读写

对文件的读写操作应该是最重要的文件操作，System. IO 命名空间为我们提供了许多的读写操作类，在这里我们介绍其中最常用的几个。

5.4.1　FileStream 类

FileStream 类以文件流的方式来操纵文件。FileStream 类对于在文件系统上读取和写入文件都非常有用，下面就简单介绍一下 FileStream 类。

1. 构造函数

通过 FileStream 类的构造函数可以新建一个文件。FileStream 类的构造函数有很多，其中几个比较常用的构造函数的原型定义如下。

通过指定路径和创建模式来初始化 FileStream 类的新实例：

public FileStream(string path,FileMode mode);

通过指定路径、创建模式和读写权限来初始化 FileStream 类的新实例：

public FileStream(string path，FileMode　mode，FileAccess　access);

通过指定路径、创建模式、读写权限和共享权限来初始化 FileStream 类的新实例：

public FileStream（string path , FileMode mode , FileAccess access , FileShare share）；

其中，mode 参数和 access 参数的取值和 File 类的 Open 方法的相应的参数的取值是相同的。如果通过文件流的构造函数新建一个文件，则可以设定 mode 参数的值为 Create，同时设置 access 参数的取值为 Write。例如：

FileStream fs＝new FileStream（"log. txt" , FileMode. Create , FileAccess. Write）；

如果需要打开一个已经存在的文件，则指定 FileStream 方法的 mode 参数值为 Open 即可。

2. 主要属性

FileStream 类的主要属性如下：

• CanRead：指示当前流是否支持读取。如果流支持读取，则为 true；如果流已关闭或是通过只写访问方式打开的，则为 false。

• CanSeek：指示当前流是否支持查找。如果流支持查找，则为 true；如果流已关闭或者如果 FileStream 是从操作系统句柄（如管道或到控制台的输出）构造的，则为 false。

• CanWrite：指示当前流是否支持写入。如果流支持写入，则为 true；如果流已关闭或是通过只读访问方式打开的，则为 false。

• Length：获取用字节表示的流长度。

• Position：属性获取或设置此流的当前位置。

3. 主要方法

• Close 方法：用于关闭文件，其方法原型是：

public override void Close（）；

• Read 方法：用于实现文件流的读取，其方法原型是：

public override void Read（byte[]array , int offset , int count）；

其中 array 参数是保存读取数据的字节数组；offset 参数表示开始读取文件的偏移值，即从第几个字节开始读取；Count 参数表示读取的数据量。

• ReadByte 方法：从文件中读取一个字节，并将读取位置提升一个字节，其返回值是转换为 int 的字节，或者如果从流的末尾读取则为－1。其方法原型是：

public override ReadByte（ ）；

• Write 方法：使用从缓冲区读取的数据将字节块写入该流。其方法原型是：

public override Write（[] array，offset，count）；

其中，参数 array 表示字节所写入的数组；参数 offset 表示 array 中的字节偏移量，从此处开始写入；参数 count 表示最多写入的字节数。

• WriteByte 方法：将一个字节写入文件流的当前位置。其方法原型是：

public override WriteByte（ value ）；

其中，参数 value 表示要写入流的字节。

• Flush 方法：向文件中写入数据后，一般还需用 Flush 方法来刷新该文件。Flush 方法负责将保存在缓冲区中的所有数据真正写入到文件中。其方法原型是：

public override Flush（）；

此外还有 Seek 方法将文件流的当前位置设为指定的值；Lock 方法用于在多任务操作系统中锁定文件或文件的一部分，这时其他应用程序对该文件或者对其中锁定部分的访问将被拒绝；UnLock 方法执行与 Lock 方法相反的操作，它用于解除对文件或文件某一部分的锁定。

【例 5-5】一个利用 File 类和 FileStream 类进行文件操作的示例。

```
using System;
using System. IO;
class test
{
    public static void Main()
    {
        FileStream fs＝File. Create("c:\\new\\f1. txt");
        Console. WriteLine("f1. txt is created at:{0}",
        File. GetCreationTime("c:\\new\\f1. txt"));
        Byte[] str＝{1,0,0,1,0,0,0,0,1,1}
        fs. Write(str, 2 ,6);
        fs. Flush();
        fs. Close();
        File. Copy("c:\\new\\f1. txt", "c:\\new\\f2. txt");
        File. Move("c:\\new\\f1. txt", "c:\\f1. txt");
        File. Delete("c:\\new\\f1. txt");
    }
}
```

5.4.2 StreamReader 类

除了前文提到的使用 FileStream 类实现文件的读写外，C♯还提供了两个专门负责读取和写入操作的类，即 StreamReader 类和 StreamWriter 类。其中 StreamWriter 类主要负责向文件中写入数据，StreamReader 类主要负责从文件中读取数据。

利用 Open 对象打开文件后，我们就可以用 StreamReader 类来读取文件的内容。它的用法跟 FileStream 类类似，下面就简单介绍一下它的构造函数和方法。

1. **构造函数**

StreamReader 类的常用构造函数有：

为指定的流初始化 StreamReader 类的新实例的构造函数：

public StreamReader(Stream stream);

为指定的文件名初始化 StreamReader 类的新实例的构造函数：

public StreamReader(string path);

2. **常用的方法**

• Read 方法：用于从打开的文件中读取下一个字符和下一套字符，其原型定义如下：

public override int Read();

public override int Read(char [] buffer , int index , int count);

其中参数 buffer 是保存读出数据的缓存区,参数 index 是 buffer 中用于保存读出数据的初始索引,参数 count 是最多可读取的字符数。

• ReadLine 方法:用于从打开的文件中读取一行字符,调用它可以以字符串的形式返回所读取的这一行字符,其方法原型定义为:

public override string ReadLine();

注意,所谓的字符行就是一段以换行符"\n"或"\r\n"结尾的字符序列,但返回的字符串中不含有换行符。

• ReadToEnd 方法:用于读取从流的当前位置到流的末尾的数据,其方法原型定义如下:

public override string ReadToEnd();

5.4.3　StreamWriter 类

利用 Open 对象打开文件后,我们就可以用 StreamWriter 类来向文件中写入内容。它的用法跟 FileStream 类和 StreamReader 类类似,下面简单介绍一下它的构造函数和方法。

1. 构造函数

StreamWriter 类的常用构造函数有:

为指定的流初始化 StreamWriter 类的新实例的构造函数:

public StreamWriter (Stream stream);

为指定的文件名初始化 StreamWriter 类的新实例的构造函数:

public StreamWriter (string path);

2. 常用方法

StreamWriter 类的常用的方法有:

• Write 方法:用于将字符、字符串、字符数组等写入流,其方法原型为:

public override void Write(char value);

public override void Write(string value);

public override void Write(char[] buffer , int index , int count);

其中参数 value 是要写入流的数据,参数 buffer 是一个字符数组,参数 index 是 buffer 中将写入流的字符数组的初始索引,参数 count 是写入流中的字符数。

【例 5-6】将 6 个字符从包含 12 个元素的数组写入到流中(从第 3 个元素开始)。

FileStream　fs＝new　FileStream("c:\\fi. txt", FileMode. OpenOrCreate);

Char [] str＝{'q','w','e','r','t','y','u','i','i','o','p','p'};

StreamWriter sw＝new　StreamWriter(fs);

sw. Write(str , 3 , 6);

sw. Close();

fs. Flush();

• WriteLine 方法:用于将带有行结束符的字符、字符串、字符数组等写入流,其方法原

型为:

    public override void WriteLine (char value);

    public override void WriteLine (string value);

    public override void WriteLine (char[] buffer);

其中参数 value 是要写入流的数据,参数 buffer 是一个字符数组。

5.4.4 文件读写操作小案例

通过本节课程的学习,我们对文件的读取与写入有了很深入的认识,下面我们就编写一个小的记事本程序,来加深一下对 StreamWriter 类和 StreamReader 类的认识。

案例界面如图 5-3 所示。

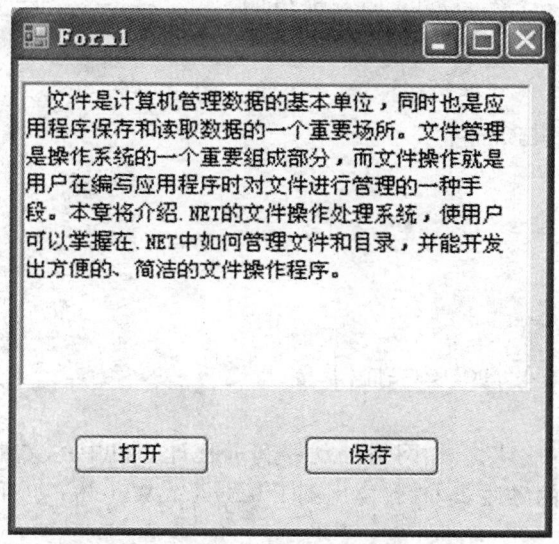

图 5-3 文件读写小案例的界面

打开文件按钮代码:

```
private void button1_Click(object sender, System. EventArgs e)
{
    OpenFileDialog od1=new OpenFileDialog();
    od1. InitialDirectory="f:\\";
    od1. Filter="文本文件(*.txt)|*.txt|所有文件(*.*)|*.*";
    od1. FilterIndex=2;
    od1. RestoreDirectory=true;
    if(od1. ShowDialog()==DialogResult. OK)
    {
        StreamReader sr=new StreamReader(od1. FileName);
        textBox1. Text=sr. ReadToEnd();
```

```
        sr. Close();
    }
}
```

保存文件按钮代码：

```
private void button2_Click(object sender, System. EventArgs e)
{
    SaveFileDialog sd1＝new SaveFileDialog();
    sd1. InitialDirectory＝"f:\\";
    sd1. Filter＝"文本文件(＊.txt)|＊.txt|所有文件(＊.＊)|＊.＊";
    sd1. FilterIndex＝2;
    sd1. RestoreDirectory＝true;
    if(sd1. ShowDialog()＝＝DialogResult. OK)
    {
        StreamWriter sw＝new   StreamWriter(sd1. FileName);
        sw. Write(textBox1. Text);
        sw. Flush();
        sw. Close();
    }
}
```

5.5 FileSystemWatcher 组件

有时我们需要对本地计算机、网络驱动器和远程计算机中的文件和指定目录的内容变化进行监测，防止人为的篡改，这时就要用到 FileSystemWatcher 组件。本节我们就对 FileSystemWatcher 组件作一个简单介绍。

5.5.1 FileSystemWatcher 组件简介

FileSystemWatcher 组件可以监视磁盘，该组件只工作在 Windows 2000 系列和 Windows NT 4.0 平台上。如果要监视远程计算机，则应在远程计算机中装有 Windows 2000 系列或 Windows NT 4.0 操作系统，在 Windows NT 4.0 平台上不能监视装有 Windows NT 4.0 的远程计算机。

FileSystemWatcher 组件位于"工具箱"的"组件"选项卡上，将它拖到窗体或组件设计器中即可，当然也可以通过代码 System. IO. FileSystem myWatcher＝new System. IO. FileWatcher()来创建它的实例。

1. FileSystemWatcher **组件的主要属性**
• Filter 属性：获取或设置过滤串，用于确定目录中哪个文件被侦听。如果要查看所有文件的变化，将此属性设为空串；要查看指定文件，将此属性设置为文件的路径名。例如，如果要监视 D 盘根目录中 TXT 文件的变化，则可以设置为"D：\ ＊.TXT"。

• Path 属性:获取或设置要监控的目录路径。该属性支持 UNC 路径(如:\server\directoryname)。该组件监视文件系统时,使用句柄来表示文件目录,而不依靠路径名称,所以在监视过程中,如果外部改变了路径名字,不会影响组件的监视功能,但此时属性的值还是原路径名。以下是它的示例代码:

System. IO. FileSystem myWatcher = new System. IO. FileSystem myWatcher ();
MyWatcher. Path = "d:\\";

• IncludeSubdirectories 属性:设为 true 时表示监视子目录的变化。

• NotifyFile 属性:NotifyFile 属性限制了组件示例能产生的关于文件或目录的 Changed 事件的数目。用户可通过设置此属性,使 Changed 事件只在文件或目录名发生变化时产生,在主目录某个属性发生变化时产生,在文件长度上发生变化时产生,在最近修改或最近访问事件发生变化时产生,或者只在文件或目录的访问权限发生变化时产生。这些值组成了 NotifyFile 的所有列举类型。可以使用"|"操作符使组件对多种 Changed 事件进行响应。为了使组件能够对变化进行监视,还必须把 EnableRaisingEvents 属性设置为 True。

2. FileSystemWatcher 组件的主要方法

该组件的主要方法是 WaitForChanged 方法。WaitForChanged 方法等待某个特定的事件出现时继续执行线程。例如,如果正在使用一个基于 Web 的新闻系统的应用,可能需要创建一个着眼点的管理窗口,通过这个窗口,用户可以上传新闻。这时就可以使用 WaitForChanged 方法来监视目录,直到最后访问时间发生了变化,便处理新闻目录来得到新的文章。WaitForChanged 方法返回了一个 WaitForChangedResult 类型的对象,这个对象包含了目录中发生变化时的信息,通过访问这个对象的 Name,oldName 和 Timeout 属性可以得到更多的关于变化的信息。

3. FileSystemWatcher 组件的事件

• Changed 事件:当监视的目录大小、系统属性、最后访问时间和安全属性等发生变化时触发此事件。可以使用 NotifyFilter 来设置要监视的事件。

• Created 事件:当创建新文件时触发。例如,要在目录间复制文件,则复制的源目录不会触发任何事件,但复制目标目录会触发此事件。在目录间移动文件时,则会在原目录里触发 Deleted 事件,在目标目录里触发 Created 事件。

• Deleted 事件:当删除文件时触发此事件。

• Renamed 事件:当重新命名文件时触发此事件。事件处理程序将接收到一个类型为 RenamedEventArgs 的参数来传递变化类型、完整路径以及变化的文件名或路径名、原路径名和原文件名等信息。

5.5.2 FileSystemWatcher 组件应用

FileSystemWatcher 组件主要用于监视系统的文件操作,当所监视的目录的文件被创建、移动、删除或重命名时将激发 Changed 事件、Created 事件、Deleted 事件、Renamed 事件,并调用相应的代码,通过特殊的形式反映给用户。

【例 5-6】建立一个小的程序,来监视 D 盘的文件操作。

```csharp
using System;
using System. Collections. Generic;
using System. ComponentModel;
using System. Data;
using System. Drawing;
using System. Text;
using System. Windows. Forms;
namespace WindowsApplication2
{
    public partial class Form1 : Form
    {
    public Form1()
    {
        InitializeComponent();
    }
    private void fileSystemWatcher1 _ Changed (object sender, System. IO. FileSyste-
mEventArgs e)
    {
        richTextBox1. Text += "Changed 事件:" + e. FullPath + "  " + e. Name + "
\n";
    }
    private void fileSystemWatcher1_Created(object sender, System. IO. FileSystemEven-
tArgs e)
    {
        richTextBox1. Text += "created 事件:" + e. FullPath + "  " + e. Name + "\
n";
    }
    private void fileSystemWatcher1_Deleted(object sender, System. IO. FileSystemEven-
tArgs e)
    {
        richTextBox1. Text += "Deleted 事件:" + e. FullPath + "  " + e. Name + "
\n";
    }
    private void fileSystemWatcher1_Renamed(object sender, System. IO. RenamedEven-
tArgs e)
    {
        richTextBox1. Text += "Renamed 事件:" + e. FullPath + "  " + e. Name +
"\n";
    }
```

```
private void button1_Click(object sender，System. EventArgs e)
{
    richTextBox1. Text＝" ";
}
private void button2_Click(object sender，System. EventArgs e)
{
    StreamWriter sw＝new   StreamWriter("c：\\Documents and Settings\\lmw\\
My Documents\\MyD. txt");
    sw. Write(richTextBox1. Text);
    sw. Flush();
    sw. Close();
}
}
```

运行效果如图 5-4 所示。

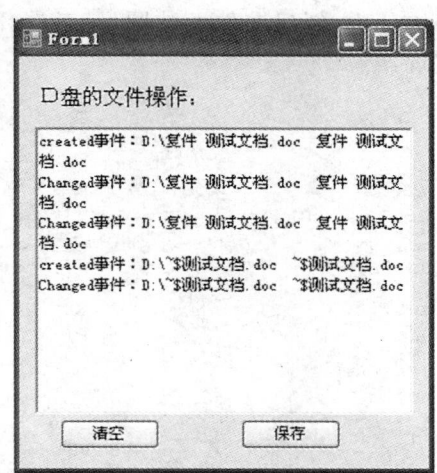

图 5-4　FileSystemWatcher 组件应用案例的界面

5.6　本章小结

　　本章首先介绍了文件的一些基本概念，然后介绍了有关文件管理和目录管理的一些类和常用方法，重点介绍了文件的创建、打开、复制、读取与写入等基本操作的实现。

　　Directory 类中包含了对目录操作的静态方法，File 类是对文件操作的静态类，它经常与 FileStream 类结合起来实现对文件的操作。此外经常通过 StreamReader 类和 StreamWriter 类来实现对文件的读取与写入。

　　本章还简单介绍了 FileSystemWatcher 组件的一些属性、方法、事件，使读者对 FileSystemWatcher 组件有一个简单的认识。

5.7 实训：大案例中的文件操作

实训目的

(1)熟悉文件操作的实际应用。

(2)完善大案例功能。

实训要求

(1)复习第 1 章，分析大案例的考试逻辑模块。

(2)分析参考代码，了解功能。

(3)对照本章内容，掌握文件操作在大案例中的应用。

(4)根据以上目的、要求写出实训报告。

实训参考

根据图 1-1，文件操作部分与考试子系统有联系。在考试子系统中，当考生输入正确的信息验证后，考试子系统就着手为考生创建考试环境、考生个人的考试目录、考试所需的文件等内容，根据第 2 章实训的分析，创建文件考试题目、考试环境的功能由 doCreateFile-QuestionEnviroment 方法实现：

参考代码：

```
using System;
using System. Drawing;
using System. Collections;
using System. ComponentModel;
using System. Windows. Forms;
using System. Data;
using System. IO;
using MessageSerialize;

namespace CSExamOnLine
{
    public class ExamLogic
    {
        internal const string ExamDrive="C:\\";
        private   MessageSerialize. QuestionData_Down questionData;
        //创建文件试题的考试环境
        private   void doCreateFileQuestionEnvironment()
        {
            //create in file
            StreamWriter sw=new StreamWriter(questionData. inFileFullName);
            sw. Write(questionData. inFileOrInSql);
```

```
        sw. Close();
        //create examinee directory
        Directory. CreateDirectory(ExamDrive＋classID＋number);
    }
}
}
```

5.8　习题

1. 在.NET 中哪两个类可以用来读写文本文件?

2. 编写一段程序,遍历 C 盘根目录下的所有扩展名为.txt 的文件。

3. 编程实现:在 C 盘根目录下创建一个文本文件 test.txt,并写入"I am a student"这句话。

4. 编程实现:将第 3 题中的 test.txt 文件移动到 D 盘根目录下,重命名为 test1.txt,并将文件属性设置为只读。

5. 编写一个简单的记事本,能够从磁盘上读取文件,对文件进行修改后,能够保存到磁盘上(要用到菜单和工具栏两种控制方式)。

第 6 章　数据库应用程序设计

本章要点

✓ ADO.NET *的概述*

✓ Connection,Command,DataReader *组件*

✓ DataAdapter,DataSet *及相关组件*

✓ XML *和* ADO.NET

✓ *大案例数据访问部分*

大多数应用程序都需要某种形式的数据访问,包括本书大案例。如果要创建新的应用程序,目前微软推荐了三种数据访问方式可供选择:ADO.NET,ADO 和 OLE DB。

ADO 是 OLE DB 数据提供程序的基于 COM 的应用程序级别的接口,适用于用本机代码编写的应用程序。OLE DB 是访问数据的重要的系统级编程接口,不依赖于. NET 架构,它是 ADO 的基础技术,同时还是 ADO. NET 的数据源之一,适用于追求高性能且能承受高开发成本的应用。

ADO. NET 是对传统 ADO 的改进,可用于创建分布式的数据共享应用程序。它是一种简单高效的应用程序编程接口,是. NET 架构的核心组件。就 SQL Server 7.0 或更高版本的数据源而言,ADO. NET 提供了最佳性能。

本章将首先介绍使用 ADO. NET 2.0 来进行数据访问的程序设计方法,然后完成本书大案例的数据访问部分。

6.1　ADO. NET 2.0 概述

6.1.1　ADO. NET *的体系结构*

与 ADO 不同的是,ADO. NET 主要用于为分布式应用程序提供数据访问机制,也就是应用于多层模型,尤其是 B/S 结构的三层以上的模式,这主要体现在 ADO. NET 主要采用了无连接的设计模型。因此,ADO. NET 包括两个主要部分:一部分是托管的数据提供者(Managed Provider),另一部分是本地的数据集合组件 DataSet。无连接数据读取的过程是:连接数据源,托管的数据提供者填充 DataSet,然后断开数据连接,再处理数据;数据更新的过程也类似,只是数据方向相反。DataSet 相当于内存中的一个数据库。

托管的数据提供者除了可以为 DataSet 提供数据,还提供了有连接的快速访问数据的组件。有连接的数据读取的过程是:连接数据源,托管的数据提供者取得只进、只读的数据集合,处理数据,关闭连接。

DataSet 中数据的填充和更新是以 XML 数据的形式完成的,XML 是与平台无关的数据描述,并且可以描述复杂的数据关系,因此,DataSet 实际上可以容纳复杂数据关系的数据,且不再依赖于数据源。也就是 ADO.NET 利用 XML 来提供对数据的断开式访问。ADO.NET 的设计与.NET Framework 中 XML 类的设计是并进的,它们都是同一个结构的组件。

图 6-1 示出了 ADO.NET 的基本体系结构。

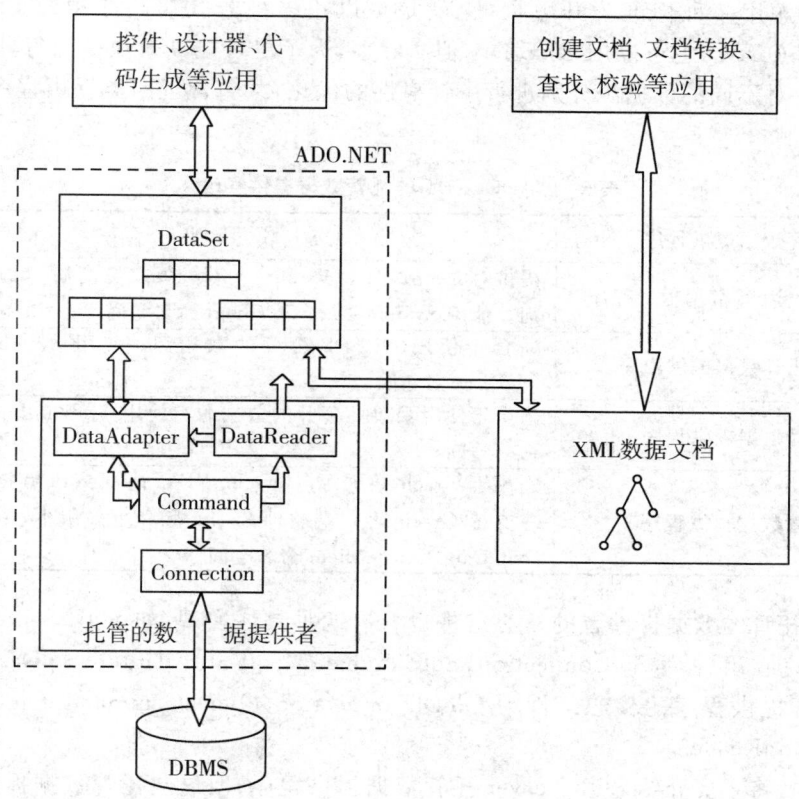

图 6-1 ADO.NET 的基本体系结构

6.1.2 ADO.NET 2.0 的基本组件

1. ADO.NET 2.0 的组件及命名空间

对程序员来说,ADO.NET 就是一组.NET 公开数据访问服务的类。由上所述,ADO.NET 包含两个部分:DataSet 和托管的数据提供者。

DataSet 组件使用 System.Data 命名空间。它专门为独立于任何数据源的数据访问而设计,因此,它可以用于多种不同的数据源,用于 XML 数据,或用于管理应用程序本地的数据。DataSet 包含一个或多个 DataTable 对象的集合,这些对象由数据行和数据列以及有关

DataTable 对象中数据的主键、外键、约束和关系信息组成。

如图 6-1 所示,托管的数据提供者包含 Connection,Command,DataReader,DataAdapter 等核心组件。Connection 对象提供与数据源的连接。Command 对象使用户能够访问用于返回数据、修改数据、运行存储过程以及发送或检索参数信息的数据库命令。DataReader 从数据源中获取高性能的数据流。最后,DataAdapter 提供连接 DataSet 对象和数据源的桥梁。DataAdapter 使用 Command 对象在数据源中执行 SQL 命令,以便将数据加载到 DataSet 中,并使对 DataSet 中数据的更改与数据源保持一致。

有些数据源用多种标准公开数据,也就是可以用多种方式访问此类数据源,如 SQL Server 可以用 ODBC,也可以用 OLE DB,但实际上,为了尽可能高效地访问每种数据源,在 ADO. NET 中对不同的数据源分别进行了针对性的优化,共包含了四类提供程序。如表6-1 所示:

表 6-1   ADO. NET 的托管数据提供程序

托管数据提供程序	说　明
SQL Server 托管数据提供程序	提供对 Microsoft SQL Server 7. 0 版或更高版本的数据访问。使用 System. Data. SqlClient 命名空间。
OLE DB 托管数据提供程序	适合于使用 OLEDB 公开的数据源。使用 System. Data. OleDb 命名空间。
ODBC 托管数据提供程序	适合于使用 ODBC 公开的数据源。使用 System. Data. Odbc 命名空间。
Oracle 托管数据提供程序	适用于 Oracle 数据源。Oracle. NETFramework 数据提供程序支持 Oracle 客户端软件 8. 1. 7 版和更高版本,使用 System. Data. OracleClient 命名空间。

相应的,托管的数据提供者的核心组件也各有四种具体实现,如 SQL Server 托管数据提供程序的核心组件为 SqlConnection,SqlCommand,SqlDataAdapter,SqlDataReader;而 OLE DB 托管提供程序的核心组件为 OleDbConnection,OleDbCommand,OleDbDataAdapter,OleDbDataReader。

在本书中,将主要介绍 SQL Server 托管数据提供程序,但这些托管数据提供程序呈现给程序员的用法是非常一致的,除了 Connection 组件的连接字符串不同外,基本上就只是组件名前缀的不同。

2. DataSet 和 DataReader 的选用

DataSet 和 DataReader 组件都可以处理数据,DataSet 在内存中缓冲数据,而 DataReader 处理数据流。应根据应用程序所需的功能类型,决定应该使用 DataReader 还是使用 DataSet。具体来说,DataSet 用于执行以下功能:

①在应用程序中将数据缓存在本地,以便可以对数据进行处理。如果只需要读取查询结果,DataReader 是更好的选择。

②在层间或从 XML Web 服务对数据进行远程处理。

③与数据进行动态交互,例如绑定到 Windows 窗体控件或组合并关联来自多个源的数据。

④对数据执行大量的处理,而不需要与数据源保持打开的连接,从而将该连接释放给其

他客户端使用。

如果不需要 DataSet 所提供的功能,则可以使用 DataReader 以只进、只读方式返回数据,从而提高应用程序的性能。实际上,DataAdapter 也使用 DataReader 来填充 DataSet 的内容,因此可以只使用 DataReader 来提高性能,因为这样可以节省 DataSet 所使用的内存,并将省去创建 DataSet 并填充其内容所需的处理。

当然,并不是所有的数据库应用都需要获得结果集,有时候仅仅需要执行一个数据库操作,例如执行 DBMS 上的一个存储过程。这种情况下,不必使用 DataReader 或者 DataSet 对象,仅仅需要 Connection 和 Command 对象。后面的例 6-6 就是这种情况的一个例子。

但多数情况下,完整的数据库应用程序,一般要求取得结果集,因此接下来的章节分为使用 DataReader 和使用 DataSet 两种情况来介绍。

从数据操作程序开发所使用的组件的角度,按照 ADO. NET 的结构,图 6-2 示出了 ADO. NET 的运行机制,后面几节将按照此图来学习 ADO. NET 各组件的使用。

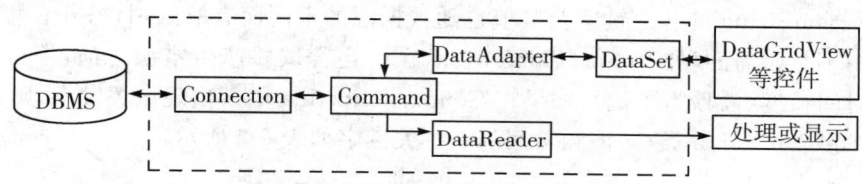

图 6-2 ADO. NET 的运行机制

6.2 使用 DataReader 的数据库应用程序

如前所述,使用 DataReader 的数据库应用程序需要 Connection 组件建立到数据源的连接,然后执行 Command 组件的 SQL 命令,将结果通过 DataReader 组件返回,供程序使用。

本节就以 SQL Server 2005 Express 数据源为例,依次介绍这几种组件。请注意本节最后的小案例是完整的程序,而普通例子需要读者补充完整才能运行。另外,本节的例子需要使用 System. Data. SqlClient 命名空间。

6.2.1 SqlConnection 类

SqlConnection 对象表示与 SQL Server 数据源的一个惟一的会话。对于客户端/服务器数据库系统,它等效于到服务器的网络连接。SqlConnection 与 SqlDataAdapter 和 Sql-Command 一起使用,可以获得连接 SQL Server 7.0 以上版本数据库的极高性能。

1. SqlConnection 的构造函数

SqlConnection 类有两个重载的构造函数,都比较常用:

SqlConnection():初始化 SqlConnection 的新实例。

SqlConnection(string):根据连接字符串初始化 SqlConnection 的新实例。

【例 6-1】初始化一个 SqlConnection 的新实例 connection。

SqlConnection   connection = new SqlConnection();

【例 6-2】根据连接字符串初始化一个 SqlConnection 的新实例 connection。

SqlConnection connection = new   SqlConnection(@"server = . \ SQLEXPRESS; AttachDbFilename = | DataDirectory | example. mdf; Integrated Security = sspi;");

2. SqlConnection 类的主要属性

SqlConnection 实例的常用属性是 ConnectionString。该属性是 string 类型值,用于设置一个不区分大小写的连接字符串,该字符串包含了连接到某个 SQL Server 数据库所需的连接属性的信息。这些属性信息如例 6-2 所示,每种信息包含关键字和值两部分,各种信息之间用分号隔开。例 6-2 中的连接字符串表示:连接到默认安装的 SQL Server 2005 Express 服务器,附加的 example. mdf 数据库文件,该文件及对应的日志文件存在于项目的生成文件夹下,身份验证方式是 Windows 集成身份验证。

ConnectionString 设置后,系统会进行语法分析,从而发现语法异常,但连接字符串正确与否,只能由数据源验证。

ConnectionString 的各关键字及其值也随数据源的不同而有所区别,另外有些关键字在建立连接中不是必需的,如 ConnectTime,表示在终止尝试并产生错误之前,等待与服务器的连接的时间长度(以秒为单位),如果在 ConnectionString 中不出现该关键字,则默认为 15 秒。对于 SqlConnection 类,必需和常用的一些关键字如表 6-2 所示。

表 6-2   ConnectionString 中的常用关键字

关键字	默认值	说 明
Data Source 或 Server 或 Address 或 Addr 或 Network Address	无	必需。要连接的 SQLServer 实例的名称或网络地址。可以在服务器名称之后指定端口号: server = tcp:servername,port number; 指定本地实例时,始终使用(local)。若要强制使用某个协议,请添加下列前缀之一: np:(local),tcp:(local),lpc:(local)Initial Catalog
Initial Catalog 或 Database	无	可选 1。数据库的名称。
AttachDBFilename 或 extended properties 或 Initial File Name	无	可选 1。主数据库文件的名称,包括可连接数据库的完整路径名。该路经可以是绝对路径,也可以是相对路径,这取决于是否使用 DataDirectory 替换字符串。如果使用 DataDirectory,则对应的数据库文件应存在于项目的生成目录中。
Integrated Security 或 Trusted_Connection	'false'	可选 2。当为 false 时,将在连接中指定用户 ID 和密码。当为 true 时,将使用当前的 Windows 帐户凭据进行身份验证。可识别的值为 true,false,yes,no 以及与 true 等效的 sspi(强烈推荐)。
User ID	无	可选 2。SQL Server 登录帐户。建议不要使用。为保持高安全级别,我们强烈建议使用 IntegratedSecurity 或 Trusted_Connection 关键字。
Password 或 Pwd	无	可选 2。SQL Server 帐户登录的密码,与 User ID 关键字配合使用。

| Persist Security Info | 'false' | 可选。当该值设置为 false 或 no(强烈推荐)时,如果连接是打开的或者一直处于打开状态,那么安全敏感信息(如密码)将不会作为连接的一部分返回。重置连接字符串将重置包括密码在内的所有连接字符串值。可识别的值为 true,false,yes 和 no。 |
| User Instance | 'false' | 可选。一个值,用于指示是否将连接从默认的 SQL Server 速成版实例重定向到调用方帐户下运行的运行时启动的实例。 |

3. SqlConnection 类的主要方法

(1)Open 和 Close 方法

在使用 SqlDataReader 的数据库应用程序中,由于对数据源的访问是有连接的,所以在设置了 ConnectionString 后,还要调用 SqlConnection 实例的 Open 方法打开数据连接,才能执行 SqlCommand 对象所包含的 SQL 命令,返回 SqlDataReader 实例,处理完数据后,再调用 SqlConnection 实例的 Close 方法关闭数据连接。这两种方法的使用请参见本节小案例。

(2)BeginTransaction 方法

该方法用于开始一个数据库事务,并返回一个 SqlTransaction 类的实例。所谓事务,是指一个数据库的命令序列,只有当其中的命令全部执行完毕后该事务才算完成,若有任何命令不能完成就认为是事务失败,应该取消所有已经完成的命令,使数据库恢复到该事务开始的状态。客户端关于事务的操作有开始、提交(Commit)和回滚(Rollback)三种。提交意味着命令序列结束,提交后的事务将不能回滚;回滚指事务失败后恢复数据库原始状态。

SqlConnection 类的 BeginTransaction 方法有几种重载版本,可以提供事务名称和隔离级别两种参数,关于隔离级别,请参看有关 SQL Server 的书籍。

注意 BeginTransaction 是 SqlConnection 类的方法,而 Commit 和 Rollback 是 SqlTransaction 类的方法。

6.2.2　SqlCommand 类

SqlCommand 类是执行 SQL 命令的组件,该命令可以是 Transact-SQL 语句或存储过程。

1. SqlCommand 类的构造函数

SqlCommand 的构造函数可以有命令文本、连接名称、事务名称等三个参数,共有四个重载版本。

SqlCommand():初始化 SqlCommand 类的新实例。

SqlCommand(string):用命令文本初始化 SqlCommand 类的新实例。

SqlCommand(string,SqlConnection):初始化具有命令文本和 SqlConnection 的 SqlCommand 类的新实例。

SqlCommand(string,SqlConnection,SqlTransaction):使用命令文本、一个 SqlConnection 以及 SqlTransaction 来初始化 SqlCommand 类的新实例。

【例 6-3】初始化具有命令文本和 SqlConnection 的 SqlCommand 类的新实例。

//假设 connection 是 SqlConnection 类的一个实例,如前例。本节各例同。

SqlCommand　command＝new　SqlCommand("select　*　from　student",connection);

2. SqlCommand **类的主要属性**

(1)CommandText 属性

CommandText 属性包含 SqlCommand 实例要对数据库执行的 Transact-SQL 语句或存储过程。

(2)Connection 属性

Connection 属性包含 SqlCommand 实例使用的 SqlConnection。

【例 6-4】初始化 SqlCommand 类的新实例,并设置 CommandText 和 Connection 属性。

SqlCommand   command=new   SqlCommand();

command. CommandText="select   *   from   student";

command. Connection=connection;

(3)CommandType 属性

CommandType 属性说明此 SqlCommand 实例的 CommandText 是何种类型。它的取值是 CommandType 枚举类型,CommandType. Text 表示 CommandText 包含 Transact-SQL 语句,CommandType. StoredProcedure 表示 CommandText 包含存储过程名称。

CommandType 属性的默认值是 CommandType. Text。

(4)Parameters 属性

SqlParameterCollection 对象,表示 CommandText 中使用的参数集合。CommandText 中允许使用参数,参数名称前加"@"符号。

SqlParameter 类的主要属性:

ParameterName:参数名称。以"@参数名"的格式指定。

SqlDbType:参数在 Transact-SQL 中的数据类型。默认 NVarChar。

Size:列中数据的最大大小(以字节为单位)。默认值是从参数类型得出的。

Direction:该值指示参数是只可输入、只可输出、双向还是存储过程返回值参数。取值为 ParameterDirction 枚举类型,有四种枚举值:Input,Output,InputOutput 和 ReturnValue。

IsNullable:指示该参数是否接受空值,true 为可以为空值。

Value:Object 类型,表示参数的值。默认为空。

Precision:获取或设置用来表示 Value 属性的最大位数,默认为 0。它指示数据提供程序设置 Value 的精度。

Scale:获取或设置 Value 的小数位数。

SourceColumn:获取或设置源列的名称,string 类型。该源列映射到 DataSet 并用于加载或返回 Value。

SourceVersion:获取或设置在加载 Value 时要使用的 DataRowVersion。DataRowVersion 枚举类型可以取 Original,Current 等,分别表示修改前的原始值、当前值。

【例 6-5】初始化 SqlCommand 类的新实例,并使用带参数的 CommandText。

SqlCommand   command=new   SqlCommand("select   *   from   student where ID>@ID",connection);

SqlParameter   parameterPubId = command. Parameters. Add("@ID",SqlDbType.

NVarChar,10);

  parameterPubId. Value＝"1000";

  在调用存储过程的场合,经常用到 SqlCommand 的 Parameters 属性。

  【例 6-6】初始化 SqlCommand 类的新实例,将调用名为"login"的存储过程。该存储过程要求两个输入参数,分别为@class 和@number。

  SqlCommand command＝new SqlCommand("login");

  command. CommandType＝CommandType. StoredProcedure;

  SqlParameter parameterClass＝command. Parameters. Add("@class",SqlDbType. Char,4);

  parameterClass. Direction＝ParameterDirection. Input;

  parameterClass. Value＝"0308";

  SqlParameter parameterNumber＝command. Parameters. Add("@number",SqlDb-Type. Char,2);

  parameterNumber. Direction＝ParameterDirection. Input;

  parameterNumber. Value＝"12";

  3. SqlCommand **类的主要方法**

  (1)ExecuteReader 方法

  将 CommandText 发送到 Connection 交 SQL Server 执行,并生成一个 SqlDataReader 实例返回,通过此 SqlDataReader 可以访问执行结果。一般在执行查询命令时使用该方法。

  (2)ExecuteNon Query 方法

  对连接执行 Transact-SQL 语句仅返回受影响的行数。一般在执行插入、更新语句,或不返回结果集的存储过程时,使用该方法。

  【例 6-7】用 SqlCommand 的 ExecuteNonQuery()方法执行一个插入语句。

  SqlCommand command＝ new SqlCommand("insert into student (id,name,age)values('10','张三',20)",conn);

  conn. Open();

  command. ExecuteNonQuery();

  conn. Close();

  (3)ExecuteScalar 方法

  返回查询所返回的结果集中第一行的第一列,忽略其他列或行。一般在执行统计查询时,使用该方法。

  【例 6-8】用 SqlCommand 的 ExecuteScalar()方法执行一个统计语句。

  SqlCommand command＝new Sql Command("select count(＊) from student",conn);

  conn. Open();

  textBoxStudentCount. Text＝command. ExecuteScalar(). ToString();

  conn. Close();

  (4)ExecuteXmlReader 方法

  将 CommandText 发送到 Connection 并生成一个 XmlReader 对象。

【例 6-9】用 SqlCommand 的 ExecuteScalar() 方法执行一个统计语句。

```
SqlCommand    command＝new    SqlCommand("select    * from    student",conn);
conn. Open();
System. Xml. XmlReader    xmlReader＝command. ExecuteXmlReader();
conn. Close();
```

6.2.3 SqlDataReader 类

SqlDataReader 类提供一种从 SQLServer 数据库读取行的只进流的方式,是一种高效率访问组件。

1. SqlDataReader 类的实例化

若要创建 SqlDataReader,必须调用 SqlCommand 对象的 ExecuteReader 方法,而不要直接使用构造函数。

2. SqlDataReader 类的主要属性

(1)FieldCount 属性

获取当前行中的列数。

(2)Item 属性

实际上 Item 是一个索引器。索引器提供了一种像访问数组一样访问类或结构的方法。Item 索引器有两种重载形式,一种按列序号索引,另一种按列名索引。

3. SqlDataReader 类的主要方法

(1)Read 方法

该方法使 SqlDataReader 实例前进到下一条记录,即下一行。若存在多个行,则返回 true,否则返回 false。注意 SqlDataReader 的默认位置在第一条记录前面,因此,必须调用 Read 方法来开始访问任何数据。

(2)Close 方法

SqlDataReader 是有连接访问的组件,Close 方法可以关闭连接。

6.2.4 使用 SqlDataReader 的数据库应用程序小案例

【例 6-10】使用 SqlDataReader 进行数据读取并显示的小案例。

程序要求:创建一个名为 DemoSqlDataReader 的 Windows 应用程序项目,界面上有一个按钮和一个标签。单击按钮时,将默认安装的本地 SQL Server Express 2005 中,example 数据库中 student 数据表的当前行 Name 列的数据以字符串形式显示在标签中。

以下代码运行的条件:数据库文件为 example. mdf,需要从本教材的支持网站上下载 example. mdf 文件到项目的生成目录(如:DemoSqlDataReader\bin\Debug),直接下载本案例也将包含 example. mdf 数据库文件。

```
using System;
using System. Collections. Generic;
using System. ComponentModel;
```

```csharp
using System. Data;
using System. Drawing;
using System. Text;
using System. Windows. Forms;
using System. Data. SqlClient;
namespace DemoSqlDataReader
{
    public partial class Form1: Form
    {
        private SqlConnection conn;
        private SqlCommand command;
        private SqlDataReader reader;

        public Form1()
        {
            InitializeComponent();

            conn = new SqlConnection(@"server=. \SQLEXPRESS;AttachDbFilename
                    =|DataDirectory|example. mdf;Integrated Security=sspi;");
            command = new SqlCommand("select * from student", conn);
        }

        private void buttonOpen_Click(object sender, EventArgs e)
        {
            conn. Open();
            reader = command. ExecuteReader();
            buttonRead. Enabled = true;
            buttonOpen. Enabled = false;
            buttonClose. Enabled = true;
        }

        private void buttonClose_Click(object sender, EventArgs e)
        {
            reader. Close();
            conn. Close();
            buttonRead. Enabled = false;
            buttonOpen. Enabled = true;
            buttonClose. Enabled = false;
        }
```

```
private void buttonRead_Click(object sender, EventArgs e)
{
    if(reader. Read())
    {
        labelIdValue. Text = reader["ID"]. ToString();
        labelNameValue. Text = reader["Name"]. ToString();
        labelAgeValue. Text = reader["Age"]. ToString();

        System. Data. SqlTypes. SqlBytesbytes = reader. GetSqlBytes(3);
        pictureBoxPhoto. Image = new Bitmap(bytes. Stream);
    }
    else
    {
        buttonRead. Enabled = false;
        MessageBox. Show(this, "已经到达数据表末尾!", "提示",
            MessageBoxButtons. OK, MessageBoxIcon. Information);
    }
}
```

运行后单击"打开连接"按钮,再单击"读取"按钮,运行界面如图 6-3 所示。

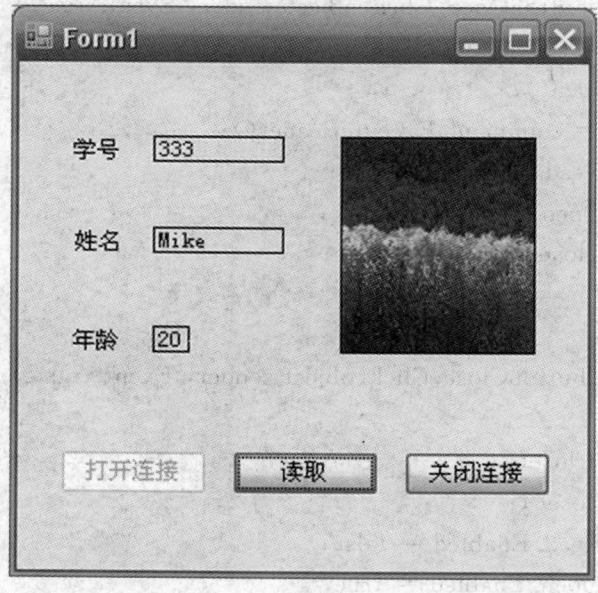

图 6-3   使用 SqlDataReader 的数据库应用程序的运行界面

6.3 使用 DataSet 的数据库应用程序

如前所述,需要更强大功能的数据库应用程序,应该使用 DataSet 组件。

如图 6-2 所示,使用 DataSet 的数据库应用程序也需要 Connection 组件建立到数据源的连接,然后执行 Command 组件的 SQL 命令,返回结果集到 DataSet 组件中,供程序使用。由于 DataSet 和 DataReader 使用相同的 Connection 组件和 Command 组件,故不再赘述。

本节仍以 SQLServer 数据提供者为例。

实际上,在 Visual Studio . NET 2005 中,使用 DataReader 的数据库应用程序是用编写代码的方式实现的,是 ADO. NET 的基本使用方法。而 ADO. NET 是进行了无连接设计的,通过 DataSet 组件提供了更多的数据操作功能,这些功能可以通过编写代码的方式实现,但是对于一些通用的数据库应用程序,若通过设计器界面实现,会更加快速高效。这些设计器包括数据源面板和数据集设计器及若干向导对话框等多个工具窗口。

在 Visual Studio . NET 2005 设计器界面中,将数据提供者隐藏了起来,程序员完全可以仅通过可视化设计器界面,不需要对 SqlConnection,SqlCommand,SqlDataAdapter 等组件进行直接编程,就可以创建以 DataSet 为中心的、功能强大的通用数据库应用程序。

6.3.1 以 DataSet 为核心的基本组件

使用设计器界面进行数据库应用程序设计的流程如图 6-4 所示。

程序员进行添加数据源操作,注意,此处所指的数据源应理解为以 DateSet 对象的形式,提供给项目使用的结构化数据,而非远程数据源。

系统提供"数据源配置向导",引导程序员通过 TableAdapter 生成数据集 DataSet,以备将数据存储在本地,提供给项目进行无连接的数据访问。

在窗体上使用 DataGridView 等系列组件呈现数据,供用户查询和更新。

程序员可以通过 TableAdapter 直接访问远程数据表。

我们将按照此图,从各组件开始,介绍用设计器界面进行数据库应用程序设计的方法。需要注意的是,在 ADO. NET 基本组件的基础上,. NET 提供了其他一些组件来使程序员快速建立通用的数据库应用程序,但这和前述 ADO. NET 的运行机制是不矛盾的。

使用设计器界面进行数据库应用程序开发,一般情况下,不需要了解太多组件的基本情况。但一些细节的控制,例如,在用户删除数据行时弹出确认框等,可能需要用编写程序代码的方法进行数据库应用程序开发。本书给出了基本组件的常用属性、方法和事件,初学者可以只看每个组件的基本介绍,而跳过其属性、方法和事件等,直接学习"使用设计器界面的小案例"。

1. SqlDataAdapter

SqlDataAdapter 类封装了 DataSet 到远程数据源的访问组件,包含一组 SqlCommand 对象和一个 SqlConnection 对象,它提供用于填充 DataSet 和更新 SQLServer 数据库的方法。它是 ADO. NET 中数据提供者的一个核心组件。

(1)构造函数

SqlDataAdapter()：初始化 SqlDataAdapter 类的新实例。

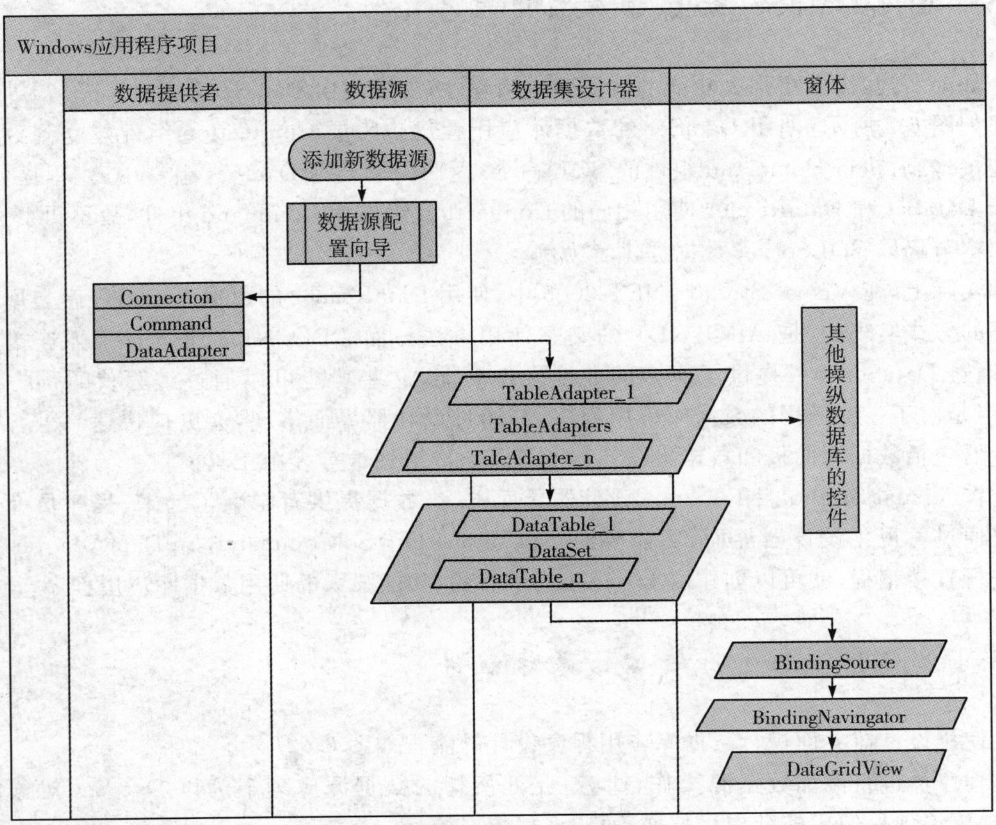

图 6-4　使用设计器界面进行数据库应用程序设计的流程

SqlDataAdapter(SqlCommand)：初始化 SqlDataAdapter 类的新实例，用指定的 Sql-Command 为 SelectCommand 属性赋值。

SqlDataAdapter(string,SqlConnection)：使用 SelectCommand 和 SqlConnection 对象初始化 SqlDataAdapter 类的新实例。

SqlDataAdapter(string,string)：用 SelectCommand 和一个连接字符串初始化 SqlDataAdapter 类的新实例。

（2）主要属性

SelectCommand：SqlCommand 对象，一般包含 SQL 查询语句，需要程序员设置。从图 6-2 可以看出，SqlDataAdapter 要通过 SqlCommand 操纵数据。SqlDataAdapter 可以管理四个 SqlCommand，其中 SelectCommand 是获取数据集架构和数据的基础。它是 SqlDataAdapter 的必备属性。

InsertCommand：SqlCommand 对象，一般包含 SQL 插入语句，系统可以通过 SelectCommand 自动生成，但一般要求 SelectCommand 所指向的数据表有主键约束。

UpdateCommand：SqlCommand 对象，一般包含 SQL 更新语句，若 SelectCommand 所指向的数据表有主键约束，系统可以通过 SelectCommand 自动生成 UpdateCommand。

DeleteCommand：SqlCommand 对象，一般包含 SQL 删除语句，若 SelectCommand 所指

向的数据表有主键约束,系统可以通过 SelectCommand 自动生成 DeleteCommand。

除了 SelectCommand 是 SqlDataAdapter 实例的必需属性,InsertCommand,Update-Command 和 DeleteCommand 属性可以由系统根据 SelectCommand 自动生成,这需要定义一个 SqlCommandBuilder 类的实例与该 SqlDataAdapter 类的实例关联。

(3)主要方法

Fill 方法:用 SelectCommand 的返回结果填充 DataSet 或 DataTable。返回值为填充的行数。常用的三个重载版本如下:

Fill(DataSet):填充数据集。

Fill(DataTable):填充数据表。

Fill(DataSet,string):填充数据集中指定名称的数据表。

Update 方法:根据 DataSet 或 DataTable 中数据更新的情况,恰当地调用 InsertCommand,UpdateCommand,DeleteCommand,将本地缓冲数据保存到数据库。注意,若没有自动生成 InsertCommand,UpdateCommand,DeleteCommand,需要程序员为这些 SqlCommand 对象赋值,否则不能使用 Update 方法。该方法返回值为更新的行数,其常用的重载版本形式与 Fill 方法相似。

【例 6-11】初始化 SqlDataAdapter 类的一个实例 sda。通过一个 SqlCommandBuilder 类的实例 scb,在调用 sda 的 Update 方法时,自动生成所需的 SqlCommand 对象。

SqlDataAdapter sda＝new SqlDataAdapter("select ＊ from testQuestions",conn);

SqlCommandBuilder scb＝new SqlCommandBuilder(sda);

sda. Update( );

2. TableAdapter

TableAdapter 类不是. NETFramework 的一部分,它是在设计时由设计器界面创建的。TableAdapter 是快速开发数据库应用程序的加强组件,可以将 TableAdapter 视为具有内置连接对象并能够包含多个查询的 DataAdapter。对于使用设计器界面进行数据库设计的程序员,不必直接使用 DataAdapter。反之,只通过编写程序代码访问数据库的应用中,应该使用 DataAdapter。

(1)创建 TableAdapter 类和实例化

每个 TableAdapter 类是针对一个特定数据表的,即 TableAdapter 是强类型化的。假设项目的命名空间是"DemoTableAdapterDbApplication",数据库是"example",数据表是"student",则创建包含这个数据表的数据集,就会再创建一个"DemoTableAdapterDbApplication. exampleDataSetTableAdapters"子命名空间,其中定义了"studentTableAdapter"类。若进一步通过设计器在窗体中使用数据源,就会初始化一个"studentTableAdapter"类的实例,也命名为"studentTableAdapter"。

可以在使用数据源配置向导创建新数据集期间创建 TableAdapter 类,也可以通过"数据集设计器"在现有数据集中创建 TableAdapter 类,还可以通过将数据库对象从"服务器资源管理器"拖动到"数据集设计器"上来创建 TableAdapter 类。而建立 TableAdapter 类后,将数据源结点拖动到窗体,就会创建相关的一组实例。详细操作步骤见后续章节。

TableAdapter 支持任意多个查询语句,且每个添加到 TableAdapter 的查询都公开为公共方法,可以通过 TableAdapter 实例进行调用。可以认为,它对 DataAdapter 的功能进行了包装和改进。

（2）主要属性

Connection：SqlConnection 对象，从图 6-2 可以看出，SqlCommand 要通过 SqlConnection 才能向远程数据源提交命令，TableAdapter 提供的多个查询也依赖于此。

ClearBeforeFill：是否在执行填充数据的查询前清除原有数据。默认为 ture。如果要将查询返回的数据添加或合并到数据表的现有数据中，应将此属性设置为 false。

（3）主要方法

Fill 方法：用 TableAdapter 的第一个查询命令的结果填充 TableAdapter 的关联数据表。返回值为填充的行数。调用形式为：Fill(DataTable)。

GetData 方法：返回值为一个用数据填充了的新 DataTable。该方法无参数。

Update 方法：将更改发送回数据库。返回值为更新的行数。为适应不同场合提供的参数不同，该方法有多种重载版本，其中包括 Update(DataTable)。

Insert：在数据表中创建新行。返回值为插入的行数。参数表为各数据列的值，没有"不允许空"约束的列，可以以"null"为参数。

Delete：删除数据行。

其中 Update，Insert，Delete 方法不是 TableAdapter 必有的方法，对于有些数据表，无法自动生成这些方法，见 6.3.2 中"通过 TableAdapter 直接操作数据表"部分的说明。

3. DataSet

DataSet 是从数据源中检索到的数据在内存中的缓存。它是 ADO. NET 结构的主要组件，是支持 ADO. NET 的断开式、分布式数据方案的核心对象。无论数据源是什么，它都会提供一致的关系编程模型。DataSet 和 DataTable 对象是仅有的可以远程处理的 ADO. NET 对象。DataSet 可将数据和架构作为 XML 文档进行读写。

DataSet 就像一个内存中的关系数据库。DataSet 由一组 DataTable 对象组成，各个 DataTable 可以通过 DataRelation 对象互相关联。通过 UniqueConstraint 和 ForeignKey-Constraint 对象还可以在 DataSet 中实施数据完整性。图 6-5 显示了 DataSet 对象模型。

（1）常用构造函数

DataSet()：初始化 DataSet 类的新实例。

DataSet(string)：初始化 DataSet 类的新实例，并给 DataSetName 属性赋值。

（2）主要属性

Tables：获取包含在 DataSet 中 DataTable 的集合。

Relations：获取用于将表链接起来并允许从父表浏览到子表的关系的集合，即 DataRelation 集合。

ExtendedProperties：获取与 DataSet 相关的自定义用户信息的集合。

（3）主要方法

Clear 方法：通过移除所有表中的所有行来清除任何数据的 DataSet。

Clone 方法：返回新 DataSet，其架构与当前 DataSet 的架构相同，但是不包含任何数据。

Copy 方法：返回新的 DataSet，具有与该 DataSet 相同的结构（表架构、关系和约束）和数据。

Merge 方法：将指定的 DataSet、DataTable 或 DataRow 对象的数组合并到当前的 Data-

Set 或 DataTable 中。

GetChanges 方法:返回获取 DataSet 的副本,该副本包含自加载以来或自上次调用 AcceptChanges 以来对该数据集进行的所有更改。

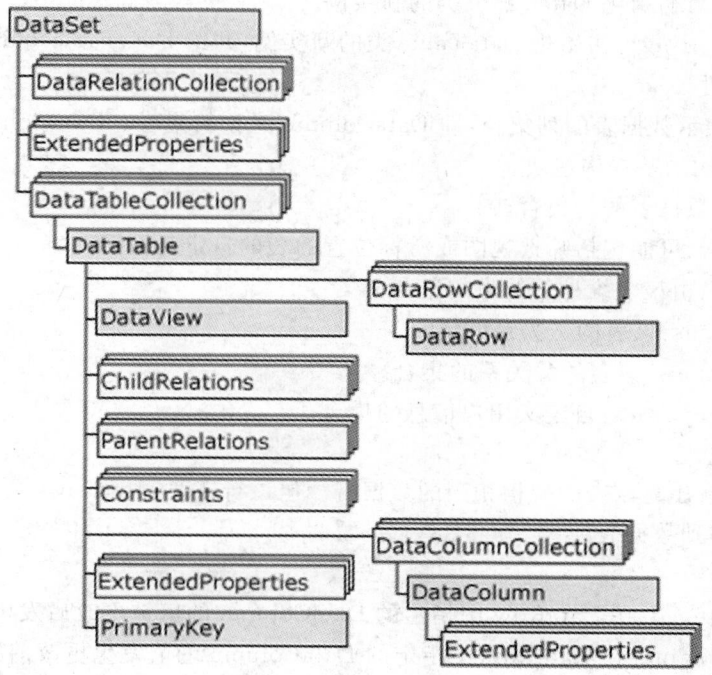

图 6-5 DataSet 的对象模型

AcceptChanges 方法:提交自加载此 DataSet 或上次调用 AcceptChanges 以来对其进行的所有更改。

RejectChanges 方法:回滚自创建 DataSet 以来或上次调用 DataSet. AcceptChanges 以来对其进行的所有更改。

GetXml 方法:返回存储在 DataSet 中的数据的 XML 表示形式。

GetXmlSchema 方法:返回存储在 DataSet 中的数据的 XML 表示形式的 XML 架构。

ReadXml 方法:将 XML 架构和数据读入 DataSet。

ReadXmlSchema 方法:将 XML 架构读入 DataSet。

WriteXml 方法:从 DataSet 写 XML 数据。

WriteXmlSchema 方法:写 XML 架构形式的 DataSet 结构。

4. DataTable

DataTable 对象是内存中的一个数据表。它可以包含在 DataSet 对象中,也可以独立存在。DataTable 中,用数据行 DataRow 对象的集合包含数据,用 DataColumn 对象集合包含数据表架构,用 DataView 对象维护数据表视图,并且还有其他对象用于维护表之间的主从关系、数据约束和用户自定义属性。

有一个细节是,当通过 DataSet 对象 Tables 属性访问 DataTable 对象时,请注意它们是按条件区分大小写的。例如,如果一个 DataTable 被命名为"mydatatable",另一个被命名为

"Mydatatable",则用于搜索其中一个表的字符串被认为是区分大小写的。但是,如果"my-datatable"存在而"Mydatatable"不存在,则认为该搜索字符串不区分大小写。

(1)常用构造函数

DataTable():初始化 DataTable 类的新实例。

DataTable(string):初始化 DataTable 类的新实例,并给 DataTableName 属性赋值。

(2)主要属性

Columns:表示数据表的列集合,即 DataColumn 对象的集合。DataColumn 是用于创建 DataTable 的架构的基本构造块。

Rows:表示数据表的行集合。

DefaultView:可能包括筛选视图或游标位置的表的自定义视图。

Constraints:由该表维护的约束的集合。

ChildRelations:该表的子关系的集合。

ParentRelations:该表的父关系的集合。

ExtendedProperties:自定义用户信息的集合。

(3)主要方法

NewRow:新建与该表的架构相同的数据行。但该行还要调用 Rows 集合的 Add 方法,才能将该行添加到数据表。

(4)主要事件

ColumnChanged:在 DataRow 中指定的 DataColumn 的值被更改后发生。

ColumnChanging:在 DataRow 中指定的 DataColumn 的值发生更改前发生。

RowChanged:在成功更改 DataRow 之后发生。

RowChanging:在 DataRow 正在更改时发生。

RowDeleted:在表中的行已被删除后发生。

RowDeleting:在表中的行要被删除之前发生。

TableCleared:清除 DataTable 后发生。

TableClearing:清除 DataTable 前发生。

TableNewRow:插入新 DataRow 时发生。

5. DataColumn

(1)构造函数

DataColumn():初始化 DataColumn 类的新实例。

DataColumn(string):使用指定的列名称初始化 DataColumn 类的新实例。

DataColumn(string,Type):使用指定列名称和数据类型初始化 DataColumn 类的新实例。

DataColumn(string,Type,string):使用指定的列名称、数据类型和表达式初始化 DataColumn 类的新实例。

DataColumn(string,Type,string,MappingType):使用指定名称、数据类型、表达式和到 XML 的映射类型等参数,初始化 DataColumn 类的新实例。

(2)主要属性

AllowDBNull:此列中是否允许空值。

AutoIncrement：指示对于添加到该表中的新行，列是否将列的值自动递增。

AutoIncrementSeed：其 AutoIncrement 属性设置为 true 的列的起始值。

AutoIncrementStep：其 AutoIncrement 属性设置为 true 的列使用的增量。

Unique：该值指示列的每一行中的值是否必须是惟一的。

Caption：列的标题。

ColumnMapping：列的 MappingType，指输出为 XML 的映射方法。

ColumnName：列的名称。

DataType：存储在列中的数据的类型。

DateTimeMode：列的 DateTimeMode。

DefaultValue：在创建新行时列的默认值。

Expression：列的表达式，用于筛选行、计算列中的值或创建聚合列。

ExtendedProperties：与 DataColumn 相关的自定义用户信息的集合。

6. DataRow

（1）构造函数

DataRow()：初始化 DataRow 实例。

实用中，常调用 DataTable 的 NewRow()方法，以返回一个符合 DataTable 架构的新行。

（2）主要属性

Item：一行数据中各列数据的索引器。可以按 DataColumn 对象名，按列名，按列顺序号等进行索引。

7. BindingSource

BindingSource 对象封装窗体的数据源，是内存中的数据源与窗体之间的连接器，是窗体上各种数据控件与内存中的数据源之间的统一接口组件。内存中的数据源可以是数据库，也可以是 Web 服务或者任何一个对象，它们构成 BindingSource 组件的基础列表。

（1）常用构造函数

BindingSource()：将 BindingSource 类的新实例初始化为默认属性值。

BindingSource(IContainer)：初始化 BindingSource 类的新实例，并将其添加到指定的容器。

BindingSource(object,string)：用指定的数据源和数据成员初始化 BindingSource 类的新实例。

（2）主要属性

AllowEdit：只读，该值指示是否可以编辑基础列表的数据项。

AllowNew：该值指示是否可以使用 AddNew 方法向列表中添加项。

AllowRemove：只读，它指示是否可从列表中移除项。

Count：只读，列表中的总项数。

Current：只读，表中的当前项。

DataMember：连接器当前绑定到的数据源中的特定列表。

DataSource：连接器绑定到的数据源。

Filter：用于筛选查看哪些行的表达式。

IsFixedSize：只读，该值指示基础列表是否具有固定大小。

IsReadOnly：只读，该值指示基础列表是否为只读。

IsSorted：只读，该值指示是否可以对基础列表中的项排序。

Item：索引器，指定索引处的列表元素。

List：只读，连接器绑定到的列表。

Position：基础列表中当前项的索引。

RaiseListChangedEvents：该值指示是否应引发 ListChanged 事件。

Sort：用于排序的列名称以及用于查看数据源中的行的排序顺序。

SortDescriptions：只读，应用于数据源的排序说明的集合。

SortDirection：只读，列表中项的排序方向。

（3）主要方法

Add：将现有项添加到内部列表中。

AddNew：向基础列表添加新项。

ApplySort：已重载。使用指定的排序说明对数据源进行排序。

CancelEdit：取消当前编辑操作。

Clear：从列表中移除所有元素。

Contains：确定某个对象是否为列表中的项。

CopyTo：将 List 中的内容复制到指定数组，从指定索引值处开始。

EndEdit：将挂起的更改应用于基础数据源。

Find：已重载。在数据源中查找指定的项。

GetListName：获取为绑定提供数据的列表的名称。

IndexOf：搜索指定的对象，并返回整个列表中第一个匹配项的索引。

Insert：将一项插入列表中指定的索引处。

MoveFirst：移至列表中的第一项。

MoveLast：移至列表中的最后一项。

MoveNext：移至列表中的下一项。

MovePrevious：移至列表中的上一项。

Remove：从列表中移除指定的项。

RemoveAt：移除此列表中指定索引处的项。

RemoveCurrent：从列表中移除当前项。

RemoveFilter：移除与 BindingSource 关联的筛选器。

RemoveSort：移除与 BindingSource 关联的排序。

ResetAllowNew：重新初始化 AllowNew 属性。

ResetBindings：使绑定到 BindingSource 的控件重新读取列表中的所有项，并刷新这些项的显示值。

ResetCurrentItem：使绑定到 BindingSource 的控件重新读取当前选定的项，并刷新其显示值。

ResetItem：使绑定到 BindingSource 的控件重新读取指定索引处的项，并刷新其显示值。

ResumeBinding:继续数据绑定。

SuspendBinding:挂起数据绑定,以阻止使用所做的更改对绑定数据源进行更新。

(4)主要事件

AddingNew:在将项添加到基础列表之前发生。

BindingComplete:当所有客户端都已绑定到此 BindingSource 时发生。

CurrentChanged:在当前绑定项更改时发生。

CurrentItemChanged:在 Current 属性的属性值更改后发生。

DataMemberChanged:在 DataMember 属性值更改后发生。

DataSourceChanged:在 DataSource 属性值更改后发生。

ListChanged:当基础列表更改或列表中的项更改时发生。

PositionChanged:在 Position 属性的值更改后发生。

8. BindingNavigator

BindingNavigator 控件为窗体上绑定到数据的控件提供导航和操作的用户界面。它实际上是一个工具栏组件 ToolStrip 的派生类,因此具备 ToolStrip 类的保护属性和方法,继承了 ToolStrip 极高的可配置性和可扩展性,其中有大量的属性、方法和事件,可以用来对该控件的外观和行为进行自定义,在此不再详述。标准的 BindingNavigator 控件如图 6-6 所示。

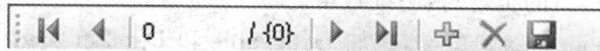

图 6-6 标准的 BindingNavigator 控件界面

(1)构造函数

BindingNavigator():初始化 BindingNavigator 类的新实例。

BindingNavigator(BindingSource):用指定的 BindingSource 作为数据源来初始化 BindingNavigator 类的新实例。

BindingNavigator(boolean):初始化 BindingNavigator 类的新实例,指示是否显示标准的导航用户界面(UI)。

BindingNavigator(IContainer):初始化 BindingNavigator 类的新实例,并将此新实例添加到指定容器。

(2)主要属性

AddNewItem:获取或设置表示"新添"按钮的 ToolStripItem。

BindingSource:获取或设置 System. Windows. Forms. BindingSource 组件,它是数据的来源。

CountItem:获取或设置 ToolStripItem,它显示关联的 BindingSource 中的总项数。

CountItemFormat:获取或设置用于设置在 CountItem 控件中显示的信息的格式的字符串。

DeleteItem:获取或设置与"删除"功能关联的 ToolStripItem。

MoveFirstItem:获取或设置与"移到第一条记录"功能关联的 ToolStripItem。

MoveLastItem:获取或设置与"移到最后"功能关联的 ToolStripItem。

MoveNextItem:获取或设置与"移到下一条记录"功能关联的 ToolStripItem。

MovePreviousItem：获取或设置与"移到上一条记录"功能关联的 ToolStripItem。

PositionItem：获取或设置 ToolStripItem，它显示 BindingSource 中的当前位置。

（3）主要方法

AddStandardItems：将一组标准导航项添加到 BindingNavigator 控件。

BeginInit：在初始化组件的过程中禁用对 BindingNavigator 的 ToolStripItem 控件的更新。

EndInit：在结束对组件的初始化后启用对 BindingNavigator 的 ToolStripItem 控件的更新。

9. DataGridView

Visual Studio . NET 2005 中用 DataGridView 控件替换了 DataGrid 控件，虽然 DataGrid 控件还可以使用，但 DataGridView 提供了更强大的功能，具有极高的可配置性和可扩展性，它提供有大量的属性、方法和事件，可以用来对该控件的外观和行为进行自定义。

DataGridView 控件可以显示和编辑多种不同类型的数据源的表格数据。DataGridView 控件还可以在"取消绑定"模式下使用，无需任何基础数据存储区。

DataGridView 控件支持标准 Windows 窗体数据绑定模型，因此该控件将绑定到以下所述的类的实例：

任何实现 IList 接口的类，包括一维数组。

任何实现 IListSource 接口的类，例如 DataTable 和 DataSet 类。

任何实现 IBindingList 接口的类，例如 BindingList 类。

任何实现 IBindingListView 接口的类，例如 BindingSource 类。

通常绑定到 BindingSource 组件，并将 BindingSource 组件绑定到其他数据源或使用业务对象填充该组件。BindingSource 组件为首选数据源，因为该组件可以绑定到各种数据源，并可以自动解决许多数据绑定问题。

有关使用未绑定的 DataGridView 控件的代码示例，请参见演练：创建未绑定的 Windows 窗体 DataGridView 控件。

（1）构造函数

使用无参数构造函数。

（2）主要属性

ColumnCount：获取或设置 DataGridView 中显示的列数。

Columns：获取一个包含控件中所有列的集合。

CurrentCell：获取或设置当前处于活动状态的单元格。

CurrentCellAddress：获取当前处于活动状态的单元格的行索引和列索引。

CurrentRow：获取包含当前单元格的行。

DataMember：获取或设置数据源中 DataGridView 显示其数据的列表或表的名称。

DataSource：获取或设置 DataGridView 所显示数据的数据源。

IsCurrentCellDirty：获取一个值，该值指示当前单元格是否有未提交的更改。

IsCurrentCellInEditMode：获取一个值，该值指示是否正在编辑当前处于活动状态的单元格。

IsCurrentRowDirty：获取一个值，该值指示当前行是否有未提交的更改。

Item：已重载。获取或设置位于指定行和指定列交叉点处的单元格。

MultiSelect：获取或设置一个值，该值指示是否允许用户一次选择 DataGridView 的多个单元格、行或列。

NewRowIndex：获取新记录所在行的索引。

ReadOnly：获取一个值，该值指示用户是否可以编辑 DataGridView 控件的单元格。

RowCount：获取或设置 DataGridView 中显示的行数。

Rows：获取一个集合，该集合包含 DataGridView 控件中的所有行。

SelectedCells：获取用户选定的单元格的集合。

SelectedColumns：获取用户选定的列的集合。

SelectedRows：获取用户选定的行的集合。

SortedColumn：获取 DataGridView 内容的当前排序所依据的列。

SortOrder：获取一个值，该值指示是按升序或降序对 DataGridView 控件中的项进行排序，还是不排序。

（3）主要方法

AreAllCellsSelected：返回一个值，该值指示当前是否选择了所有的 DataGridView 单元格。

BeginEdit：将当前的单元格置于编辑模式下。

CancelEdit：取消当前选定单元格的编辑模式并丢弃所有更改。

ClearSelection：已重载。取消对当前选定的单元格的选择。

CommitEdit：将当前单元格中的更改提交到数据缓存，但不结束编辑模式。

DisplayedColumnCount：返回向用户显示的列数。

DisplayedRowCount：返回向用户显示的行数。

EndEdit：已重载。提交对当前单元格进行的编辑并结束编辑操作。

GetCellCount：获取满足所提供筛选器的单元格的数目。

HitTest：在给定了 x 坐标和 y 坐标的情况下返回位置信息，例如，行索引和列索引。

NotifyCurrentCellDirty：通知 DataGridView 当前单元格有未提交的更改。

RefreshEdit：当前单元格在处于编辑模式时，用基础单元格的值刷新当前单元格的值，会丢弃以前的任何值。

SelectAll：选择 DataGridView 中的所有单元格。

Sort：已重载。对 DataGridView 控件的内容进行排序。

（4）主要事件

CellBeginEdit：在为选定的单元格启动编辑模式时发生。

CellClick：在单元格的任何部分被单击时发生。

CellContentClick：在单元格中的内容被单击时发生。

CellEndEdit：在当前选定的单元格停止编辑模式时发生。

CellEnter：在 DataGridView 控件中的当前单元格更改或者该控件接收到输入焦点时发生。

CellMouseMove：在鼠标指针移到 DataGridView 控件上时发生。

CellValueChanged：在单元格的值更改时发生。

CurrentCellChanged：当 CurrentCell 属性更改时发生。

NewRowNeeded：当 DataGridView 的 VirtualMode 属性为 true 时，将在用户定位到 DataGridView 底部的新行时发生。

RowsAdded：在向 DataGridView 中添加新行之后发生。

RowsRemoved：在从 DataGridView 中删除一行或多行时发生。

SelectionChanged：在当前选择出现更改时发生。

Sorted：在 DataGridView 控件完成排序操作时发生。

UserAddedRow：在用户完成向 DataGridView 控件中添加行时发生。

UserDeletedRow：在用户完成从 DataGridView 控件中删除行时发生。

UserDeletingRow：在用户从 DataGridView 控件中删除行时发生。

6.3.2 使用设计器设计通用数据库应用程序小案例

不需要编写任何代码，就可以建立一个通用的数据库应用程序，包括设计后台数据库，前端应用包括数据浏览、插入、更新、删除等常见操作，并且可以自由地添加不同查询。使用很少的代码，可以实现对数据表的直接访问等增强的功能。

新建一个 Windows 应用程序项目，名称为 DemoTableAdapterDbApplication。

1. 创建 example 数据库

由于 Visual Studio .NET 2005 提供了对 SQL Server 2005 Express 的支持，并且 SQL Server 2005 集成了 .NET 的 CLR（公共语言运行库），所以在 Visual Studio .NET 2005 的 IDE 中可以直接创建数据库。

下面建立本小案例用到的 example 数据库，在例 6-10 中也曾用到该数据库。该操作要有足够的操作权限。

右击"服务器资源管理器"面板中"数据连接"结点，如图 6-7 所示。

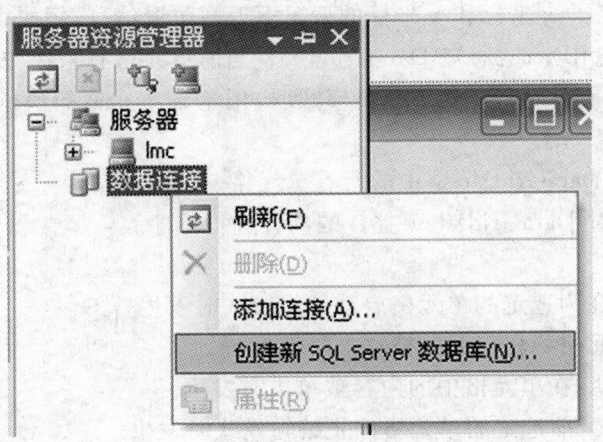

图 6-7 "数据连接"结点的右键菜单

单击"创建新 SQL Server 数据库"菜单项，出现"创建新的 SQL Server 数据库"对话框，如图 6-8 所示。

输入默认的服务器名称".\SqlExpress",输入新数据库名称"example",单击确定按钮。在"服务器管理器"面板中将出现标记为"本机名称\sqlexpress.example.dbo"的一个数据库连接。展开此数据库结点,右击"表"结点,如图 6-9 所示。

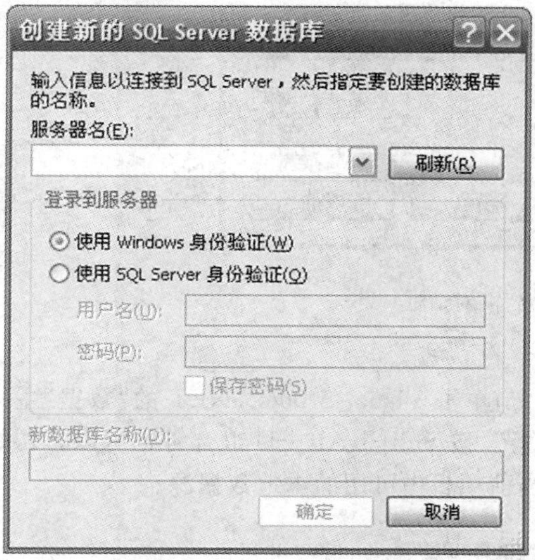

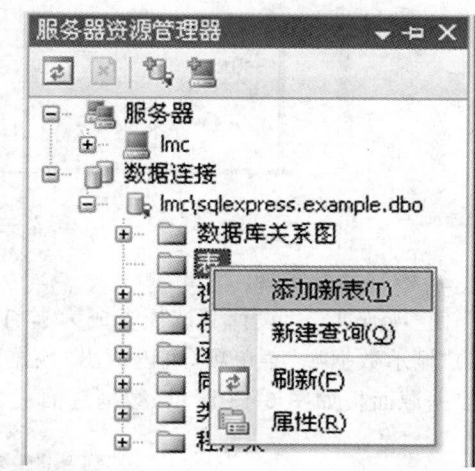

图 6-8 "创建新的 SQL Server 数据库"对话框   图 6-9 "表"结点的右键菜单

单击"添加新表"菜单项,出现"dbo.Table1"设计器选项卡,如图 6-10 所示。

图 6-10 "dbo.Table1"设计器选项卡

构造如图 6-11 所示的数据表。表中包含 ID,Name,Age 列,为了示例 BLOB(二进制大对象)字段的处理,还包含一个 Photo 列。使用工具栏中的 🔑 按钮,可以将选中列设置为主

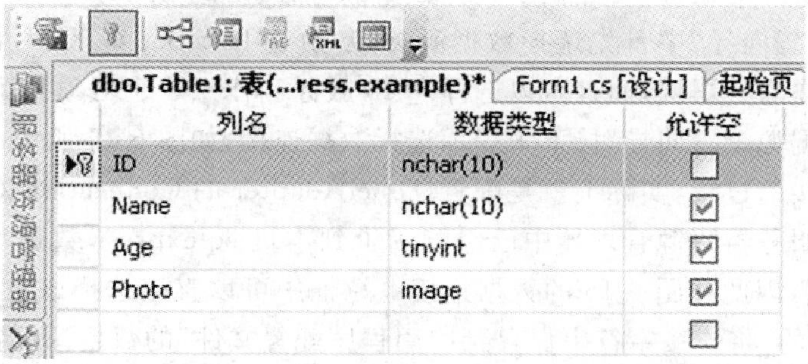

图 6-11 新建数据表的定义

键列。本例的主键列是 ID 列。

单击工具栏中的"保存"按钮,出现"选择名称"对话框,输入表的名称为"student",如图
6-12 所示,单击"确定"按钮。

图 6-12　"选择名称"对话框

2. 添加新数据源

使"Form1.cs[设计]"选项卡成为当前选项卡,单击 Visual Studio .NET 的"数据"主菜
单的"显示数据源"菜单项,可以调出"数据源面板",按 Shift＋Alt＋D 组合键也可以。初始
的数据源面板如图 6-13 所示,数据源面板表示当前项目中可用的本地数据源。

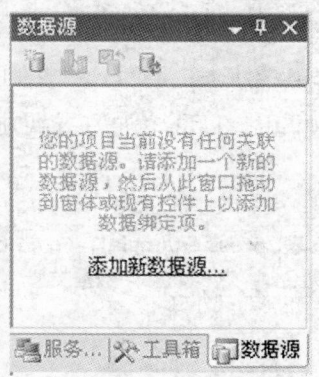

图 6-13　数据源面板

在初始的数据源面板中,单击"添加新数据源"链接或单击 📄 "添加新数据源"按钮,出
现"数据源配置向导"对话框,首先提示选择数据源,如图 6-14 所示。

在"数据源配置向导"中首先选择数据源类型,由于 DataSet 对 XML 的良好支持,不但
可以选择数据库作为数据源,而且可以选择 Web 服务和任意一个对象作为数据源。我们选
择"数据库","数据源配置向导"接下来提示选择数据连接,如图 6-15 所示。

选择数据连接的过程,实际上就是配置 TabelAdapter 的 Connection 对象的连接字符串
的过程。由于在服务器资源管理器中已经配置了到本机 sqlexpress 数据库服务器的 exam-
ple 数据库的连接,因此在图 6-15 的数据连接下拉框中可以直接选择该数据连接,从而直接
看到图 6-23 所示的"将连接字符串保存到应用程序配置文件"的数据源配置向导对话框。

如果没有在服务器资源管理器中事先配置数据连接,也可以在图 6-15 所示的对话框中
新建到已有数据库的连接。下面予以介绍。

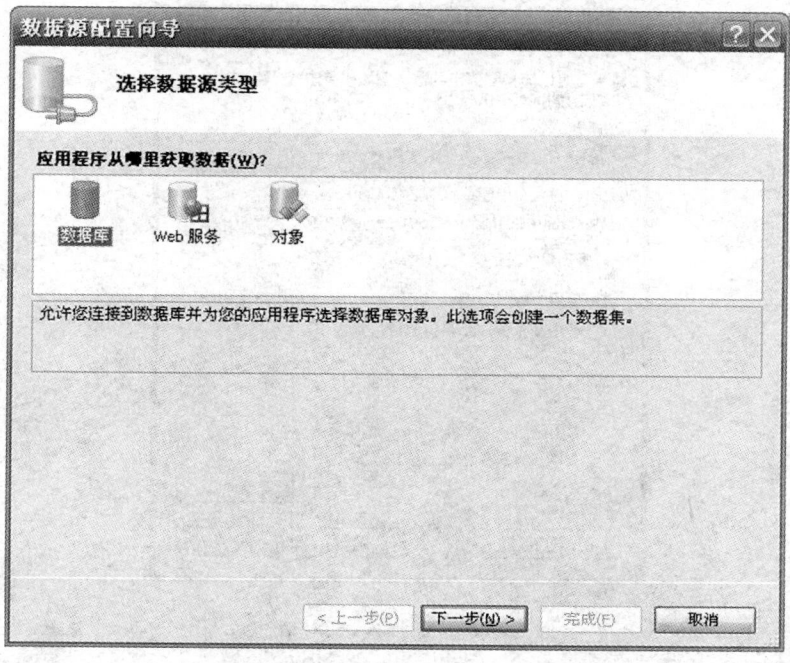

图 6-14   "数据源配置向导"的"选择数据源类型"对话框

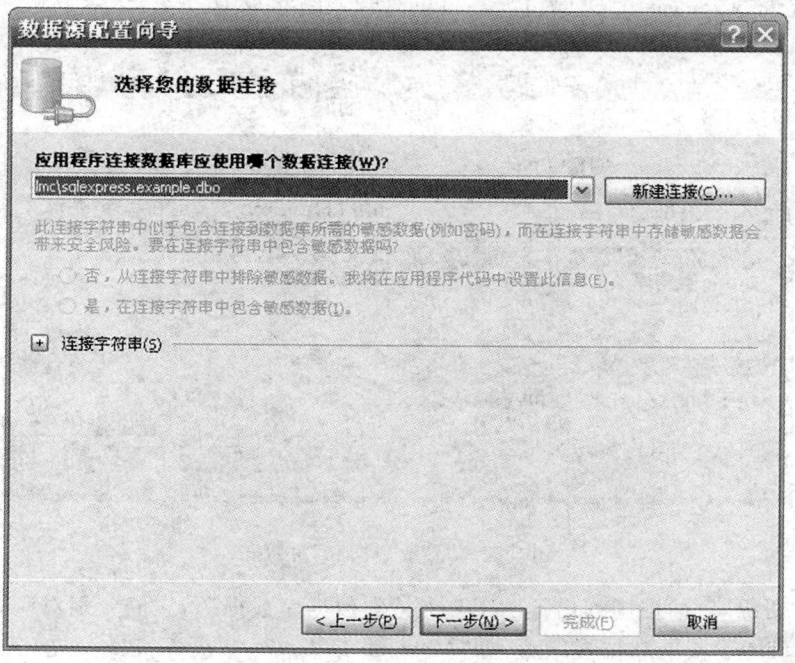

图 6-15   "数据源配置向导"的"选择数据连接"对话框

单击"新建连接"按钮,可以看到如图 6-16 所示的"添加连接"对话框。

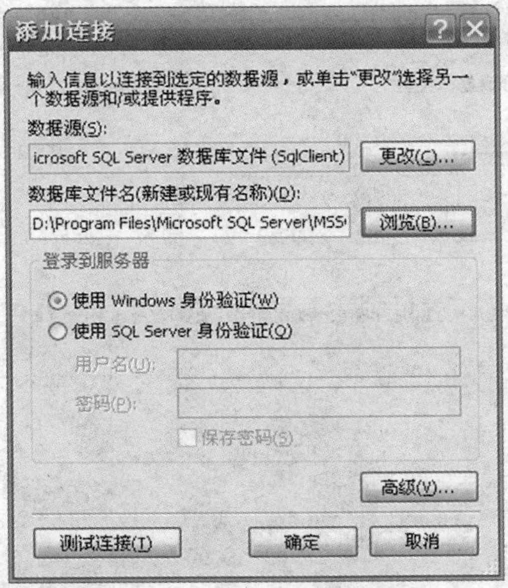

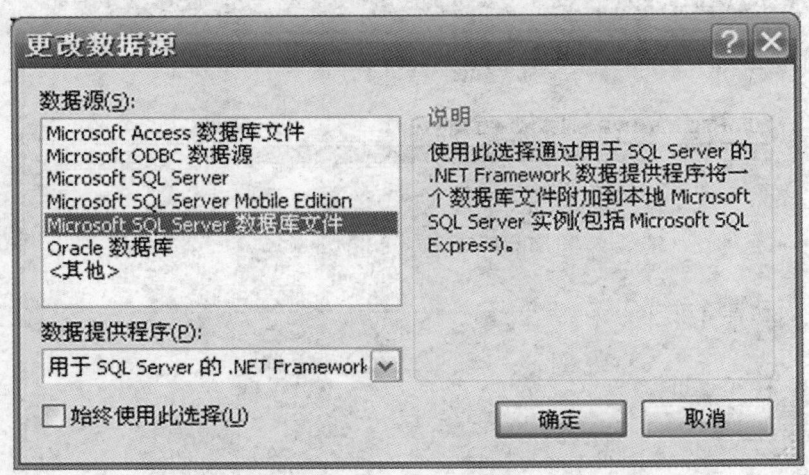

图 6-16 "添加连接"对话框

　　在"添加连接"对话框中,首先要选择数据源的类型,此处的数据源类型指的是 ADO.
NET 的数据提供者类型,而不是图 6-14 所示的数据源类型,它相当于连接字符串中的
"DataSource"关键字。单击"更改"按钮,可以看到如图 6-17 所示的"更改数据源"对话框。

图 6-17 "更改数据源"对话框

　　"更改数据源"对话框中列出了.NET 支持的数据库数据源,它们分别对应如表 6-1 所示
的 ADO.NET 中不同的数据提供者,如"Microsoft Access 数据库文件"对应"OLE DB 数据
提供程序","Microsoft ODBC 数据源"对应"ODBC 数据提供程序"等。

　　在对话框中,可以选择数据源,也可以直接选择数据提供程序。数据源中的"Microsoft
SQL Server"适用于要连接的目标数据库已经属于某个 SQL Server 实例的情况;"Microsoft

SQL Server 数据库文件"适用于要连接的目标数据库文件目前独立于本机 SQL Server 实例、需要附加到本机 SQL Server 实例的情况,对应的连接字符串中使用"AttachDB-FileName"关键字。

选择"Microsoft SQL Server 数据库文件"数据源,可以看到如图 6-18 所示的"选择 SQL Server 数据库文件"对话框。

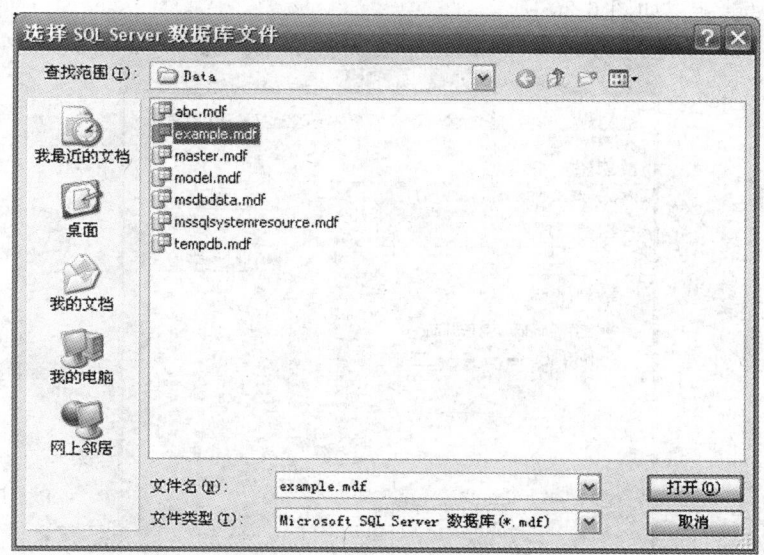

图 6-18 "选择 SQLServer 数据库文件"对话框

在如图 6-18 所示的对话框中,选择一个数据库文件,如"example. mdf",可以返回添加连接对话框,如图 6-19 所示。

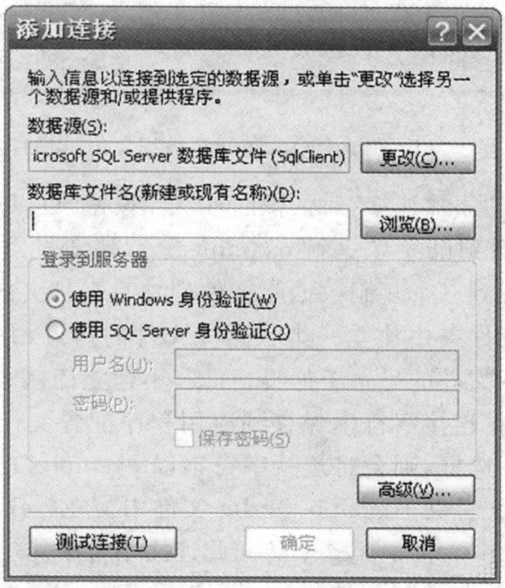

图 6-19 添加了 SQLServer 数据库文件的"添加连接"对话框

在"添加连接"对话框中,要选择身份验证的方式,对于 SQL Server 数据提供程序,有"Windows 身份验证"和"SQL Server 身份验证"两种方式,它相当于连接字符串中的"Integrated Security"或"User","Password"关键字。

在"添加连接"对话框中,如果数据源是"Microsoft SQL Server",而不是"Microsoft SQL Server 数据库文件",则还会出现"连接到一个数据库"的选择,它相当于连接字符串中的"Database"关键字。如图 6-20 所示。

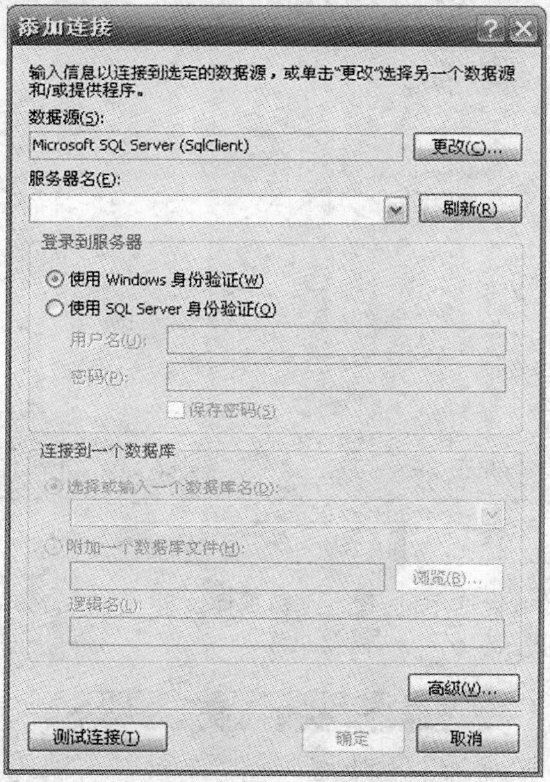

图 6-20   选择了"Microsoft SQL Server"数据源的"添加连接"对话框

配置连接完毕后,单击"添加连接"对话框的"确定"按钮,可以返回"选择数据连接"对话框,如图 6-21 所示。可以看到已经有一个"example.mdf"出现在了下拉框中。

单击"下一步",可以看到一个复制数据库文件到项目文件夹的消息框,如图 6-22 所示。选择"是",则将会在项目文件夹中建立一个数据库文件的拷贝,并且在项目生成时,会在项目生成目录中,建立数据库文件的另一个拷贝;否则,不建立任何数据库拷贝。

接下来,会出现一个"将连接字符串保存到应用程序配置文件"的数据源配置向导对话框,如图 6-23 所示,选中复选框,则会将连接字符串以 exampleConnectionString 的名字,保存到项目文件夹的同名子文件夹中的 app.config 文件中。在程序中可以用 Properties.Settings.Default.exampleConnectionString 来访问此连接字符串。

最后,出现"数据源配置向导"的"选择数据库对象"对话框,如图 6-24 所示。在前面选择了数据源并配置了数据库连接的基础上,连接到远程数据库,返回可用的数据库对象,由

程序员进一步选择数据库中的哪些对象将作为本地数据源使用。若要建立 TableAdapter, 应该选择"表"。我们选择"student"表,并单击"完成"按钮。

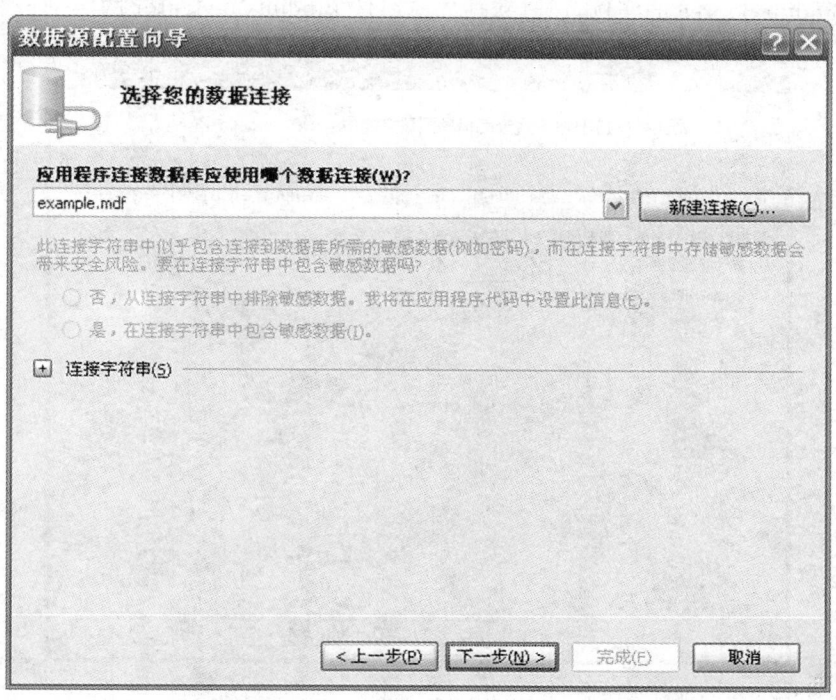

图 6-21   完成了新建连接的"选择数据连接"对话框

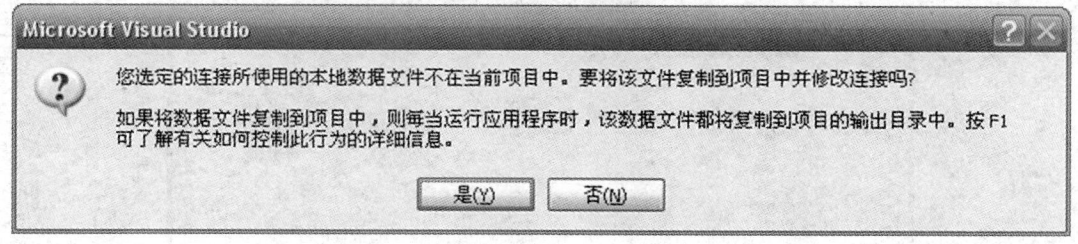

图 6-22   复制数据库文件到项目文件夹的消息框

到此为止,完成了使用设计器界面添加新数据源的工作。可以看到,"解决方案资源管理器"面板中增加了 app. config,example. mdf,exampleDataSet. xsd 等项;"数据源面板"中也出现了"exampleDataSet"结点,并包含了"student"表结点。分别如图 6-25 和 6-26 所示。如果在"选择数据库对象"时选择多个表,各表之间的主从关系也会出现在"数据源面板"的数据源中。

2. 建立数据库窗体

实际上,通过添加数据源,系统产生了对应每个数据表的 TableAdapter 组件类和对应一个数据源的 DataSet 组件类,接下来可以在数据集设计器中配置这些组件。

在"数据源面板"中将数据源结点拖动到窗体上,就可以在窗体上附加这个 DataSet 类的一个实例,以及对应每个数据表的 TableAdapter 类的实例,并建立与数据显示相关的组件实例,包括数据栅格视图组件 DataGridView 的实例,以及从 DataSet 到 DataGridView 的绑定组件 BindingSource 的实例,还有数据导航组件 BindingNavigator 的实例。

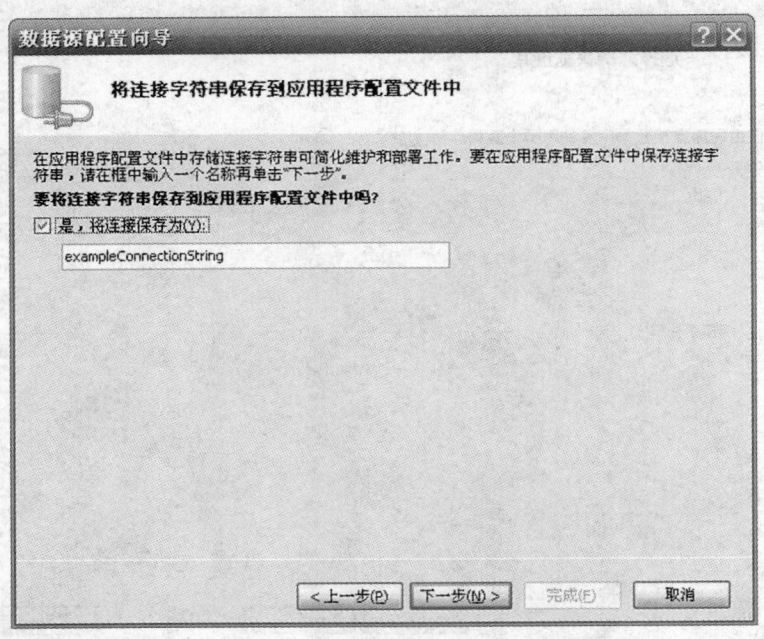

图 6-23　保存连接字符串到项目配置文件的对话框

图 6-24　"数据源配置向导"的"选择数据库对象"对话框

图 6-25 完成了添加数据源的解决方案管理器面板   图 6-26 完成了添加数据源的数据源面板

将"student"数据源结点拖动到窗体上,设计器自动生成相关类的实例之后的情况,见图 6-27。

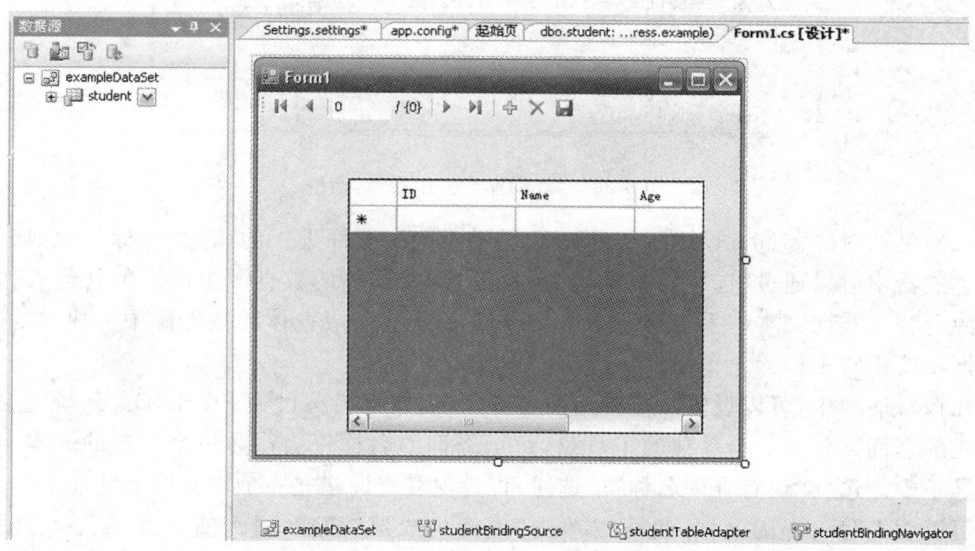

图 6-27 设计器自动生成窗体的数据访问组件的情况

到目前为止,没有编写任何代码,运行该项目,用户已经可以在窗体的 DataGridView 实例中完成通用的数据库应用功能了。

3. 添加查询

很多情况下,可能需要对数据表的多种查询。通过设计器可以很方便地添加基于 TableAdapter 的查询。这些查询可以是存储过程,但返回结果应该和该 TableAdapter 对应的数据表的结构是相同的。

在"Form1.cs[设计]"选项卡下方,右击"studentTableAdapter"实例,选择上下文菜单中的"添加查询",或单击"studentTableAdapter"右上方的"任务列表"三角符号,选择任务列表中的"添加查询",出现"查询标准生成器",如图 6-28 所示。

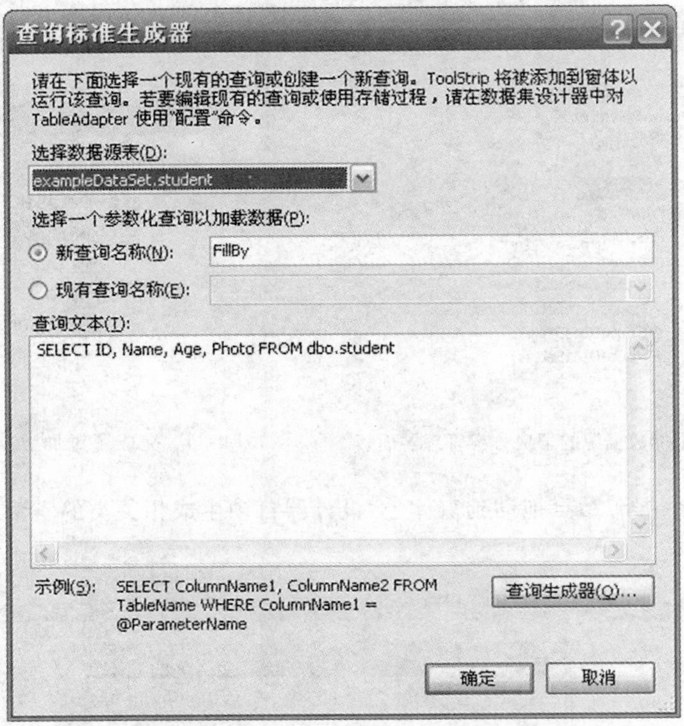

图 6-28 "查询标准生成器"对话框

虽然是从对应 student 表的 studentTableAdapter 组件进入的该"查询标准生成器",但在该生成器中可以通过"选择数据源表"下拉框,选择窗体的数据源中已有的任何表作为查询来源。若在查询文本中手工将 FROM 子句中的表名写成窗体的数据源中未建立的表,则该查询不能正常工作。

在该对话框中,可以设置新建查询的名称,我们将该名称设为 FillByID。系统将会给每个新建的查询都建立一个单独的工具条,每个查询的名称将会作为一个按钮的文本出现在新工具条中。选择"现有查询名称"单选钮,将为现有查询建立一个重复的工具条。

可以手工写入查询文本,也可以单击"查询生成器"按钮,进入查询生成器,如图 6-29 所示。

图中上部是数据表中列的选择,中部可以完整地设置查询语句,下部则是查询语句的文本表示,这三个部分是同一个查询的不同表示形式。

中部表格的列有"列"、"别名"、"表"、"输出"、"排序类型"、"筛选器",以及若干"或"。"列"列出了所有数据表中可用的列;"别名"是某列的别名;"表"表示某列所属的表;"输出"表示某列是否出现在 SELECT 语句的输出列表中;"排序类型"对应 ORDER BY 子句,可以选择升序、降序等;"排序顺序"指某列在 ORDER BY 子句中的位置,因而也决定了排序优先级;"筛选器"对应 WHERE 子句,"或"表示某列的多个筛选器,各个列的筛选器之间是"与"的关系。例如可以在 ID 列对应的筛选器中输入"<2",或者"BETWEEN '1' AND '8888'",或者"=@ID",对应的 SQL 语句会出现"WHERE (ID <N'2'",或者"WHERE (IDBETWEEN N'1' AND N'8888')",或者"WHERE (ID=@ID)"的 WHERE 子句,其中字符前面的"N"表

示 NChar 数据类型。我们输入"＝@ID"。

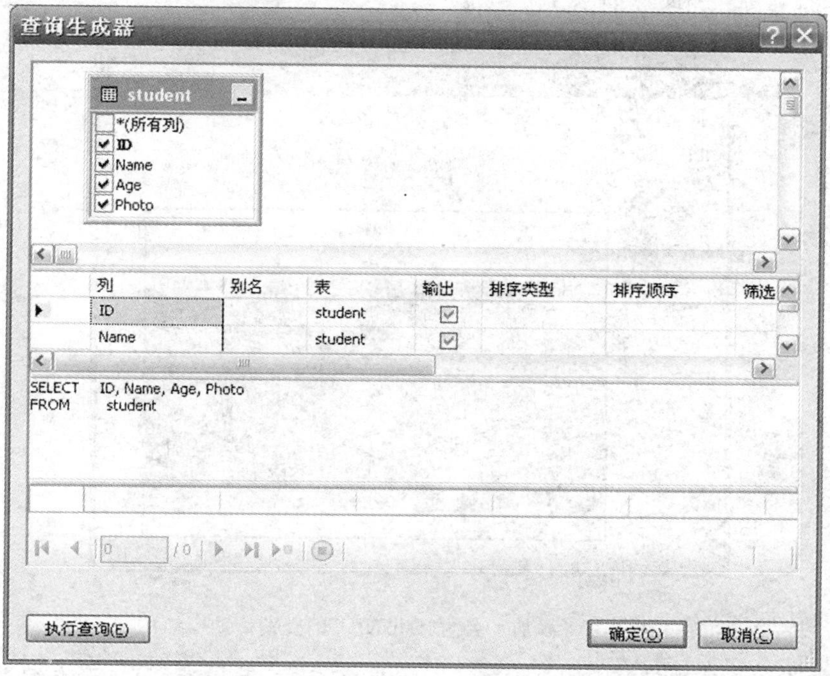

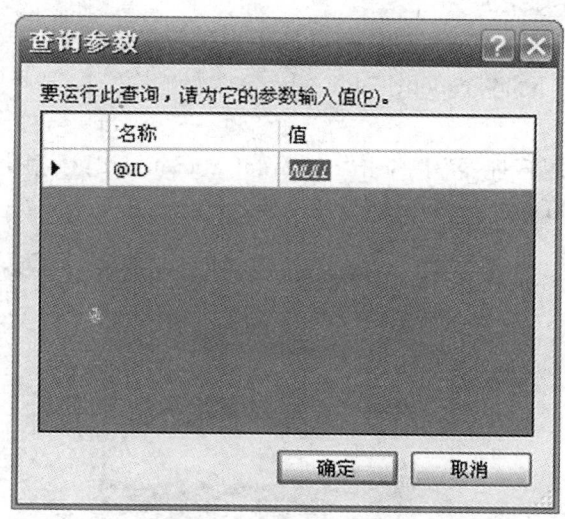

图 6-29　"查询生成器"对话框

　　单击"执行查询"按钮，在查询生成器中，立刻可以浏览查询结果。如果查询中使用了参数，会首先出现如图 6-30 所示的对话框。

图 6-30　"查询参数"对话框

　　输入参数值列的值，单击"确定"，可以立刻得到查询结果。
　　单击"查询生成器"的"确定"按钮，可以看到窗体中增加了一个工具条，工具条上有一个对应查询名称的按钮,因为是参数查询,因此工具条上还生成了一个标签和一个文本框,供用户输入查询参数。如图 6-31 所示。

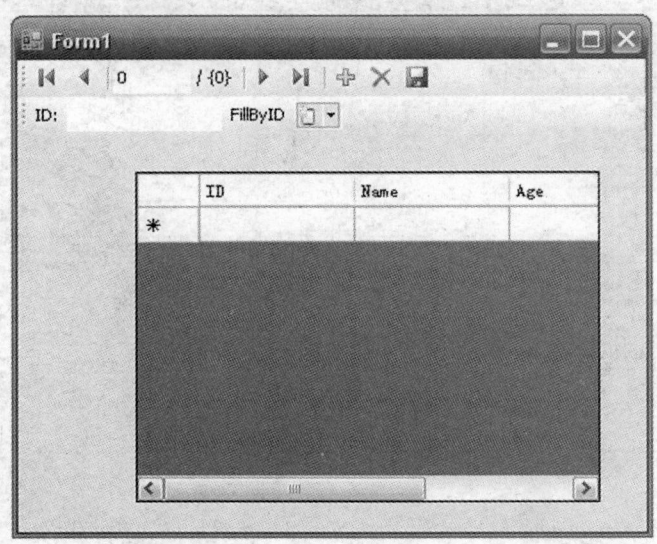

图 6-31 添加了名为"FillByID"的查询后的窗体

至此,一个通用而又灵活的数据库应用程序已经完成,可以运行了,没有编写任何代码。

4. 使用"数据集设计器"管理数据集

Visual Studio . NET 2005 提供了对设计器生成的数据集类及相关 TableAdapter 类(不是窗体上的实例)进行管理的"数据集设计器"界面。以下几种方法都可以进入如图 6-32 所示的"数据集设计器"选项卡。

①在"数据源面板"中右击,选择"在设计器中编辑数据集"。

②在"窗体设计器"下部"studentTableAdapter"实例上右击,选择"在数据集设计器中编辑查询"。

③在"解决方案资源管理器"中右击"exampleDataSet. xsd"数据集结点,选择"查看设计器",或者双击"exampleDataSet. xsd"数据集结点。

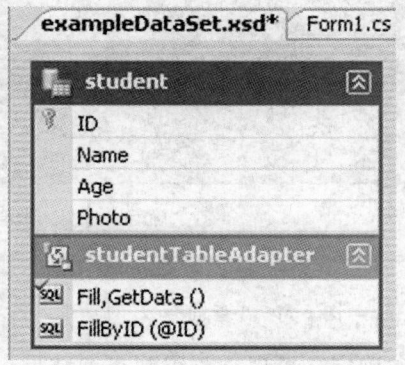

图 6-32 exampleDataSet. xsd 数据集设计器选项卡

　　图中包含两部分：窗体数据源中的数据表和对应的数据表适配器。student 表中包含 ID 主键列、Name 列、Age 列和 Photo 列。studentTableAdapter 数据表适配器中包含两个查询，其中"FillByID(@ID)"是我们添加的查询，而"Fill，GetData()"则是建立 studentTable-Adapter 的默认数据填充方法。Fill 方法包括一个 student 表类型的参数，GetData 方法不需要参数，但返回一个 student 表。实际上，在 studentTableAdapter 类的定义中，Fill 方法和 GetData 方法都是直接调用 studentTableAdapter 包装的 SqlDataAdapter 的 Fill 方法。

　　相关的操作也分为数据表管理和查询管理两类。数据表管理是对窗体数据源中数据表的结构进行管理，查询管理是对如何从数据库中获得窗体数据源的管理。

　　从操作方法而言，可以选中"数据集设计器"中的一个项，然后在"属性面板"中进行管理；也可以在"数据集设计器"一个项上右击，选择某菜单项，根据向导的提示进行管理。

　　下面以"配置查询"操作为例说明"数据集设计器"的使用方法。

　　(1)使用"查询配置向导"进行查询配置

　　在"FillByID(@ID)"查询项上右击，选择"配置"，进入"TableAdapter 查询配置向导"对话框，如图 6-33 所示。

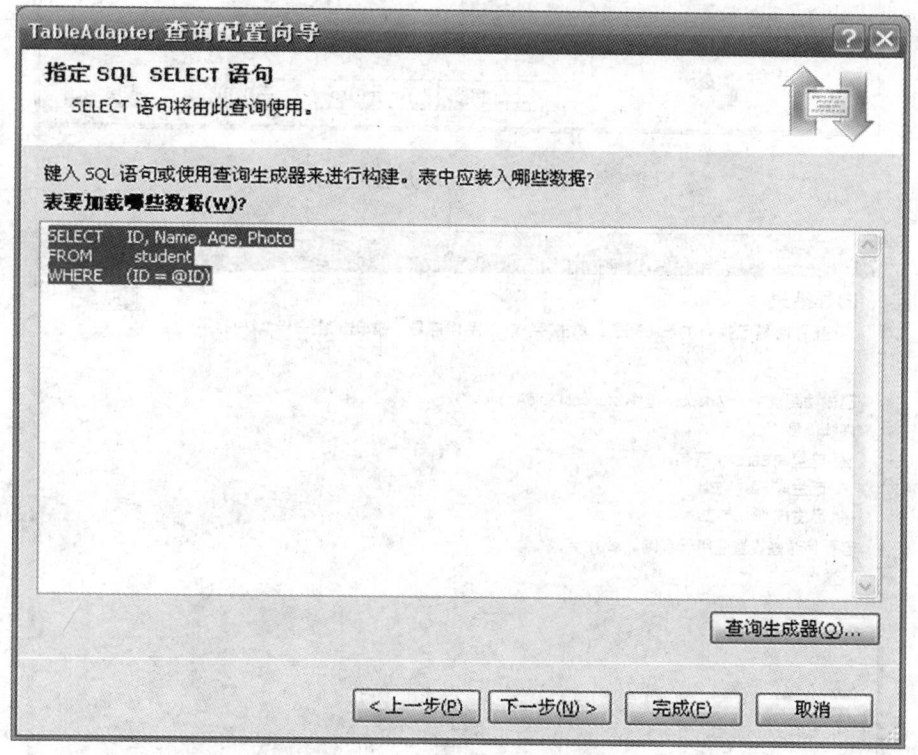

图 6-33　TableAdapter 查询配置向导

　　可以直接键入查询语句，也可以使用"查询生成器"，"查询生成器"如图 6-29。

　　单击"下一步"，看到如图 6-34 所示的对话框，可以键入此查询对应的方法名称。已有"填充数据表"的方法名称为"FillByID"，将"返回数据表"的方法名称设为"GetDataByID"，单击"下一步"，看到如图 6-35 所示的配置结果对话框。

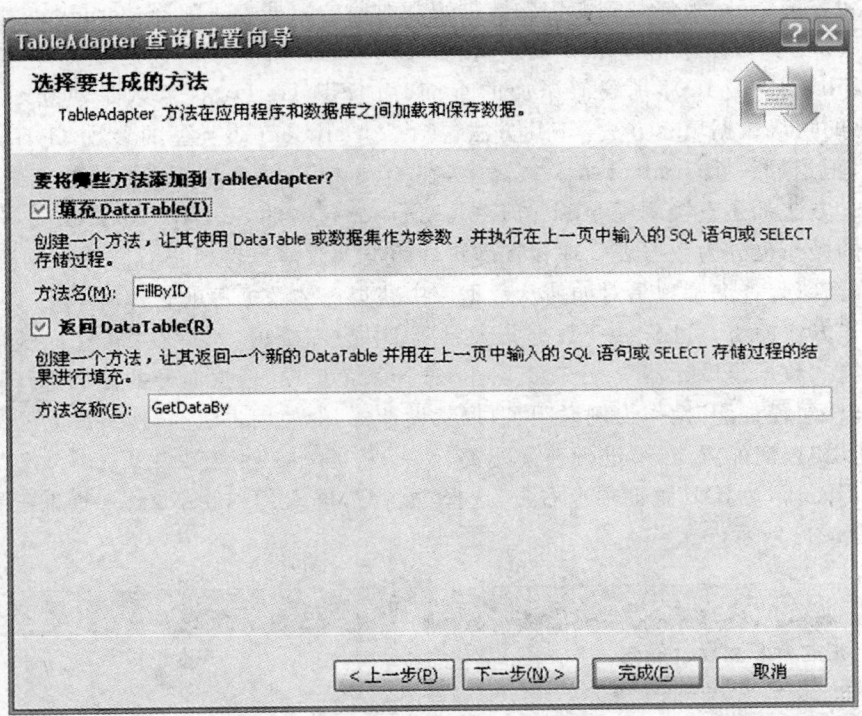

图 6-34 设置查询方法的名称

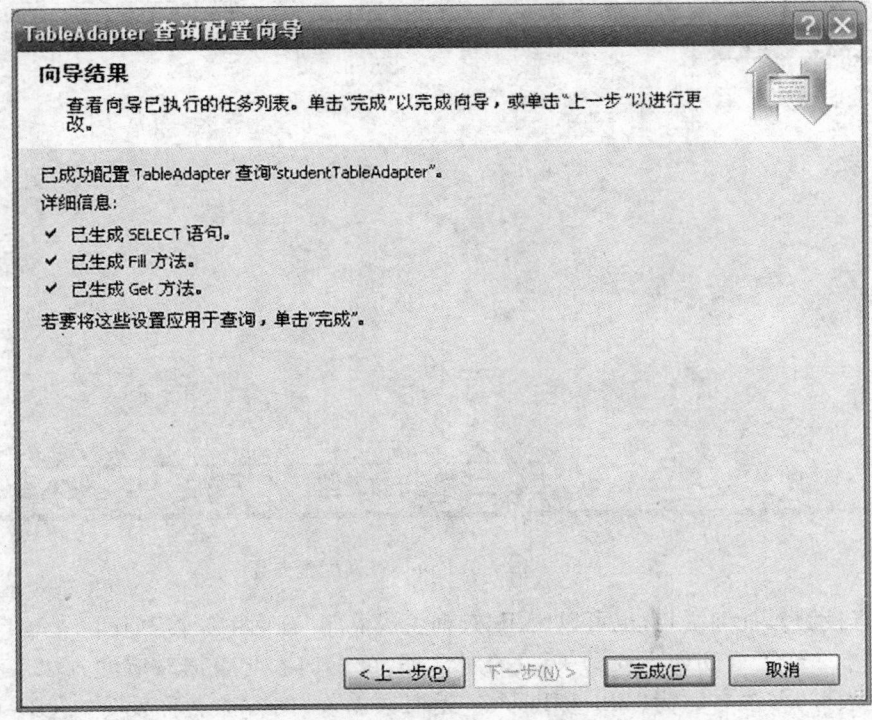

图 6-35 查询配置向导结果报告

单击"完成"后,"数据集设计器"的变化如图 6-36 所示。

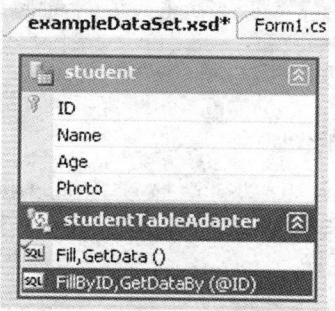

图 6-36　配置查询后的数据集设计器

(2)使用"属性面板"进行查询配置

在"数据集设计器"上选中"FillByID,GetDataByID(@ID)"项,按 F4 键,使"属性面板"显示,如图 6-37 所示。

图 6-37　"FillByID"查询的"属性面板"

可以直接设置该查询的有关属性。如在"GetMethodName"属性值中键入,可以达到与使用"TableAdapter 查询配置向导"修改"返回数据表"的方法名称相同的效果。

5. **通过 TableAdapter 直接操作数据表**

下面要结合编写少量代码,继续完善 DemoTableAdapterDbApplication 案例的功能。

有些数据操作要求对用户是透明的,这种情况下,不需要通过 DataGridView 和 DataTable,DataSet 等本地缓冲数据组件。TableAdapter 类提供了直接访问数据库的功能。

由于查询结果集中包含主键列,则在设计器建立的 studentTableAdapter 类中,自动添加了一组称为"DBDirect"的方法,包含一个 Insert 方法、几个 Update 方法的重载版本和一个 Delete 方法。

如果在新建数据源,选择数据库对象(见图 6-24)时,没有选择数据表中的主键列 ID 列,studentTableAdapter 类中将不会包含"DBDirect"方法,但可以在"数据集设计器"中配置查询,将主键列置入查询结果集,相关向导如图 6-33 和图 6-34 所示,但图 6-34 所示对话框中会增加一个复选框,如图 6-38 所示。选中"创建方法以将更新直接发送到数据库"复选框,单击"下一步"或"完成",就可以在 studentTableAdapter 类中创建上述 DBDirect 方法。

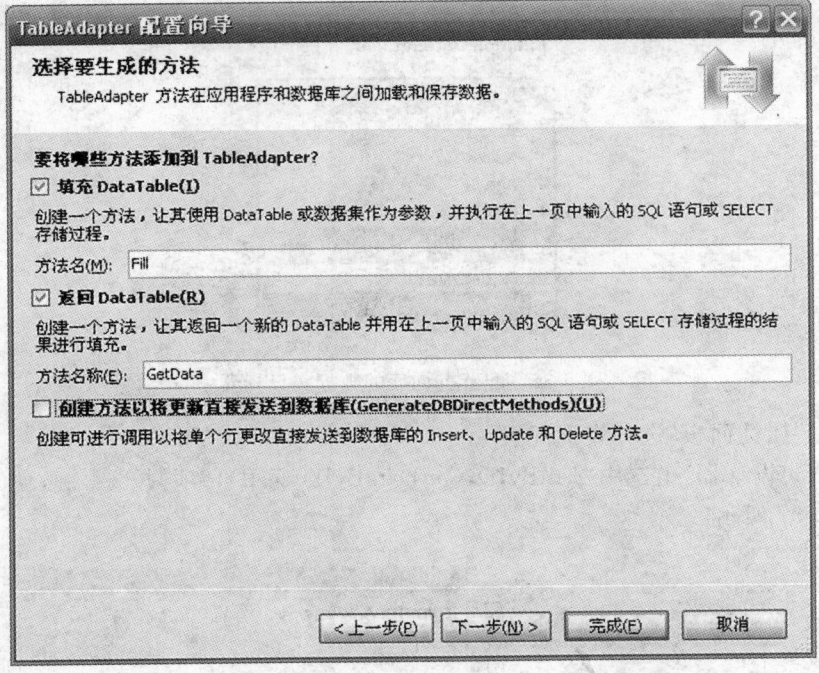

图 6-38   通过配置查询创建 DBDirect 方法

若查询结果集中已有主键列,可以在"数据集设计器"中选中 studentTableAdapter,然后设置"GenerateDBDirectMethods"属性为 true,就会创建有关 DBDirect 方法;设为 false,则会立即删除已有的 DBDirect 方法。

在 Form1 窗体设计器中,从工具箱添加三个 Button,将其 Name 属性分别改为"button-Insert","buttonUpdate"和"buttonDelete",Text 属性分别设置为"Insert","Update"和"Delete",如图 6-39 所示。

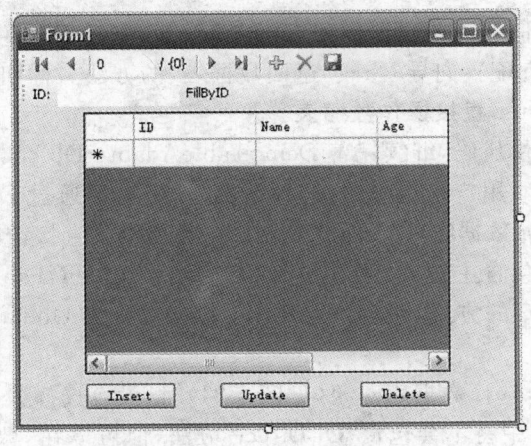

图 6-39   添加了三个 Button 的窗体

接下来可以在每个 Button 的 Click 事件委托函数中,使用 DBDirect 方法编写代码了。

(1)直接向数据库中插入新数据行的例子

双击 Form1 窗体设计器中的"Insert"按钮,在代码编辑器中完成以下代码:

```
private void buttonInsert_Click(object sender,EventArgs e)
{
    //调用 studentTableAdapter 类的实例 studentTableAdapter 的 Insert 方法。
    this.studentTableAdapter.Insert("10","张三",18,null);
        //填充窗体数据源,使新行在 DataGridView 中可见
    this.studentTableAdapter.Fill(this.exampleDataSet.student);
}
```

(2)直接在数据库中修改数据行的例子

双击 Form1 窗体设计器中的"Update"按钮,在代码编辑器中完成以下代码:

```
private void buttonUpdate_Click(object sender,EventArgs e)
{
        //调用 Update 方法直接更新数据表
    this.studentTableAdapter.Update("10","张三",19,null,"10","张三",18);
    this.studentTableAdapter.Fill(this.exampleDataSet.student);
}
```

(3)直接在数据库中删除数据行的例子

双击 Form1 窗体设计器中的"Delete"按钮,在代码编辑器中完成以下代码:

```
private void buttonDelete_Click(object sender,EventArgs e)
{
    this.studentTableAdapter.Delete("10","张三",19);
    this.studentTableAdapter.Fill(this.exampleDataSet.student);
}
```

注意,上述 Insert 和 Update 方法中都忽略了 Photo 列,实际应用中,应该有代码提供 Photo 列的值,有关代码请参见 6.3.3 的小案例。

6. 控制数据操作行为

更细节的操作,如前述的在用户删除一条记录时弹出"确认"对话框,需要在了解各个组件的属性、方法和事件的基础上,通过编写程序代码完成。

在"窗体设计器"中,选中"studentDataGridView",在其"属性面板"中,设置其"UserDeletingRow"事件的委托函数代码如下:

```
private void studentDataGridView_UserDeletingRow(object sender,
                    DataGridViewRowCancelEventArgs e)
{
        //显示用主键列的值指示当前行的对话框,若用户选择"否",则取消删除事件
    e.Cancel = MessageBox.Show(this,"要删除 ID="+
    this.studentDataGridView.CurrentRow.Cells[0].Value + "的数据行吗?","确
认",MessageBoxButtons.YesNo,MessageBoxIcon.Question)==DialogResult.No;
```

}

运行本程序,选中"studentDataGridView"中的一行,按"Delete"键,可以看到弹出一个确认对话框,如图 6-40 所示。

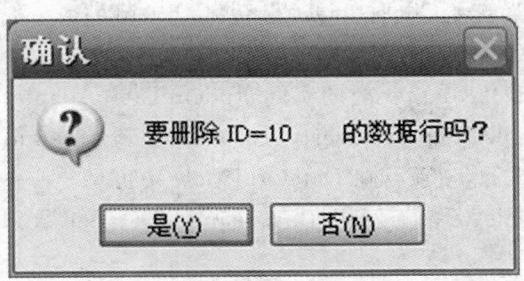

图 6-40   删除数据行时出现的"确认"对话框

6.3.3   编写代码实现数据库应用程序小案例

使用设计器界面可以快速、安全地建立数据库应用程序,但编写程序代码仍然是最基本的程序开发方法,快速开发具有相当灵活性的数据库应用程序应该是设计器和代码编写的结合。

设计器操作不会脱离代码而存在。实际上每一个设计器操作都生成了相关的源代码,如建立窗体数据源 exampleDataSet 后,就在项目命名空间(上一个小案例中是 DemoTableAdapterDbApplication 命名空间)中生成了 exampleDataSet 类和 studentDataTable 类等与数据组织相关的类,还生成了 exampleDataSetTableAdapters 子命名空间和该命名空间下的 studentTableAdapter 类等与数据访问相关的类。在"解决方案管理器"中双击"exampleDataSet. xsd"结点下的"exampleDataSet. Designer. cs",可以打开该代码设计器选项卡。不要直接修改具有后缀"Designer. cs"的代码页,相关的修改应通过对应的设计器进行。

本节小案例仍然使用 example 的数据库,通过直接应用 SqlDataAdapter 组件,而不是依赖设计器生成的对 SqlDataAdapter 进行了通用化包装的 TableAdapter 组件,完成一些数据库操作。本案例完全用代码实现。

新建一个 Windows 应用程序项目,名称为:DemoDataAdapterDbApplication。

1. **窗体设计**

在主窗体上放置如表 6-3 所列的控件:

表 6-3   DemoDataAdapterDbApplication 项目窗体中的控件

控件类型	属性	事件委托函数

BindingNavigator	Name="bindingNavigatorStudent"
	Items:除默认项外,添加:
	    bindingNavigatorRefreshItem
	    bindingNavigatorSaveItem	

控件类型	属 性	事件委托函数
ToolStripButton	Name＝"bindingNavigatorRefreshItem" Text＝"刷新"	Click 事件委托： bindingNavigatorRefreshItem _Click
ToolStripButton	Name＝"bindingNavigatorSaveItem" Text＝"保存"	Click 事件委托： bindingNavigatorSaveItem_Click
BindingSource	Name＝"bindingSourceStudent"	
Label	Name＝"labelID" Text＝"学号"	
Label	Name＝"labelName" Text＝"姓名"	
Label	Name＝"labelAge" Text＝"年龄"	
TextBox	Name＝"labelID"	
TextBox	Name＝"labelName"	
TextBox	Name＝"labelAge"	
PictureBox	Name＝"pictureBoxPhoto"	
ContextMenuStrip	Name＝"contextMenuStripPhoto" Items： 　读取图像文件 ToolStripMenuItem 　删除此图像 ToolStripMenuItem	
ToolStripMenuItem	Name＝"读取图像文件 ToolStripMenu- Item" Text＝"读取此图像文件"	Click 事件委托： 读取图像文件 ToolStripMenu- Item_Click
ToolStripMenuItem	Name＝"删除此图像 ToolStripMenu- Item" Text＝"删除此图像"	Click 事件委托： 删除此图像 ToolStripMenuItem _Click
OpenFileDialog	Name＝"openFileDialog1"	

2. 相关代码

```
using System；
using System. Collections. Generic；
using System. ComponentModel；
using System. Data；
using System. Drawing；
using System. Text；
using System. Windows. Forms；
```

```
using System. Data. SqlClient;
using System. Deployment. Application;
using System. Transactions;
using System. IO;

namespace DemoDataAdapterDbApplication
{
    public partial class Form1: Form
    {
        //下面两句声明数据适配器和数据集组件
        SqlDataAdapter studentSqlDataAdapter;
        DataSet studentDataSet;

        public Form1()
        {
            InitializeComponent();
        //此句调用初始化数据组件的自定义函数
            initializeDataComponent();
        }
        //此函数初始化数据适配器、数据集组件,绑定数据显示控件
        private void initializeDataComponent()
        {
            //此语句初始化数据适配器的基本参数
            studentSqlDataAdapter = new SqlDataAdapter("select * from student",
@"server=.\SQLEXPRESS;AttachDbFilename=|DataDirectory|example. mdf;
Integrated Security=sspi;");

            //以下语句初始化数据适配器的 UpdateCommand,InsertCommand,
            //DeleteCommand 属性,在调用数据适配器的 Update 方法时,需要使用这些
            //SqlCommand 类的实例。
            studentSqlDataAdapter. UpdateCommand = new SqlCommand ( " update
student set [id]=@id,name=@name,age=@age,photo=@photo where [id]=@Origi-
nal_id");
            //SqlParameter 类构造函数的原型见程序后面的解释,并请参考 6. 2. 2-2-(4)。
            studentSqlDataAdapter. UpdateCommand. Parameters. Add(new SqlParame-
ter("@Original_id", SqlDbType. Char, 0, ParameterDirection. Input, false, 0, 0, "ID",
DataRowVersion. Original, null));
            studentSqlDataAdapter. UpdateCommand. Parameters. Add(new SqlParame-
ter("@id", SqlDbType. Char, 0, ParameterDirection. Input, false, 0, 0, "ID", DataRow-
```

Version. Current, null));

　　　　studentSqlDataAdapter. UpdateCommand. Parameters. Add(new SqlParame-
ter("@name", SqlDbType. Char, 0, ParameterDirection. Input, false, 0, 0, "name", Da-
taRowVersion. Current, null));

　　　　studentSqlDataAdapter. UpdateCommand. Parameters. Add(new SqlParame-
ter("@age", SqlDbType. Char, 0, ParameterDirection. Input, false, 0, 0, "age", Da-
taRowVersion. Current, null));

　　　　studentSqlDataAdapter. UpdateCommand. Parameters. Add(new SqlParame-
ter("@photo", SqlDbType. Image, 0, ParameterDirection. Input, false, 0, 0, "photo",
DataRowVersion. Current, null));

　　　　studentSqlDataAdapter. UpdateCommand. Connection = studentSqlData-
Adapter. SelectCommand. Connection;

　　　　studentSqlDataAdapter. InsertCommand = new SqlCommand("insert into
student([id],name,age,photo) values(@id,@name,@age,@photo);\r\n select * from
student where [id]=@id");

　　　　studentSqlDataAdapter. InsertCommand. Parameters. Add(new SqlParameter
("@id", SqlDbType. Char, 0, ParameterDirection. Input, false, 0, 0, "ID", DataRow-
Version. Current, null));

　　　　studentSqlDataAdapter. InsertCommand. Parameters. Add(new SqlParameter
("@name", SqlDbType. Char, 0, ParameterDirection. Input, false, 0, 0, "name", Da-
taRowVersion. Current, null));

　　　　studentSqlDataAdapter. InsertCommand. Parameters. Add(new SqlParameter
("@age", SqlDbType. Char, 0, ParameterDirection. Input, false, 0, 0, "age", DataRow-
Version. Current, null));

　　　　studentSqlDataAdapter. InsertCommand. Parameters. Add(new SqlParameter
("@photo", SqlDbType. Image, 0, ParameterDirection. Input, 0, 0, "photo", DataRow-
Version. Current, false, null, "", "", ""));

　　　　studentSqlDataAdapter. InsertCommand. Connection = studentSqlDataAda-
pter. SelectCommand. Connection;

　　　　studentSqlDataAdapter. DeleteCommand = new SqlCommand (" delete
student where [ID]=@Original_id");

　　　　studentSqlDataAdapter. DeleteCommand. Parameters. Add(new SqlParame-
ter("@Original_id", SqlDbType. Char, 0, ParameterDirection. Input, false, 0, 0, "ID",
DataRowVersion. Original, null));

　　　　studentSqlDataAdapter. DeleteCommand. Connection = studentSqlDataAda-
pter. SelectCommand. Connection;

```
        //此语句初始化数据集组件
        studentDataSet = new DataSet();

        //以下填充数据集,并绑定各数据显示控件的数据敏感属性
        try
        {
            studentSqlDataAdapter.Fill(studentDataSet, "student");

            bindingSourceStudent.DataSource = studentDataSet;
            bindingSourceStudent.DataMember = "student";

            textBoxID.DataBindings.Add(new Binding("Text", bindingSourceStu-
dent, "ID"));
            textBoxName.DataBindings.Add(new Binding("Text", binding-
SourceStudent, "Name"));
            textBoxAge.DataBindings.Add(new Binding("Text", bindingSourceS-
tudent, "Age"));
            pictureBoxPhoto.DataBindings.Add(new Binding("Image",
bindingSourceStudent, "photo", true, DataSourceUpdateMode.OnValidation));
        }
        catch(Exceptione)
        {
            MessageBox.Show(e.Message);
        }
    }


    //此函数完成刷新数据显示的功能
    private void bindingNavigatorRefreshItem_Click(object sender, EventArgs e)
    {
        //填充数据表之前先清除原有数据
        studentDataSet.Tables["student"].Clear();
        //直接调用数据适配器的 Fill 方法填充数据集的相关数据表
        studentSqlDataAdapter.Fill(studentDataSet, "student");
    }


    //此函数完成保存数据修改到数据库的功能
    private void bindingNavigatorSaveItem_Click(object sender, EventArgs e)
    {
        try
```

```
    {
        //此语句将在数据显示控件中的修改提交到数据集,但在本例未进行格式
        //化定义的情况下,从 Image 类型对象到图像数据 byte[]类型的转换不能
        //自动
        //完成,所以此语句并不能使 pictureBoxPhoto 的 Image 属性中的图像修改提
        //交到数据集中的 Photo 列。
        this.bindingSourceStudent.EndEdit();
        //此语句直接调用数据适配器的 Update 方法,将按照数据修改情况,自动调
        //用数据适配器的 UpdateCommand,InsertCommand 和 DeleteCommand
        //三个
        //SqlCommand 中的若干个执行,以将数据集的数据修改写入数据库。
        this.studentSqlDataAdapter.Update(this.studentDataSet,"student");
    }
    catch(Exceptionep)
    {
        MessageBox.Show(ep.Message);
    }
}


//此函数完成从图像文件获取图像填充图像数据显示控件,并将图像数据转换为
//byte[]类型,提交到数据集中相关数据表的当前行的 Photo 列。
private void 读取图像文件 ToolStripMenuItem_Click(object sender,EventArgs
e)
    {
        if(openFileDialog1.ShowDialog() == DialogResult.OK)
        {
            //根据用户选择的文件创建文件流
            FileStreams = new FileStream(openFileDialog1.FileName,FileMode.
Open,FileAccess.Read);
            //填充图像显示控件
            pictureBoxPhoto.Image = new Bitmap(fs);
            //转换数据类型并提交到数据集的相关数据表
            BinaryReaderbr = new BinaryReader(fs);
            //为文件流建立二进制读取器
            fs.Seek(0,0);//定位文件流到开始
            byte[] photo = br.ReadBytes((int)fs.Length);
            //按字节读文件流到字节数组
            ((DataRowView)bindingSourceStudent.Current).Row["Photo"] =
                photo;
```

```
        //关闭临时流
        br. Close();
        fs. Close();
        }
    }


    //此函数允许用户删除图像列，null 值可以不经类型转换，提交到数据集
    private void 删除此图像 ToolStripMenuItem_Click(object sender，EventArgs e)
    {
        pictureBoxPhoto. Image ＝ null;
    }
  }
}
```

上述程序中用到 SqlParameter 类的构造函数，其原型为：

SqlParameter（String，SqlDbType，Int32，ParameterDirection，Boolean，Byte，Byte，String，DataRowVersion，Object）：用参数名称、参数的类型、参数的大小、ParameterDirection、参数的精度、参数的小数位数、源列、要使用的 DataRowVersion 和参数的值初始化 SqlParameter 类的新实例。

Binding 类代表某对象属性值和某控件属性值之间的简单绑定。上述程序中用到 Binding 类的构造函数，其原型为：

Binding（String，Object，String，Boolean）：初始化 Binding 类的一个新实例，该实例将指示的控件属性绑定到数据源的指定数据成员，并启用要应用的格式设置。

3. 执行结果

程序执行后，右击 PictureBox 控件，可以从文件读取或者删除图像，单击 🖼 按钮可以重新读取数据库，单击 💾 按钮可以保存数据修改到数据库。如图 6-41 所示。

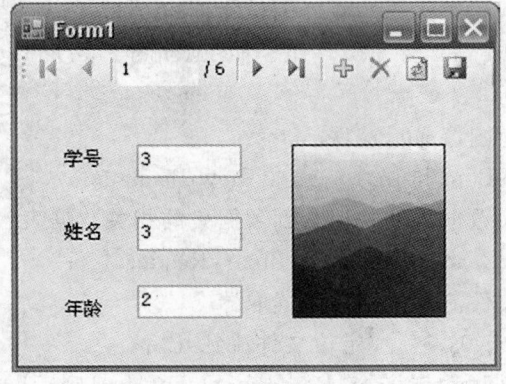

图 6-41　DemoDataAdapterDbApplication 项目的执行结果

6.4　XML 技术简介

6.4.1　什么是 XML

1.XML 的概念

XML（可扩展标记语言）提供一种描述结构化数据的方法，使用一组基于 Unicode 的标记来描绘数据元素，每个元素封装可能十分简单也可能十分复杂。这些标记是可以根据要表达的数据结构而无限制自定义的。

保存 XML 架构的文件，一般以"xsd"为扩展名，保存数据内容的文件，一般以"xml"为扩展名。

一个典型的 XML 架构文件如下所示，这是 example 数据库加载到数据集后，保存为 XML 架构的结果。

```
<? xml version="1.0" standalone="yes"? >
<xs:schema id="NewDataSet" xmlns="" xmlns:xs="http://www.w3.org/2001/XMLSchema" xmlns:msdata="urn:schemas-microsoft-com:xml-msdata">
    <xs:element name="NewDataSet" msdata:IsDataSet="true" msdata:UseCurrentLocale="true">
      <xs:complexType>
        <xs:choice minOccurs="0" maxOccurs="unbounded">
        <xs:element name="student">
          <xs:complexType>
            <xs:sequence>
              <xs:element name="ID" type="xs:string" minOccurs="0" />
              <xs:element name="name" type="xs:string" minOccurs="0" />
              <xs:element name="age" type="xs:unsignedByte" minOccurs="0" />
              <xs:element name="photo" type="xs:base64Binary" minOccurs="0" />
            </xs:sequence>
          </xs:complexType>
        </xs:element>
        </xs:choice>
      </xs:complexType>
    </xs:element>
</xs:schema>
```

一个典型的 XML 文档如下所示，这是 example 数据库加载到数据集后，保存为 XML 文档的结果，其中第 7 行，photo 标记的值很长，做了截断处理：

```
<? xml version="1.0" standalone="yes"? >
<NewDataSet>
```

```
<student>
  <ID>3         </ID>
  <name>3          </name>
  <age>2</age>
  <photo>/9j...</photo>
</student>
<student>
  <ID>333           </ID>
  <name>Mike          </name>
  <age>20</age>
</student>
<student>
  <ID>5         </ID>
  <name>5          </name>
  <age>5</age>
</student>
<student>
  <ID>52        </ID>
  <name>5          </name>
  <age>5</age>
</student>
<student>
  <ID>6         </ID>
  <name>6          </name>
  <age>6</age>
</student>
<student>
  <ID>8         </ID>
  <name>8           </name>
  <age>8        </age>
  <photo />
</student>
</NewDataSet>
```

可以看出,XML 和 HTML 很相似。

2. XML 与 HTML

首先,XML 不是要替换 HTML,实际上 XML 可以视作对 HTML 的补充。XML 和 HTML 的目标不同:HTML 的设计目标是显示数据并集中于数据外观,而 XML 的设计目标是描述数据并集中于数据的内容,包括数据结构。

例如,在 HTML 中,使用标记来告诉浏览器将数据显示为粗体或斜体;而在 XML 中,标记只用于描述数据,例如学号、姓名、年龄和照片。

若要将 XML 中的标记用于显示,可以使用样式表(例如,可扩展样式表语言 XSL 和层叠样式表 CSS)在浏览器中显示数据。XML 使数据与表示及处理分离开来,通过应用不同的样式表和应用程序,能够根据需要显示和处理数据。

其次,与 HTML 相似,XML 不进行任何操作。虽然 XML 标记可用于描述学生信息之类的项的结构,但它不包含处理该信息的任何代码。必须编写代码来实际对 XML 格式的数据执行这些操作。

再次,与 HTML 不同,XML 标记由架构或文档的作者定义,并且是无限制的。HTML 标记则是预定义的,HTML 作者只能使用当前 HTML 标准所支持的标记。

3. XML 的优势与应用

无限制定义标记是指在一定规范下可以不限量的自定义。万维网联合会(W3C)制定了一组 XML 的规范,该规范确保了结构化数据的统一性和相对于应用或供应商的独立性,这才使得 XML 得到广泛而一致的应用。

XML 是一种简单、与平台无关并被广泛采用的标准。XML 相对于 HTML 的优点是它将用户界面与结构化数据分隔开来。这种数据与显示的分离使得集成来自不同源的数据成为可能。

XML 格式是基于文本的,这使得它们更容易读,更便于记录,有时也更便于调试。

XML 建立在 Unicode 基础上,使得创建国际化文档更容易。

XML 是一种极灵活的传递数据的方式。

XML 已经应用到多种场合,并成为联系多种不同应用场合的纽带。由于 XML 文档可使用已为 HTML 建立的很多基础结构,包括 HTTP 协议和某些浏览器,实际中,HTTP 是所有防火墙都允许穿过的为数不多的协议之一,因而通过 HTTP 传输基于 XML 的其他协议,特别是用于实现 Web 服务的 SOAP(简单对象访问协议)等,已经成为 TCP/IP 网络中最热门的应用。

不过,XML 并不适合于所有情况。任何数据都表示为文本,可能会不够简洁,因而它们占用更多的网络带宽和存储空间,或需要更多的处理器时间进行压缩。XML 分析可能比分析高度优化的二进制格式慢,并且可能需要更多内存。如果需要高性能,而不是简单、规范和通用,使用 XML 时,应精心设计应用程序来避免不必要的性能损失。

6.4.2 .NET 中的 XML

1. .NET 中对 XML 的支持概述

.NET 全面支持 XML,提供了丰富的 XML 功能。许多书籍是专门介绍 .NET 中的 XML 应用的,本节以有限的篇幅无法介绍有关细节,仅就本书大案例用到的一小部分进行详细介绍,其他部分仅列出 .NET 中支持相关应用的类,读者可以在需要时按这些类查阅 MSDN。

.NET 中 XML 类的设计目标是:

①高效。

②基于标准。

③多语言支持。

④可扩展。

⑤可插接式结构。

⑥集中在性能、可靠性和可缩放性上。

⑦与 ADO. NET 集成。

XML 类是 . NET 的核心元素，借助 XML，. NET 为当今开发人员提供了开放式、符合标准和可交互操作的解决方案。XML 类主要包含在 System. Xml 命名空间中。

2. NET 中的 XML 架构操作

包括 XML 架构的读写、生成、遍历、验证和编辑等操作，在 System. Xml. Schema 命名空间中包含了这些操作所用的类。

实际上，在 ADO. NET 中也可以进行基本的架构操作。

3. . NET 中的 XML 文档操作

（1）XML 文档读写

. NET 提供两类读写 XML 文档的方法：非缓存和缓存方法。

XmlReader 和 XmlWriter 类属于非缓存读写 XML 文档类。基于 XmlReader 的类提供了一种快速、只进、只读的方式处理 XML 数据。它是一个流模型，内存要求低，并可以跳过不关心的数据。但是，没有提供 DOM（文档对象模型）的编辑功能。

如果要将 XML 数据读入内存，以更改其结构、添加或移除节点或者与在元素包含的文本中一样修改节点所保存的数据时，应该使用以 XmlNode 类为核心的 DOM。XmlDocument 类继承自 XmlNode 类，此类实现 W3C 文档对象模型（DOM）级别 1 核心（Level 1 Core）和核心 DOM 级别 2（Core DOM Level 2）。DOM 是 XML 文档的内存中（缓存）树状表示形式，允许对该文档的编辑。

还有的场合需要用游标模型进行随机访问，应该使用 XPathNavigator 类。XPathNavigator 类是对上述两种访问方法的游标化封装。XPathNavigator 对象可以由 XPathDocument 对象创建或由 XmlDocument 对象创建，由于 XPathDocument 对象实际上是从 XmlReader 类中获取 XML 数据，所以，由 XPathDocument 对象创建的 XPathNavigator 对象为只读对象，而由 XmlDocument 对象创建的 XPathNavigator 对象可以进行编辑。

（2）XML 转换

可扩展样式表语言转换（XSLT）可以将源 XML 文档的内容转换为另一个格式或结构不同的文档。最常见的，可以使用 XSLT 将 XML 转换为在网站上使用的 HTML。有时则需要转换为只包含应用程序所需字段的文档。此转换过程由 W3C XSL 转换（XSLT）1.0 版建议指定。

XslCompiledTransform 类是 . NET Framework 2.0 中的 XSLT 处理器。该类支持 W3C XSLT 1.0 建议，可以替代 . NET Framework 1.1 中的 XslTransform 类，是新实现的 XSLT 引擎，包括性能上的改进以及新的安全功能。

（3）XML 和 ADO. NET

XML 的命名空间是 System. Xml，ADO. NET 的命名空间是 System. Data，但二者是紧密集成的。ADO. NET 中通过 DataSet 类和 DataTable 类，提供了强大的功能来读写 XML 文档；而 XML 命名空间中 XmlDocument 类的派生类 XmlDataDocument 类是使用 ADO.

NET 中关系数据的专门类。可以认为在. NET 中数据既可以表示为关系数据表,也可以表示为 XML 数据。

　　XML 不但可以用于在 ADO. NET 和网页之间传输数据,也可以用于在 ADO. NET 和数据库之间传输数据。只要对方可以处理 XML,就可以被 ADO. NET 支持。可以认为 ADO. NET 是围绕在 XML 环境中工作而设计的。

　　正是因为 XML 和 ADO. NET 的紧密结合,包括本书在内的很多书籍将 XML 与 ADO. NET 在一起介绍。

　　(4)将对象序列化为 XML 格式

　　为了利用 XML 的优势,获取一个对象,并将其表示为 XML 文档或 XML 格式的流的过程,就是序列化。在应用程序的另一部分,或者另一个应用程序,可以反序列化对象,使它的状态与序列化之前相同。本书大案例为了获得更好的伸缩性,在考试机和监考机之间采用了 XML 格式通信,就使用了 XML 的对象序列化。

　　System. Xml. Serialization 命名空间的 XmlSerializer 类提供了 XML 对象序列化功能,可以将对象的公共属性和公共字段转换为 XML 元素和 XML 属性。但若要包含私有数据,应该使用 System. Runtime. Serialization. Formatters. Binary 命名空间中的 BinaryFormatter 类。

　　XmlSerializer 类的常用构造函数:

　　XmlSerializer(Type):初始化 XmlSerializer 类的新实例,该类可以将指定类型的对象序列化为 XML 文档或流,也可以将 XML 文档或流反序列化为指定类型的对象。

　　XmlSerializer 类的主要方法:

　　Serialize:将对象序列化到 XML 文档或流中。

　　Deserialize:反序列化 XML 文档或流。

6.4.3　对象序列化和反序列化小案例

　　定义上行登录消息 Login_Up 数据类型和下行延时消息 Delay_Down 数据类型,另外设计一个类 MessageConvert,包含将上述两种对象序列化和反序列化的方法。

1. 对象类型的声明

```
namespace MessageSerialize
{
    public struct Login_Up
    //此为考试机请求登录消息
    {
        public string classID;
        public string number;
    }
    public struct Delay_Down
    //此为延长考试时间
    {
```

```
        public int second;
    }
}
```

2. MessageConvert 类

```csharp
using System;
using System.IO;
using System.Text;
using System.Xml;
using System.Xml.Serialization;

namespace MessageSerialize
{
    public class MessageConvert
    {
        //以下两个静态成员,将在其他程序中被初始化,然后被序列化。
        public static Login_Up Login;
        public static Delay_Down Delay;

        //序列化各种对象的一致化方法,type 参数提供对象的类型,ob 是序列化对象
        public static string SerializeObject(object ob,System.Type type)
        {
            XmlSerializer xr=new XmlSerializer(type);
            StringBuilder sb=new StringBuilder();
            //sb 提供序列化结果字符串空间
            StringWriter sw=new StringWriter(sb);
            //sw 提供序列化结果写入器
            xr.Serialize(sw,ob);//序列化结果字符串由 sw 存入 sb
            sw.Flush();
            sw.Close();
            return sb.ToString();
    }

        //反序列化各种对象的一致化方法,type 参数提供对象的类型,str 是 XML 文本
        public static object DeserializeString(string str,System.Type type)
        {
            StringReader sr=new StringReader(str);//字符串读取器
            XmlSerializer xr=new XmlSerializer(type);
            objectob=xr.Deserialize(sr);
            //反序列化结果为对象,实际是 type 类型
```

```
                sr. Close();
                return ob;
            }
        }
    }
```

3. 使用 MessageConvert 类进行对象序列化

(1)序列化 Login_Up 对象

//假设 classID 和 number 变量均已经赋值。

MessageSerialize. MessageConvert. Login. classID＝classID；

MessageSerialize. MessageConvert. Login. number＝number；

string msg＝MessageSerialize. MessageConvert. SerializeObject(MessageSerialize.
　　　　　MessageConvert. Login, typeof(MessageSerialize. Login_Up))；

//假设 tcpClient 对象的 Send 方法可以将包含 XML 文本的字符串消息发送到默认连接

tcpClient. Send(msg)；

(2)序列化 Delay_Down 对象

MessageSerialize. MessageConvert. Delay. second ＝ FormOptions. ExamDelayMinutes
＊60；

string msg＝MessageSerialize. MessageConvert. SerializeObject(MessageSerialize.
　　　　　MessageConvert. Delay, typeof(MessageSerialize. Delay_Down))；

//假设 tcpServer 对象的 Send 方法可以将包含 XML 文本的字符串消息发送到指定 IP 地址

tcpServer. Send(ip, msg)；

4. 使用 MessageConvert 类进行对象反序列化

(1)反序列化 Login_Up 对象

//假设 rr. data 是接收到的字符串类型数据

MessageSerialize. Login_Up login＝(Login_Up)MessageSerialize.
　　　　　MessageConvert. DeserializeString(rr. data, typeof(Login_Up))；

(2)反序列化 Delay_Down 对象

//假设 msg 是收到的字符串类型数据

MessageSerialize. Delay_Down delay＝(MessageSerialize. Delay_Down)MessageSerial-
ize.

MessageConvert. DeserializeString(msg, typeof(MessageSerialize. Delay_Down))；

MessageBox. Show("监考老师给你延时" ＋(delay. second/60). ToString() ＋"
分钟。")；

6.5　本章小结

　　本章从编程应用的角度,阐述了. NET 的数据访问技术。在简单介绍了基本组件的常用属性和方法后,通过三个小案例介绍了 ADO. NET 的基本应用。本章还简介了. NET 核心技术之一的 XML 的概述性内容。

其中 DataReader 小案例和 DataSet 两个小案例的应用要求不同,一种是要求只读数据处理的快速应用,另一种是要求复杂数据处理无连接应用。DataSet 的两个小案例,TableAdapter 小案例和 DataAdapter 小案例的区别主要是建立应用程序的方式不同,一种是使用设计器的方式,另一种是编写代码的方式。建立应用程序的方式在实际中是互相结合的。

ADO. NET 和 XML 是紧密集成的。关于 XML,有多方面的应用,本章概括了这些应用,并较为详细地介绍了对象 XML 序列化方面的应用,这是在本书大案例中用到的。

数据访问是编程人员的常用技术,在熟悉 ADO. NET 的各组件基本特性基础上,高效地建立数据库应用程序,是 ADO. NET 的设计目标,也是本章的基本技能要求。更进一步地,应该能够根据需求,设计合理的数据库应用技术路线。

6.6　实训:大案例数据库业务逻辑层程序设计

实训目的
(1)熟悉 ADO. NET 的实际应用。
(2)完成大案例功能。

实训要求
(1)复习第 1 章,分析大案例数据库业务逻辑。
(2)粗略设计数据库各部分功能。
(3)分析参考代码,了解功能。
(4)对照本章内容,掌握基本理论在大案例中的应用。
(5)根据以上目的、要求写出实训报告。

实训参考
根据图 1-1,数据库部分与题库管理子系统和考试管理子系统有联系。由题库管理子系统建立题库,考试管理子系统使用题库。另外考试管理子系统还要利用数据库记录考试数据,管理考试进程。

具体来说,由图 1-4,题库管理子系统对数据库管理系统的操作有:连接到数据库管理系统,执行 SQL 命令集,接收命令反馈,获取题库数据集,执行 SQL 更新命令等。由图 1-3,考试管理子系统对数据库管理系统的操作有:连接数据库管理系统获取题库数据集,判断考生是否二次登录,记录延时,注册考分,考生登出等。

因此,大案例的数据库系统实际上包括两个表,一个是题库 testQuestions 表,另一个是登录控制 loginControl 表。两个表的结构,请读者通过参考代码自行分析。完整的参考代码可到本书的支持网站下载。

1. 题库管理子系统参考代码
题库管理子系统是建立和维护题库的部分。有三个类:处理用户(任课老师)定制题库连接参数的 FormLoginPara 类;通过新建或附加数据库方式建立题库的 FormMakeQuestionDb 类;管理题库内容的 FormQuestionDbManage 类。

(1)FormLoginPara 类
该类实现的逻辑比较简单:界面上有一组控件获取用户定制的连接题库的参数,还有两个按钮提供给用户建立题库或管理题库的选择。按钮 Click 事件的委托函数中,根据用户定制参数生成数据库连接字符串,以此连接为参数初始化建立题库或管理题库的类。

(2)FormMakeQuestionDb 类

该类的功能是建立题库。通过两个单选钮控件 radioButtonCreate 和 radioButtonImport,提供两种建立题库数据库的方式:新建或附加。

新建数据库还需要建立表和存储过程,需要比较复杂的 Transact-SQL 命令,用户可以通过单击 buttonBrowseCreate 按钮,在"打开文件对话框"openFileDialog1 选择一个新建数据库的 Transact-SQL 批处理文件(显示在文本框控件 textBoxCreateDbFile 中),然后单击执行 SQL 语句列表按钮 buttonExecuteSqlStatementList 执行这些 Transact-SQL 命令集,以新建一个题库数据库。

附加数据库则需要用户单击 buttonBrowseAttach 按钮,在 openFileDialog1 中选择一个欲附加的数据库文件(显示在文本框 textBoxAttachDbFile 中),执行 sp_attach_db 存储过程来附加数据库文件的 Transact-SQL 命令则由程序生成,用户单击 buttonExecuteSqlStatementList 可以执行附加数据库文件的 Transact-SQL 命令。

该类还提供了两个列表框控件,分别显示将要执行的 Transact-SQL 命令和执行这些命令的结果。

(3)FormQuestionDbMange 类

该类提供管理题库的界面,可以进行题库的插入、删除、修改等操作。数据栅格控件 dataGrid1 提供数据行的导航功能,并且是显示和编辑题库的主要控件。

但有一些列是 NText 等 SQL 数据类型,在数据栅格中显示和编辑不够方便,一个 RTF 文本框控件 richTextBox 提供了此类列的显示和编辑功能。由于一行中有四个 NText 列,因此有四个单选钮控件 radioButtonKeyStrings,radioButtonQuestion,radioButtonInFile,radioButtonOutFile 提供切换当前行的对应列到 RTF 文本框中的功能。除了 RTF 文本框缺省的编辑功能,本类中还有一个上下文菜单 contextMenu1,包含 menuItem1 和 menuItem2 分别提供复制和粘贴文本框全部文本的编辑功能。

按钮 buttonFill 和 buttonUpdate 分别允许用户执行根据题库数据库刷新显示和将更改写入题库数据库的功能。

2. 考试管理机数据库应用层(含监考逻辑)

考试管理机的数据库应用,包含在考试管理逻辑中,被封装为 ExamManageLogic 类,将由考试管理子系统的主界面 FormExamManage 类调用和实例化。FormOptions 类提供由监考老师修改考试参数和数据库参数的选项界面。TcpServer 类则提供与考试机通信的服务。

数据库的有关约定,与题库管理子系统一致。

3. 考试机和考试管理机之间的表示层协议

考试机和考试管理机之间的表示层代码,由若干消息结构的定义和 MessageConvert 类组成。MessageConvert 类的代码见 6.4.3。下面是所有消息结构的声明。没有任何字段的消息结构,起作用的是消息名称,由对象名序列化得到。

6.7 习题

1. 简述 ADO. NET 的基本组成。

2. 使用 ADO. NET 访问 SQL Server 可以采用有连接和无连接的两种方法,简述这两种方法用到哪些对象,以及每类对象的功能。

3. 下载 SQL Server 的示例数据库 pubs。仿照例 6-10,用 SqlDataReader 组件获取 pub_info 表的 pub_id 列,用 TextBox 在窗体上显示出来。

4. 参照本书小案例,用设计器的方法,建立 pub_info 表和 publishers 表的 TableAdapter,并在窗体上显示相关数据,允许插入、删除等操作。

第7章 网络应用程序设计

本章要点

✓ .NET 的套接字接口编程概述

✓ 用 Socket 收发数据小案例

　　.NET Framework 提供两个层次的网络应用。一种是应用层的,主要是 ASP.NET 开发;另一种是基于传输层的,不但可以开发各类 Internet 服务的分层的、可扩展的和托管的应用,而且还可以开发套接字级别上的网络应用。

　　ASP.NET 开发是.NET 提供分布式应用的核心内容,也是 Visual Studio.NET 提供的一项重要的功能,既可以开发 Web 网站,又可以开发 Web 服务。在本书的姊妹篇将专门对目前最新的 ASP.NET 2.0 进行介绍。

　　Windows 套接字接口的托管实现,为需要严密控制网络访问的开发人员提供了传输层编程接口,也为当前网络上使用的多种协议提供了简单的编程接口。本章将结合大案例,简介.NET Framework 提供的这个层次的网络编程。

　　学习本章,需要一定的计算机网络基础知识。

7.1 .NET 的套接字接口编程概述

7.1.1 .NET 套接字接口编程的基本概念

1. 套接字接口编程的基本概念

(1)套接字基本概念

　　最初在 UNIX 环境的一种叫做 Berkeley 套接字的协议是在网络上进行 TCP/IP 通信的标准。在 Windows 中,对 Berkeley 套接字的实现成为 WinSocks,.NET 中的套接字指 WinSocks 的托管实现。套接字是 TCP/IP 网络通信的基石,是支持 TCP/IP 协议的网络通信的基本操作单元。

　　图 7-1 是分布式应用程序间通过套接字通信的示意图。在一台主机上,各种不同的应用共享 Socket 域(虚线框范围),由本机的 Socket 与对方主机的 Socket 完成通信,应用层只看到 Socket。

　　各种应用在一个 Socket 域中的区分是通过端口号实现的。端口号用 16 位表示,小于 1024 的端口号留给标准应用,如 HTTP 应用端口号 80,FTP 端口号 21 等。自定义的应用,要使用 1024 以上的端口,否则可能导致系统标准功能不可用。

主机地址是网络中主机的惟一标记,所以,有了一个地址和一个端口号,就可以确定一个通信端点。而一对地址和同一个端口则确定了某种应用的一个通信。

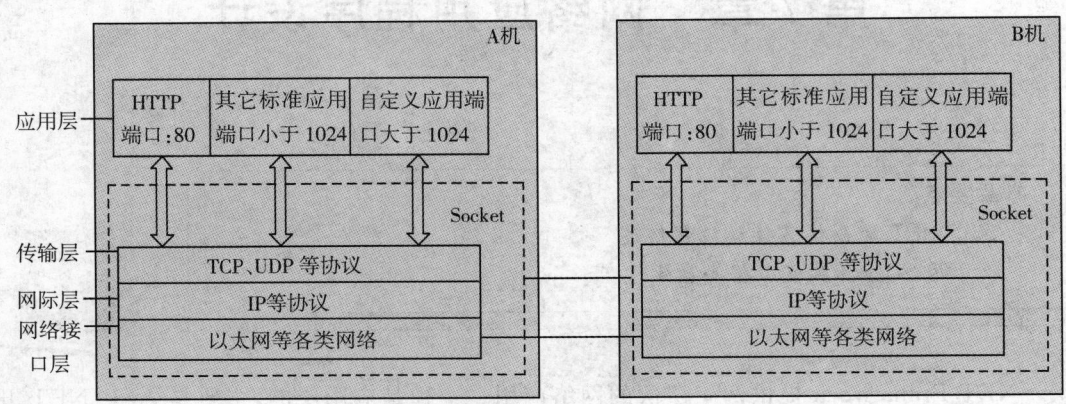

图 7-1   分布式应用程序间套接字通信的示意图

由于实际上对等层协议相同才可以正常通信,两个通信端点之间还要知道对方的其他一些细节才可以沟通。例如,规定数据传送方式的套接字类型(流式或数据报式等),规定数据格式的协议类型(TCP 或 UDP 等),规定地址格式的地址族类型(IP 或 IP$_v$6 等)。

(2)套接字通信的过程

要通过 TCP/IP 协议进行通信,至少需要一对套接字,其中一个运行于客户机端,我们称之为 ClientSocket,另一个运行于服务器端,我们称之为 ServerSocket。

套接字之间的连接过程可以分为三个步骤:服务器监听,客户端请求,连接确认。

所谓服务器监听,是服务器端套接字并不定位具体的客户端套接字,而是处于等待连接的状态,实时监控网络状态。

所谓客户端请求,是指由客户端的套接字提出连接请求,要连接的目标是服务器端的套接字。为此,客户端的套接字必须首先描述它要连接的服务器的套接字,指出服务器端套接字的地址和端口号,然后就向服务器端套接字提出连接请求。

所谓连接确认,是指当服务器端套接字监听到或者说接收到客户端套接字的连接请求,它就响应客户端套接字的请求,建立一个新的线程,把服务器端套接字的描述发给客户端,一旦客户端确认了此描述,连接就建立好了。而服务器端套接字继续处于监听状态,继续接收其他客户端套接字的连接请求。

2..NET 中的套接字支持

.NET 中的 System.NET 命名空间对当前网络采用的多种协议提供简单的编程接口。

System.NET 命名空间中包含多种网络编程常用的类。IPAddress 类封装了 IP 地址;IPEndPoint 封装了 IP 地址和端口号,以表示一个套接字通信端点;IPHostEntry 类关联了主机名、别名组和对应的 IP 地址组;Dns 类提供了域名解析功能。

System.NET.Sockets 命名空间则提供 Windows 套接字(Winsock)接口的托管实现。Socket 类包含在 System.NET.Sockets 命名空间中,是.NET 套接字编程的核心类。除了 Socket 类,根据需要,还可以使用已经封装好的 TcpListener 和 TcpClient 类,以及 UdpClient 类收发数据。

进行流式套接字的数据读写,还可以使用 System. NET. Sockets 命名空间中的 Net-workStream 类,该类提供了关于数据读写的更多控制。

7.1.2 .NET 套接字接口编程常用类

1. IPAddress 类

该类提供网际协议(IP)地址。支持 IPv6。常用此类实现 IP 地址的各种表示方法之间的转换,如点分十进制字符串和字节数组之间转换。

常用方法:

• TryParse:确定字符串是否为有效的 IP 地址。

原型:public static bool TryParse (string ipString,out IPAddress address)。其中 ip-String 表示待分析字符串,address 表示转换的 IPAddress 实例。

返回值:如果 ipString 是有效 IP 地址,则为 true;否则为 false。

• Parse:将 IP 地址字符串转换为 IPAddress 实例。

原型:public static IPAddress Parse (string ipString)。ipString 包含 IP 地址(IPv4 使用以点分隔的四部分表示法,IPv6 使用冒号十六进制表示法)的字符串。

返回值:一个 IPAddress 实例。

• ToString:将 Internet 地址转换为标准表示法。实例方法,与 Parse 方法对应。

2. IPEndPoint 类

该类将网络端点表示为 IP 地址和端口号。

构造函数:

• IPEndPoint (IPAddress, Int32):用指定的 IPAddress 对象和端口号初始化 IPEnd-Point 类的新实例。

3. IPHostEntry 类

该类为 Internet 主机地址信息提供容器类。包含一个主机域名和与之关联的一组别名和一组 IP 地址。

常用属性:

• AddressList:获取或设置与主机关联的 IP 地址列表集合。

• Aliases:获取或设置与主机关联的别名列表集合。

• HostName:获取或设置主机的 DNS 名称。

4. Dns 类

该类提供简单的域名解析功能。

常用方法:

• GetHostName:获取本地计算机的主机名。

原型:public static string GetHostName ()

返回值:包含本地计算机的 DNS 主机名的字符串。

• GetHostEntry:将主机名或 IP 地址解析为 IPHostEntry 实例。

原型:

Dns. GetHostEntry（IPAddress）：将 IP 地址解析为 IPHostEntry 实例。

Dns. GetHostEntry（string）：将主机名或 IP 地址解析为 IPHostEntry 实例。当传递一个空字符串作为主机名时，此方法返回本地主机的 IPv4 地址。

• GetHostAddresses：返回指定主机的 Internet 协议（IP）地址。

原型：public static IPAddress[] GetHostAddresses（string hostNameOrAddress）。参数为要解析的主机名或 IP 地址，空字符串表示本机。

返回值：一个 IPAddress 类型的数组。

【例 7-1】（在服务器端）构造一个端口号为 port 的本机 IPEndPoint 实例。

IPEndPoint localServer＝new IPEndPoint(Dns. GetHostAddresses("")[0],port);

【例 7-2】（在客户端）根据 IP 地址字符串 serverIP 和整型端口号 port，构造一个 IPEndPoint 实例。

IPEndPoint serverRemote＝new IPEndPoint(IPAddress. Parse(serverIP),port);

5. Socket 类

该类实现 Berkeley 套接字。

（1）构造函数

• Socket（AddressFamily，SocketType，ProtocolType）：使用指定的地址族、套接字类型和协议初始化 Socket 类的新实例。

（2）常用属性

• LocalEndPoint：获取本地通信端点。IPEndPoint 类型。

• RemoteEndPoint：获取远程通信端点。IPEndPoint 类型。

• SendTimeOut：获取或设置一个值，该值指定之后同步 Send 调用将超时的时间长度。int 型，单位是毫秒。−1 或 0 表示无限制。

（3）常用方法

• Connect：建立与远程主机的连接。参数为 IPEndPoint。

• Disconnect：关闭套接字连接并允许重用套接字。

• Close：关闭 Socket 连接并释放所有关联的资源。

• Bind：使 Socket 与一个本地通信端点相关联。

• Listen：将 Socket 置于侦听状态。可以让一个面向连接的 Socket 侦听传入的连接尝试。

原型：public void Listen（int backlog）。backlog 参数指定队列中最多可容纳的等待接受的传入连接数。

• Accept：为新建连接创建新的 Socket。

原型：public   Accept（）。

返回值：新建连接的 Socket。

• Receive：接受来自 Socket 的数据。

原型：public int Receive（byte[] buffer）。buffer 参数是 Byte 类型的数组，表示存储接收到的数据的内存位置。

返回值：接收到的字节数。

• Send：将数据发送到 Socket。对应 Receive 方法。

【例 7-3】（在服务器端）使用 IP 地址族、流式套接字、TCP 协议初始化一个 Socket 实例，绑定到本地通信端点 localServer，允许 50 个等待的连接，使该实例进入侦听状态，并将侦听到的新连接添加到一个 Socket 列表。

```
ArrayList    clientSockets＝new ArrayList;
Socket listenSocket＝new Socket(AddressFamily. InterNetwork,SocketType. Stream,
ProtocolType. Tcp);
IPEndPoint localServer＝new IPEndPoint(Dns. GetHostAddresses("")[0],port);
listenSocket. Bind(localServer);
listenSocket. Listen(50);
while(true)
{
    Socket sock＝serverSocket. Accept();
    clientSockets. Add(sock);
}
```

【例 7-4】（在客户端）使用 IP 地址族、流式套接字、TCP 协议初始化一个 Socket 实例，连接到 serverRemote 通信端点。

```
IPEndPoint serverRemote＝new IPEndPoint(IPAddress. Parse(serverIP),port);
clientSock＝new Socket(AddressFamily. InterNetwork,SocketType. Stream,Protocol-
Type. Tcp);
clientSock. Connect(serverRemote);
```

【例 7-5】（在客户端）通过 clientSock 套接字实例接收字符串数据。

```
byte[] buffer＝new byte[4096];
NetworkStream ns＝new NetworkStream(clientSock);
ns. Read(buffer,0,buffer. Length);
string receivedStr＝System. Text. Encoding. Unicode. GetString(buffer);
return receivedStr;
```

【例 7-6】（在客户端）通过 clientSock 套接字实例发送字符串数据。

```
byte[] buffer＝System. Text. Encoding. Unicode. GetBytes(msg);
NetworkStream ns＝new NetworkStream(clientSock);
ns. Write(buffer,0,buffer. Length);
```

根据 Socket 通信的过程，在服务器端，一方面，要不间断地侦听新的客户端 Socket 连接；另一方面，可能要接受若干个客户端的 Socket 连接，对每一个连接都不能遗漏数据，而客户端何时发送数据却是服务器端无法得知的，只能不间断的等待；再一方面，在侦听和接收数据的同时还不能停止用户界面的响应。我们知道，程序是顺序执行的，是依次进行的，如何做到既不间断地响应用户界面，又不间断地侦听客户端 Socket，还不间断地等待若干个 Socket 连接的数据呢？

即使在客户端，一方面要响应用户界面（例如发送数据、关闭连接等）；另一方面要接收服务器端发送来的数据，这些也都要求不间断地进行。

以上问题可以用多线程技术解决。

7.2 多线程技术简介

通俗地说,进程是一个完整的应用程序运行时的集合,线程是一个小的执行单元。一个进程至少包含一个线程。进程是资源共享的边界,线程是操作系统中用以调度 CPU 的单位。

7.2.1 多线程原理简介

一个线程被阻塞时,操作系统调度 CPU 转而执行其他等候的线程,并不断在这些排队线程之间快速切换。

例如在进行 Socket 通信的服务器端,可以由主线程响应用户界面,并再建立并启动一个侦听线程,每侦听到一个客户端 Socket 连接,就再建立并启动一个对应的负责其数据接收任务的线程。这些线程间快速切换,用户就感觉发送数据、接受新的连接、接收多个客户端的数据等可以同时进行。类似的,在 Socket 通信的客户端,由主线程响应用户界面,建立到服务器的 Socket 连接后,立即建立并启动一个数据接收线程。虽然占用了额外的资源去调度线程,但似乎同时执行了多任务,用户会因此而满意。

为了实现多线程,要解决一系列技术问题。围绕 CPU 和存储器两种资源,有两个突出问题,第一,如何分配各线程的执行时间,这个问题主要由操作系统解决,但程序员可以通过设置线程优先级等进行控制;第二,如前所述,同一进程中的各个线程可以共享存储器,因此存在资源访问冲突的问题。结合下一节的小案例,主要讨论一下第二个问题。

单线程程序中,如果一条语句没执行完,那么下一条语句就不会执行,就可以保证一条语句正在访问的资源不会被另一条访问同一资源的语句修改,因此不会冲突。但在多线程环境中可能会出现冲突。例如,在服务器端,主线程创建的窗体上有一个文本框,用来显示从各个客户端 Socket 接收到的文本。为了并行接收每个客户端 Socket 的数据,每个客户端 Socket 在服务器端程序中都利用线程来等待和接收数据,并试图立即把接收数据显示在那个主线程文本框中,这可以用文本框的 AppendText 方法实现。AppendText 方法实际上要做许多操作:给 Text 添加字符串,显示在窗体中等等。想像这样一种情况,一个线程 1 调用 AppendText 方法试图在主线程文本框中显示数据,但没有完全完成时,线程 1 被阻塞(可能由于占用 CPU 时间到期),线程 2 被执行,线程 2 也有数据要在主线程文本框中显示,也许还有线程 3、线程 4……,结果造成主线程文本框数据混乱。

解决冲突的方法很多,例如加锁、设置临界区、设置互斥变量等。这些基础技术由操作系统提供,但程序员应该会管理它们。实际上,.NET 提供了很方便的操作来判断冲突。但在下面的篇幅里不详细讨论线程管理技术,只结合本章小案例研究如何对窗体控件进行线程安全调用。

7.2.2 .NET 中的简单线程操作

.NET 中线程相关的类、结构、委托、枚举等封装在 System. Threading 命名空间中。Thread 类是其中最基本的类,封装了创建并控制线程、设置其优先级并获取其状态的线程操作。ThreadStart 委托是初始化 Thread 实例时的参数,表示在 Thread 上执行的方法。System. Threading 命名空间中还有许多其他的对象,可实现丰富的线程管理功能。

本部分结合本章小案例,仅就 Thread 类说明线程的创建、启动、对 Windows 窗体控件进行线程安全调用等进行介绍。

1. Thread 类

(1)常用构造函数

public Thread (start):ThreadStart 委托参数 start 是线程开始执行时调用的方法。

(2)常用属性

• IsAlive:获取一个值,该值指示当前线程的执行状态。如果此线程已启动并且尚未正常终止或中止,则为 true,否则为 false。

• Priority:获取或设置一个值,该值指示线程的调度优先级。

(3)常用方法

• Start:使线程被安排进行执行。

• Sleep:将当前线程阻止指定的毫秒数。

• Suspend:挂起线程,或者如果线程已挂起,则不起作用。

• Resume:继续已挂起的线程。

• Abort:在调用此方法的线程上引发 ,以开始终止此线程的过程。调用此方法通常会终止线程。

• Join:阻止调用线程,直到某个线程终止时为止。

【例 7-7】(在客户端)为 Socket 实例 clientSock 建立并启动接收数据的线程。

```
{
    Thread thread = new Thread(new ThreadStart(receiveThread));
    thread. Start();
}


private void receiveThread()
{
    while(true)
    {
        byte[] buffer = new byte[1024];
        clientSock. Receive(buffer);
        string receivedStr = System. Text. Encoding. Unicode. GetString(buffer);

        //该方法是在主线程创建的文本框中显示接收字符串的线程安全调用
        DisplayReceiveMsg(receivedStr,(IPEndPoint)clientSock. RemoteEndPoint. Address. ToString());
    }
}
```

2. 对 Windows 窗体控件进行线程安全调用

如前所述,访问 Windows 窗体控件本质上不是线程安全的。如果有两个或多个线程操作某一控件的状态,则可能会迫使该控件进入一种不一致的状态。还可能出现其他与线程相关的 bug,包括争用情况和死锁。因此,确保以线程安全方式访问控件非常重要。

. NET Framework 2.0 可以在程序员以非线程安全方式访问控件时检测到这一问题。在调试器中运行应用程序时,如果创建某控件的线程之外的其他线程试图调用该控件,例如,例 7-7 中,若将 DisplayReceiveMsg 方法换成以下语句:

richTextBoxChat. Text＝receivedStr;

//richTextChat 是主线程创建的 RichTextBox 实例。

则调试器会引发一个 InvalidOperationException,并提示消息:"从不是创建控件 richTextBox 的线程访问它。"

此异常在调试期间和运行时的某些情况下都会发生。利用委托,将调用传递给拥有控件所在窗体的线程执行,将跨线程调用转变为拥有控件所在窗体的线程的线程内调用,从而可以实现线程安全的调用。下面结合例 7-7 说明对 Windows 控件进行线程安全的调用。

（1）创建委托

该委托的参数和返回值类型应该和将要进行线程安全调用的方法签名相同。例如,在例 7-7 中,客户端 Socket 的接收数据线程 thread 启动的 receiveThread 方法中,使用 DisplayReceiveMsg 方法对主线程创建的 richTextChat 控件进行设置。此方法可以显示所接收到的消息和发送者的 IP 地址,即该方法有两个 string 类型的参数,无返回值。因此,若定义该委托名称为 SetReceiveCallBack,对应的委托应为:

delegate void SetReciveCallBack(stringmsg, stringip);

（2）利用上述委托,将调用方法传递给拥有控件所在窗体的线程执行

编写调用控件的方法时,要判断执行该方法的线程是否就是拥有控件的线程（也是拥有控件所在窗体的线程）。若不是,利用上述委托将方法本身传递给拥有控件所在窗体的线程,并由其执行,而不在当前调用方法的线程中执行;若是,可以直接调用控件。

例如,对应例 7-7,利用上述委托,进行线程安全调用的方法如下,该方法在拥有控件的窗体类（运行时属于主线程）中定义,将由例 7-7 中的 receivedThread 方法（运行时属于 thread 线程）调用:

```
public void DisplayReceiveMsg(string msg,string ip)
{
//InvokeRequired 方法:当前调用线程和创建 richTextBoxChat 的线程不同则返回 true
    if(richTextBoxChat. InvokeRequired)
    {
        //实例化委托,指定委托的方法为 DisplayReceiveMsg,即当前方法
        SetReciveCallBack d ＝ new SetReciveCallBack(DisplayReceiveMsg);
    //窗体的 Invoke 方法,将在拥有窗体的线程上用 msg 和 ip 参数执行指定的委托方
    //法,也就是执行 DisplayReceiveMsg 方法,也就是把该方法变成线程内调用。
        this. Invoke(d, new object[] { msg,ip});
    }
```

```
        else
        {
            //以下语句显示发送方 IP 和所接收到的数据。
            richTextBoxChat.SelectionColor = ReceiveColor;
            richTextBoxChat.AppendText(ip + "说:\r\n");
            richTextBoxChat.SelectedRtf=msg;
        }
    }
```

7.3　多用户网络聊天程序小案例

本节建立一个网络聊天的小程序,包括客户端和服务器端程序。

程序完成后,服务器端具备指定端口侦听并接受若干客户端连接;显示各个客户端发来的数据;选择聊天的客户端,发送数据;断开连接;显示状态等功能。客户端具备指定 IP 地址和端口连接服务器;发送数据;断开连接;显示状态等功能。

该聊天程序的数据,包括文本和图像等 RichTextBox 控件可以解释的数据类型。

7.3.1　客户端程序

新建一个 Windows 应用程序项目,名称为:NetworkChatClient。

1. 设计用户界面

从工具箱中拖放若干控件,设置这些控件和 Form1 的属性值和事件委托,如表 7-1 所示,用户界面布局如图 7-2 所示。

表 7-1　网络聊天程序客户端控件属性表

控件类型	属　　性	事件委托
Label	Text:服务器 IP:	
Label	Text:端口:	
TextBox	Name: textBoxServerIP Text:	
TextBox	Name: textBoxPort Text:	
Button	Name:buttonConnect Text:连接	Click:buttonConnect_Click
Button	Name: buttonDisconnect Text:关闭连接	Click: buttonDisconnect_Click
Button	Name:buttonSend Text:发送	Click:buttonSend_Click
RichTextBox	Name: richTextBoxChat ReadOnly: true	TextChanged: richTextBoxChat_TextChanged

RichTextBox	Name：richTextBoxSend Text：	
StatusStrip	Name：statusStrip1	
ToolStripStatusLabel	Name：toolStripStatusLabel1	
Form1	Text：网络聊天客户端 AcceptButton：buttenSend	FormClosing： Form1_FormClosing

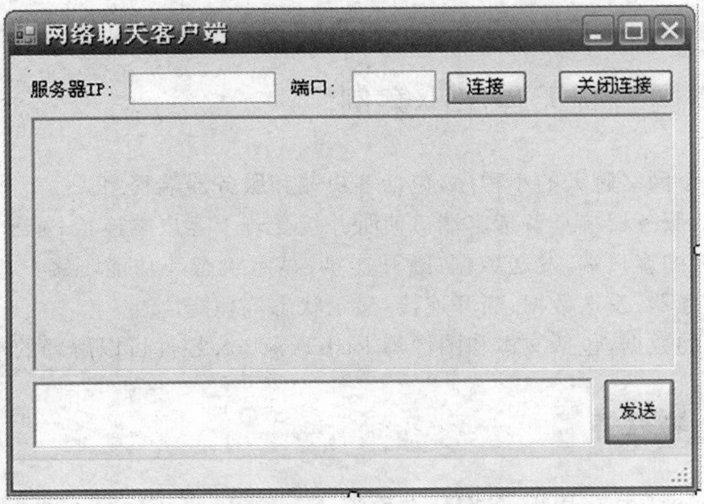

图 7-2　网络聊天程序客户端界面

2. 代码编写

　　用户在启动网络聊天客户端程序后，首先输入已经处于监听状态的服务器 IP 地址和端口号，单击"连接"按钮，正常情况下，状态栏将提示连接成功；然后就可以在下部的文本框中编辑信息，例如输入文字，用 Ctrl＋V 粘贴图片等；最后单击"发送"按钮，可以将信息发送到服务器端，同时将发送的消息显示在上部的文本框中；服务器端的信息将自动显示在上部的文本框中；单击"关闭连接"按钮或者关闭窗体将断开连接。

　　编写如下程序代码：

```
using System；
using System. Collections. Generic；
using System. ComponentModel；
using System. Data；
using System. Drawing；
using System. Text；
using System. Windows. Forms；
using System. Net；
using System. Net. Sockets；
using System. Threading；
```

```csharp
namespace NetworkChatClient
{
    public partial class Form1：Form
    {
        public Form1()
        {
            InitializeComponent();
        }
        //到服务器端的 Socket 连接实例
        Socket clientSock；
        //在 richTextBoxChat 中显示本地发送的消息和接收到的消息用不同的颜色
        Color SendColor = Color. Black；
        Color ReceiveColor = Color. Blue；
        //从接收数据线程中跨线程调用窗体状态栏的线程安全方法所用到的委托
        delegate void SetStatusTextCallBack(string msg)；
    //从接收数据线程中跨线程调用窗体聊天记录文本框的线程安全方法所用到的委托
        delegate void SetReciveCallBack(string msg，string ip)；
        //连接按钮的 Click 事件委托函数，建立与服务器的 Socket 连接
        private void buttonConnect_Click(object sender，EventArgs e)
        {
            IPAddress serverIP ；
            int port=－1；
            //对用户输入的 IP 地址和端口尝试解析，均可解析才能进行连接
            if(IPAddress. TryParse(textBoxServerIP. Text，out serverIP)
                && Int32. TryParse(textBoxPort. Text，out port))
            {
                try
                {
                    //建立到服务器端的连接
                    IPEndPoint serverRemote = new IPEndPoint(serverIP，port)；
                     clientSock = new Socket(AddressFamily. InterNetwork，Socket-
Type. Stream，ProtocolType. Tcp)；
                    //设置同步发送数据超时时间，500 毫秒
                    clientSock. SendTimeout = 500；
                    clientSock. Connect(serverRemote)；

                    //本线程调用，显示状态
                    DisplayStatusMsg("连接成功!")；
```

```
                //建立并启动接收线程
                Threadthread = new Thread(new ThreadStart(receiveThread));
                thread. Start();

                //用户界面处理
                buttonConnect. Enabled = false;
                buttonSend. Enabled = true;
                buttonDisconnect. Enabled = true;
            }
            catch(Exceptionec)
            {
                DisplayStatusMsg("连接失败!" + ec. Message);
            }
        }
        else
            MessageBox. Show("您输入的 IP 地址或端口号格式不正确!");
    }

    //关闭连接按钮 Click 事件委托函数
    private void buttonDisconnect_Click(object sender, EventArgs e)
    {
        //关闭连接,撤消资源
        if(clientSock ! = null) clientSock. Close();
        DisplayStatusMsg( "连接已经断开。");

        buttonConnect. Enabled = true;
        buttonSend. Enabled = false;
        buttonDisconnect. Enabled = false;
        richTextBoxChat. Text = "";
    }

    //发送按钮的 Click 事件委托函数,将 richTextBoxSend 中的信息以 RTF 文本形式发送给
    //服务器端。
    private void buttonSend_Click(object sender, EventArgs e)
    {
        //在 richTextBoxChat 中用特定颜色显示本地 IP,以标记信息的发送者是谁
        richTextBoxChat. SelectionColor = SendColor;
        richTextBoxChat. AppendText(Dns. GetHostAddresses("")[0]. ToString()
+ "说:");
```

```
//将 richTextBoxSend 全部信息添加到 richTextBoxChat，允许任意 RTF 格式的数据
        richTextBoxChat. SelectedRtf = richTextBoxSend. Rtf;
        richTextBoxChat. AppendText("\r\n");

        //发送 richTextBoxSend 中的 RTF 数据
        try
        {
            //发送信息转换为字节数组数据
            byte[] buffer = System. Text. Encoding. Unicode. GetBytes(richText-
BoxSend. Rtf);
            //同步发送数据，
            clientSock. Send(buffer);
            richTextBoxSend. Text = "";
        }
        //超过 clientSock. SendTimeout 而未成功发送，或其他原因，导致异常
        catch
        {
            buttonDisconnect_Click(null, null);
            DisplayStatusMsg("发送失败！请重新连接，再发送。");
        }
    }


//接收数据的线程执行时调用的方法
private void receiveThread()
{
    try
    {
        //无条件循环等待数据，异常时，如连接关闭，退出，并使接收线程结束
        while(true)
        {
//接收缓冲区，要求容纳发送来的所有数据，可能包括几 MB 的图像，
//因此缓冲区比较大。也可以使用其他方法接收大数据
            byte[] buffer = new byte[10240000];
            //Receive 方法是同步方法，无数据时将阻塞当前线程
            clientSock. Receive(buffer);
            //将接收到的数据转换为 string 类型
            string receivedStr = System. Text. Encoding. Unicode. GetString
(buffer);

            //跨线程调用
```

```
            DisplayReceiveMsg(receivedStr, ((IPEndPoint)clientSock. Remo-
teEndPoint). Address. ToString());
        }
    }
    catch
    {
        DisplayStatusMsg("可能远程连接已经关闭,无法接收");
    }
}


//调用窗体聊天记录文本框 richTextChat 的线程安全方法
public void DisplayReceiveMsg(string msg,string ip)
{
    if(richTextBoxChat. InvokeRequired)
    {
        SetReciveCallBack d = new SetReciveCallBack(DisplayReceiveMsg);
        this. Invoke(d, new object[] { msg,ip});
    }
    else
    {
        richTextBoxChat. SelectionColor = ReceiveColor;
        richTextBoxChat. AppendText(ip + "说:\r\n");
        richTextBoxChat. SelectedRtf=msg;
    }
}


//调用窗体状态栏 statusStrip1 的子控件 toolStripStatusLabel1 的线程安全方法
public void DisplayStatusMsg(string msg)
{
    if(this. statusStrip1. InvokeRequired)
    {
        SetStatusTextCallBack d = new SetStatusTextCallBack(DisplayStatus-
Msg);

        this. Invoke(d, new object[] { msg });
    }
    else
    {
        toolStripStatusLabel1. Text = msg;
    }
```

```
    }

    //Form1 的 Form_Closing 事件委托函数,窗体关闭时断开连接
    private void Form1_FormClosing(object sender，FormClosingEventArgs e)
    {
        buttonDisconnect. PerformClick();
    }

    //richTextBoxChat 的 TextChanged 事件委托函数,内容改变时,自动滚动。
    private void richTextBoxChat_TextChanged(object sender，EventArgs e)
    {
        richTextBoxChat. ScrollToCaret();
    }
    }
}
```

7.3.2 服务器端程序

新建一个 Windows 应用程序项目,名称为:NetworkChatServer。

1. 设计用户界面

从工具箱中拖放若干控件,设置这些控件和 Form1 的属性值和事件委托,如表 7-2 所示,用户界面布局如图 7-3 所示。

表 7-2 网络聊天程序服务器端控件属性表

控件类型	属 性	事件委托
Label	Text:服务器 IP:	
Label	Text:端口:	
Label	Text:连接者:	
TextBox	Name: textBoxServerIP Text: ReadOnly: true	
TextBox	Name: textBoxPort Text:	
Button	Name: buttonStartListen Text:开始监听	Click: buttonStartListen_Click
Button	Name: buttonCloseSockets Text:关闭连接	Click：buttonCloseSocket_Click
Button	Name:buttonSend Text:发送信息	Click:buttonSend_Click

RichTextBox	Name：richTextBoxChat ReadOnly：true	TextChanged： richTextBoxChat_TextChanged
RichTextBox	Name：richTextBoxSend Text：	
ComboBox	Name：comboBoxClients	
StatusStrip	Name：statusStrip1	
ToolStripStatusLabel	Name：toolStripStatusLabel1	
Form1	Text：网络聊天客户端 AcceptButton：buttenSend	FormClosing： Form1_FormClosing

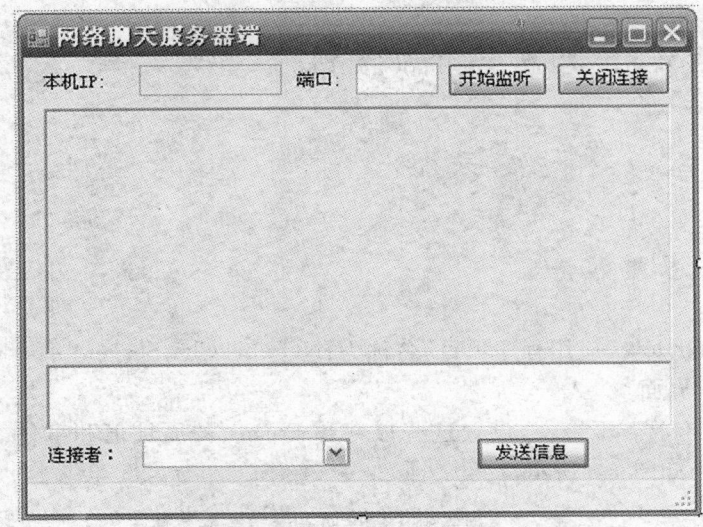

图 7-3　网络聊天程序服务器端界面

2．代码编写

　　用户在启动网络聊天服务器端程序后，程序自动读取本机 IP 地址、用户指定的端口号，单击"开始监听"按钮，正常情况下，状态栏将提示监听启动；当监听到客户端连接时，状态栏将提示，并自动将连接者 IP 加入组合框，然后用户就可以选择一个连接者，在文本框中编辑信息；最后单击"发送"按钮，可以将信息发送到客户端，同时将发送的消息显示在上部的文本框中；各个客户端的信息将自动显示在上部的文本框中；单击"关闭连接"按钮或者关闭窗体将关闭所有连接，包括监听套接字。

　　编写如下程序代码：

　　（1）对应每个客户端连接的 AClient 类

```
using System；
using System. Collections. Generic；
using System. Text；
using System. Threading；
using System. Net；
```

```
using System. Net. Sockets；
using System. Windows. Forms；

namespace NetworkChatServer
{
    class AClient
    {
        //表示客户端连接的套接字
        private SocketaClientSocket；
        //主窗体
        private Form1 parent；
        public AClient(Socket sock，Form1 form)
        {
            aClientSocket = sock；
            parent = form；
        }
        //接收线程启动的方法,类似客户端程序的接收线程启动的方法
        public void receiveThread()
        {
            try
            {
                while(true)
                {
                    byte[] buffer = new byte[10240000]；
                    aClientSocket. Receive(buffer)；
                    string receivedStr = System. Text. Encoding. Unicode. GetString
                    (buffer)；
                    parent. DisplayReceiveMsg(receivedStr，((IPEndPoint)aClientSocket.
                    RemoteEndPoint). Address. ToString())；
                }
            }
            catch(Exceptione)
            {
                parent. DisplayStatusMsg(e. Message)；
            }
        }
    }
}
```

（2）主窗体程序代码

```csharp
using System;
using System.Collections.Generic;
using System.ComponentModel;
using System.Data;
using System.Drawing;
using System.Text;
using System.Windows.Forms;
using System.Threading;
using System.Net;
using System.Net.Sockets;
using System.Collections;

namespace NetworkChatServer
{
        public partial class Form1: Form
        {
            //监听套接字
            Socket listenSock;
            //客户端套接字列表
            ArrayList clientSockets = new ArrayList();
            //聊天记录文本框字体颜色
            Color SendColor = Color.Black;
            Color ReceiveColor = Color.Blue;

    //从接收数据线程中跨线程调用窗体状态栏的线程安全方法所用到的委托
            delegate void SetStatusTextCallBack(string msg);
    //从接收数据线程中跨线程调用窗体聊天记录文本框的线程安全方法所用到的委托
            delegate void SetReciveCallBack(string msg, string ip);

            public Form1()
            {
                InitializeComponent();
                //获取本地 IP 地址
                textBoxServerIP.Text = Dns.GetHostAddresses("")[0].ToString();
            }

            //连接按钮 Click 事件委托函数
            private void buttonConnect_Click(object sender, EventArgs e)
            {
```

```
int port=-1;
if(Int32. TryParse(textBoxPort. Text,outport))
{
        //建立本地端点实例,监听套接字实例 t
        IPEndPoint local = new IPEndPoint(IPAddress. Parse(textBox-
ServerIP. Text), port);
        listenSock = new Socket(AddressFamily. InterNetwork, Socket-
Type. Stream, ProtocolType. Tcp);
        //绑定监听套接字到本地端点
        listenSock. Bind(local);
        //指定监听套接字队列中最多可容纳的等待接受的传入连接数
        //为 50。
        listenSock. Listen(50);

        //启动监听线程
        Thread thListen = new Thread(new ThreadStart(listenThread));
        thListen. Start();
        DisplayStatusMsg("监听线程已经启动");

        //用户界面逻辑
        buttonStartListen. Enabled = false;
        buttonSend. Enabled = true;
        buttonCloseSockets. Enabled = true;
}
else
        MessageBox. Show("请输入正确的端口号!");
}


//监听线程启动的方法
private void listenThread()
{
    try
    {
    //无条件循环监听,监听套接字关闭将引起异常,导致循环退出线程结束
        while(true)
        {
            //为新建连接创建新的 Socket
            Socket sock = listenSock. Accept();
```

```
                        if(clientSockets. IndexOf(sock) < 0)
                        {
                            //将新 Socket 实例添加到客户端套接字列表，
                            clientSockets. Add(sock);
                            //设置该 Socket 实例的同步发送超时时间 500 毫秒
                            sock. SendTimeout = 500;
                            //将该 Socket 实例的 IP 添加到连接者组合框
                          string ip = ((IPEndPoint)sock. RemoteEndPoint). Address. ToString();
                            addClient(ip);
                            //建立并启动每个客户端连接的接收线程
                            AClient aClient = new AClient(sock, this);
                        Thread thRcv = new Thread(new ThreadStart(aClient. receiveThread));
                            thRcv. Start();
                            DisplayStatusMsg("已经接受了来自"+ ip + "的连接请求");
                        }
                    }
                }
            catch(Exceptione)
            {
                DisplayStatusMsg(e. Message+"  监听线程已经关闭");
            }
        }


    //发送信息按钮 Click 事件委托函数,类似客户端程序发送按钮 Click 事件委托函数
    private void buttonSend_Click(object sender, EventArgs e)
    {
        richTextBoxChat. SelectionColor = SendColor;
        richTextBoxChat. AppendText(textBoxServerIP. Text + "说:");
        richTextBoxChat. SelectedRtf = richTextBoxSend. Rtf;
        richTextBoxChat. AppendText("\r\n");

        Socket sock = this. locateClientSocket(comboBoxClients. Text);
        try
        {
            byte[] buffer =
System. Text. Encoding. Unicode. GetBytes(richTextBoxSend. Rtf);
            sock. Send(buffer);
```

```
            richTextBoxSend. Text = "";
        }
        catch(Exceptionec)
        {
            DisplayStatusMsg(ec. Message + "发送失败:"+ richTextBoxSend.
Text);
            //遇到无法发送的客户端连接,清除之
            clientSockets. Remove(sock);
            comboBoxClients. Items. Remove(comboBoxClients. Text);
            comboBoxClients. Text = "";
        }
    }


    //根据用户选中的 IP 地址,定位出对应的套接字
    private Socket locateClientSocket(string ip)
    {
        foreach(Socket sock in clientSockets)
        {
            if(((IPEndPoint)sock. RemoteEndPoint). Address. Equals(IPAddress.
Parse(ip)))
            {
                return sock;
            }
        }
        return null;
    }


    //关闭连接按钮 Click 事件委托函数
    private void buttonCloseSockets_Click(object sender, EventArgs e)
    {
        //关闭监听套接字连接
        if(listenSock ! = null) listenSock. Close();
        //关闭所有客户端套接字连接
        foreach(Socket sock in clientSockets)
        {
            if(sock! =null) sock. Close();
        }


        //用户界面逻辑
```

```csharp
            buttonStartListen. Enabled = true;
            buttonSend. Enabled = false;
            buttonCloseSockets. Enabled = false;
            comboBoxClients. Items. Clear();
            comboBoxClients. Text = "";
            richTextBoxChat. Text = "";
        }

//调用窗体聊天记录文本框 richTextChat 的线程安全方法
    public void DisplayReceiveMsg(string msg, string ip)
    {
        if(richTextBoxChat. InvokeRequired)
        {
            SetReciveCallBack d = new SetReciveCallBack(DisplayReceiveMsg);
            this. Invoke(d, new object[] { msg,ip});
        }
        else
        {
            richTextBoxChat. SelectionColor = ReceiveColor;
            richTextBoxChat. AppendText(ip + "说:\r\n");
            richTextBoxChat. SelectedRtf=msg;
        }
    }

//调用窗体 comboBoxClients 控件的线程安全调用方法,借用安全调用状态栏的委托
    private void addClient(string ip)
    {
        if(comboBoxClients. InvokeRequired)
        {
            SetStatusTextCallBack a= new SetStatusTextCallBack(addClient);
            this. Invoke(a, new object[] { ip });
        }
        else
        {
            if(comboBoxClients. Items. IndexOf(ip) < 0)
            {
                comboBoxClients. Items. Add(ip);
                if(comboBoxClients. Text == "")
                    comboBoxClients. Text = ip;
```

```
            }
        }
    }


    //调用窗体状态栏的线程安全方法
    public void DisplayStatusMsg(string msg)
    {
        if(this. statusStrip1. InvokeRequired)
        {
            SetStatusTextCallBack d = new SetStatusTextCallBack(DisplayStatus-
Msg);
            this. Invoke(d, new object[] { msg });
        }
        else
        {
            toolStripStatusLabel1. Text = msg;
        }
    }


    private void Form1_FormClosing(object sender, FormClosingEventArgs e)
    {
        buttonCloseSockets. PerformClick();
    }


    private void richTextBoxChat_TextChanged(object sender, EventArgs e)
    {
        richTextBoxChat. ScrollToCaret();
    }
    }
}
```

7.4 本章小结

    本章简单介绍了网络编程,并涉及了多线程技术,主要阐述了. NET 的套接字编程层次的网络应用。在简单介绍了基本组件的常用属性和方法后,通过一个小案例介绍了网络中套接字编程的基本应用。本章对套接字和多线程的阐述都不够详细,缺少许多性能上的讨论,有兴趣的读者可参考相关书籍。

    本书大案例中使用了多线程的套接字编程。

    网络编程越来越常见。学习本章,应该更深刻地理解计算机网络技术中的相关内容,了解分布式应用程序的结构,初步掌握分布式应用程序的设计方法。

7.5　实训:大案例网络通信程序设计

实训目的

(1)熟悉网络通信的实际应用。

(2)完成大案例功能。

实训要求

(1)复习第 1 章,分析大案例网络通信程序的作用。

(2)根据本章小案例初步设计大案例通信程序。

(3)分析参考代码,了解功能。

(4)对照本章内容,掌握基本理论在大案例中的应用。

(5)根据以上目的、要求写出实训报告。

实训参考

根据图 1-6,网络通信程序是考试管理子系统和考试子系统关联的纽带。显然考试管理子系统首先启动,监听各个考试子系统的连接,是通信的服务器端;考试子系统是通信的客户端。

与网络聊天程序小案例不同的是:通信传输的数据是第 6 章提到的对象序列化得到的 XML 数据;数据不需要直接显示,而是传递给数据表示层进行解释。因此,不必关心数据来源,而且不会用到跨线程调用窗体控件。

实际上,与数据表示层的数据传递,采用数据队列非常方便,通信程序将接收数据放入队列,由表示层程序读取并处理。

因此,大案例的网络通信程序实际上比网络聊天小案例要简单些,请读者通过参考代码进行分析。完整的参考代码可从支持网站下载。

1. 考试子系统的网络通信程序(客户端)

考试子系统的网络通信程序与网络聊天程序客户端类似。

2. 考试管理子系统的网络通信程序(服务器端)

考试管理子系统的网络通信程序定义了一个结构和两个类。

ReceivedRecord 结构是每个考生发来信息的保存格式,这些信息保存在 TcpServer 实例的 receivedQueue 队列中,供 ExamManageLogic 实例检索。本例中,考生发来的信息全部是数据库请求信息。

AReceive 类用来从特定的 Socket(每个考生登录时建立)接收数据。此类的实例由 TcpServer 类的实例的监听进程创建,它具有一个 parent 字段和一个 receiveThread 方法。在创建一个 ARceive 类的实例后,其 parent 字段指向的 TcpServer 实例立即启动一个线程执行该 ARceive 实例的 receiveThread 方法,以接收此考生发来的信息、放入 parent 的队列。

给考生发送数据由 TcpServer 负责,不使用额外的线程。TcpServer 类维护考试管理机上执行的侦听 Socket,即 tcpSocket 字段,为来自于每个考生的请求建立 Socket,放在 userSockets 列表中,并为各考生维护一个消息队列,即 receivedQueue。其主要操作有:Start() 开始侦听线程、Close() 关闭基础 Socket、由侦听线程 listenThread 启动接收线程、按 IP 发送消息给考生的 Send() 方法。此类由 FormExamManage 实例调用来控制考试，由 Exam-ManageLogic 实例调用来给考生返回数据库查询。

7.6　习题

1. 什么是 Socket? 简述 Socket 通信的基本过程。
2. 简述 .NET 中与 Socket 编程有关的类及其作用。
3. 为什么需要多线程技术? 多线程访问用户界面控件要如何处理?
4. 为本书小案例添加字体和昵称功能。

第 8 章　多媒体应用程序设计

本章要点
- ✓　**图形编程 GDI+**
- ✓　**使用 Graphics 对象画图**
- ✓　**用 Windows Media Player 播放音、视频**

　　图形、图像、文字、声音和视频是多媒体的最基本的表现形式,在各行各业有多种应用。实际上,文字也可以看作图形.. NET Framework 为操作图形、图像提供了 GDI+应用程序编程接口(API)。GDI+是 Windows Graphics Device Interface (GDI)的高级实现,GDI+旨在提供较好的性能并且易于使用。通过使用 GDI+,可以创建图形、绘制文本以及将图形、图像作为对象操作。

　　处理音、视频比较简单的方法是基于 Windows 媒体技术集 Windows Media Technologies,主要包括 Windows Media Player、Windows Media Encoder、Windows Media Server,分别针对媒体播放、编码和网络服务。由于. NET 可以和 COM 组件进行交互,因此在 C♯中可以利用 Windows Media Technologies 的一些方便易用的组件,仅需指定少量的属性和事件委托函数、调用简单的方法,就可以快速编写多媒体应用程序。

　　实际上,用上述方法处理音、视频,仅仅是 Microsoft 处理音、视频的一种解决方案。但是在. NET 托管代码中引用 COM 组件的方法,可以推广到各种应用,例如,引用 Macromedia 公司的 Shockwave Flash Object 控件,可以在. NET 应用程序中播放 flash 动画。也就是说,借用 COM 技术,可以扩展. NET 应用程序的功能。

　　另外,在 C♯中,图形、图像、声音和视频应用程序,都可以用托管的 Microsoft DirectX 技术开发。DirectX 是在 Windows 平台上进行多媒体应用程序开发的公认标准,允许软件开发人员访问专用的硬件,因而可以使多媒体应用程序具有更高的性能,但无需编写特定于硬件的代码。在要求更高性能的多媒体应用的场合,例如在用到包括全彩色图形、视频和 3D 动画以及环场声音的游戏软件开发中,DirectX 技术得到了广泛的应用。

　　本章主要学习 GDI+的使用,并在套接字编程技术的基础上,使用 GDI+编写一个无禁手五子棋二人对下的网络小程序。

8.1 图形编程与GDI+

8.1.1 图形编程的基本概念

用程序语言编程在输出设备上绘制图形、图像、文本,可以称之为图形编程。这不同于使用 Photoshop 等应用程序绘制图形、图像。

1. 画图对象

画图对象是图形编程的核心。它像一个画布,代表了要在其上绘制图形的输出设备。但画图对象是对输出设备的抽象,与设备无关,也就是说,可以从各种显示设备上获得一个画图对象,也可以从各种打印设备上获得一个画图对象,而这些画图对象都具有相同的使用方法,图形编程者不必考虑设备驱动程序接口。

画图对象封装了一个平面坐标系,因而具备位置、尺寸等属性;画图对象还封装了二维几何图形的处理、图像处理、显示文字等操作,例如画各种几何图形(见后述图形元素)的轮廓、坐标变换、图形的填充和缩放变形、显示图像、位图图像处理、文字字体设置、文字显示和排版等。图形元素的特性决定了可以进行何种操作。

2. 画图工具

(1)颜色

任何颜色都可以通过红绿蓝三基色混色得到,因此,在图形编程中,颜色一般用 RGB 值表示。为了表示图像的透明度,还有一个 Alpha 值参与混色。在 32bit 的 ARGB 位图图像中,每个像素由 4 个字节组成,各个字节分别对应 Alpha,R,G,B 值,因此,每个分量的取值范围是 0~255。当 Alpha 值为 0 时,表示该像素完全透明。例如,纯红色的 ARGB 值可以表示为(255,255,0,0)。

图形编程者可以通过设置颜色对象的 ARGB 属性来调色,但通常情况不必自己去调色,系统一般提供了丰富的已调颜色,可以通过名称使用这些颜色。例如 Blue,Yellow 等,其 ARGB 值分别为(255,0,0,255)和(255,255,255,0)等。

(2)画刷

在图形编程中,画刷并不是可以画出更粗线条的画笔。画刷是一种填充工具,常用来在一个轮廓中填充某种图案或纹理。

没有图案或纹理、只有一种颜色的画刷是最简单的,称为纯色画刷;还有简单图案的画刷,可以刷出水平、垂直、倾斜、交叉的条纹,称为影线画刷;可以填充特定纹理的画刷,叫纹理画刷,包括复杂的图像也可以用作纹理,用一幅比要填充的轮廓尺寸小的图像作为纹理,可以实现类似 Windows 桌面背景平铺的效果。

图形编程中,当前流行的画刷还有渐变画刷,渐变画刷可以赋予平面轮廓逼真的立体感。渐变包含了复杂的算法处理。其中比较简单的是线性渐变,即色彩变化是沿着指定角度的直线路径方向进行的,线性渐变可以是双色渐变,也可以是多色渐变。更复杂一些的是路径渐变,将要填充的轮廓视为一个路径,色彩从其内部的一个点逐渐过渡到路径的边界,要填充的轮廓可以是一个圆,也可以是一个非常复杂的图形。

（3）画笔

画笔是用来画出线条的，其属性当然包含颜色、宽度等，还有线型，当把一定宽度的线条看成一个轮廓的时候，就可以用画刷在这个轮廓上填充，所以，画笔也包含了画刷属性。

用 GDI 进行图形编程的时候，要时刻注意画笔的当前坐标，但在 GDI＋中，画图是"无状态"的，每一个绘图操作都相互独立，因此不再需要关心画笔的位置。

3. 图形元素

（1）点

点包含一对坐标值，用来定位各种图形。例如，给定左上角点的坐标和宽、高可以惟一确定一个矩形。

（2）基本图形

在图形编程中，最基本的图形是矩形，这也是常见的图形控件都是矩形区域的原因。如前所述，矩形可以用左上角点和一个包含宽和高的尺寸确定。

直线是最简单的非闭合图形，可以由起始点和终结点确定。

矩形与其内切椭圆一一对应，所以，椭圆经常用矩形确定。圆是椭圆的特殊情况。

扇形是椭圆区域的一部分，扇形所在椭圆对应的矩形、扇形某边与水平轴的夹角、扇形两边夹角可以确定该扇形。

弧不是闭合轮廓，只是椭圆边界的一部分，它和扇形一一对应。

多边形是可以由若干端点确定的闭合轮廓。

曲线中的样条曲线在 CAD 中极为常用，通过指定若干型值点和张力值等，可以确定样条曲线。贝塞尔样条曲线是一种常见的样条曲线，由 4 个点确定，第 1,4 点是型值点，2,3 点用来计算张力。

（3）路径

由各种基本图形可以组成复杂的轮廓，称为路径。路径用来绘制轮廓、填充内部和创建剪辑区域。

路径由任意数目的基本图形组成，路径可以不是闭合的。不闭合路径中至少包含一个不闭合基本图形。对于不闭合路径，也可以进行填充，因为对于路径中的不闭合基本图形，可以认为其起始点和终止点之间有一条直线使该基本图形封闭，以便进行填充。

（4）区域

区域是闭合轮廓的内部。用来封装一个区域与另一个区域、矩形等的交、并、补等操作。

（5）图像

图像在计算机中的存储、显示和处理有两种基本形式，一种是光栅图像，即位图，存储各像素点的 ARGB 值；另一种是矢量图像，存储各几何形状的图形参数。静态图像处理、主要进行色彩处理和需要像自然图像般逼真的场合，一般使用位图；动画处理、主要进行图像变形的场合，一般使用矢量图。

在图形编程中，画图对象也可以接受图像作为要显示的图形元素。

（6）文字

文字的属性主要有字体、尺寸、风格等。也可以通过指定文字在画图对象上占据的矩形区域来确定文字位置。

4. 图形变换

（1）坐标变换

在图形编程中，一般使用三个坐标空间：世界坐标空间，页面坐标空间和设备坐标空间。它们默认的坐标原点都是在左上角，Y 轴正方向与数学习惯相反。

页面坐标系是指绘图图面（如窗体或控件）使用的坐标系，其默认坐标单位是像素，但坐标单位可以改变，如改为英寸。

世界坐标是实际编程使用的坐标系，一般由页面坐标平移得到，这称为"世界变换"，其坐标单位默认与页面坐标相同。

设备坐标系是在其上进行绘制的物理设备（如屏幕或纸张）所使用的坐标系，其坐标单位默认是像素，可以由页面坐标经坐标单位变换得到，这称为"页面变换"。

（2）图形变换

包括图形的拉伸、缩放、旋转、错切等二维变换。图形中一个点的坐标可以记为一个矩阵，图形中各点矩阵与一个特定的变换矩阵相乘，就可以实现图形变换。有关内容，请读者查阅计算机图形学方面的资料，在此不详述。

将表示颜色的 ARGB 值视为一个矩阵，就可以通过矩阵运算实现色彩变换。

8.1.2　GDI＋的构成和常用的类

GDI＋被封装在 System. Drawing 命名空间中。该命名空间提供了对 GDI＋基本图形功能的访问，在 System. Drawing. Drawing2D，System. Drawing. Imaging 以及 System. Drawing. Text 命名空间中提供了更高级的功能。

Graphics 类是 GDI＋中的画图对象，提供了画各种基本图形的方法（如 DrawLine，DrawEllipse，DrawString），是. NET 图形编程的核心。

Color 结构封装颜色。

Pen 类封装画笔。

Brush 类封装了各种画刷，但一般不直接应用 Brush 类，而常用其子类：纯色画刷 Solid-Brush、纹理画刷 TextureBrush，及 System. Drawing. Drawing2D 命名空间中的影线画刷 HatchBrush、线性渐变画刷 LinearGradientBrush、路径渐变画刷 PathGradientBrush。

Point 结构封装点的 x，y 坐标；Rectangle 结构封装矩形，Size 封装矩形的宽度和高度值，PointF，RectangleF，SizeF 与 Point，Rectangle，Size 类似，只是其坐标值是 float 型的。

GraphicsPath 类封装路径类对象。

Region 类封装区域类对象。

Image 类（其派生类 Bitmap 更常用）封装图像对象，提供了读写图像文件及一些图像处理的方法。Icon 类封装专门用作图标的位图图像。ImageAnimator 类封装动画对象，可以读写 GIF 文件及控制动画。

Font 类封装字体类对象。

System. Drawing. Drawing2D 命名空间中的 Matrix 类封装矩阵对象。

1. 常用结构

（1）Point/PointF 结构

Point 和 PointF 这两个结构表示二维绘图平面上的坐标点 x 和 y 坐标的有序对。下面以 Point 为例说明。

构造函数：public Point（int x，int y）。

属性：

· IsEmpty：获取一个值，该值指示此 Point 是否为空。

· x：获取或设置此 Point 的 x 坐标。

· y：获取或设置此 Point 的 y 坐标。

常用方法：

· Point. Add（Point，Size）：按指定的 Size 平移给定的 Point。静态方法。

· Point. Subtract（Point，Size）：按指定大小的负值平移 Point。静态方法。

（2）Size/SizeF 结构

Size 和 SizeF 结构表示存储有序整数或浮点数对，通常为矩形的宽度和高度。其构造函数、属性和方法与 Point 及 PointF 类似，只是其属性为 Width 和 Height。

（3）Rectangle/RectangleF 结构

以 Rectangle 为例，它存储一组整数，共四个，表示一个矩形的位置和大小。可以将矩形看作最简单的区域，它具备了许多区域运算的方法，多数方法虽然本书并未用到，但在此一并列出，本书将不再介绍 Region 类。

构造函数：

· Rectangle（Point，Size）：用指定的位置和大小初始化 Rectangle 类的新实例。

· Rectangle（Int32，Int32，Int32，Int32）：用指定的位置和大小初始化 Rectangle 类的新实例。

属性：

· Bottom：获取 y 坐标，该坐标是此 Rectangle 结构的 Y 与 Height 属性值之和。

· Height：获取或设置此 Rectangle 结构的高度。

· IsEmpty：测试此 Rectangle 的所有数值属性是否都具有零值。

· Left：获取此 Rectangle 结构左边缘的 x 坐标。

· Location：获取或设置此 Rectangle 结构左上角的坐标。

· Right：获取 x 坐标，该坐标是此 Rectangle 结构的 X 与 Width 属性值之和。

· Size：获取或设置此 Rectangle 的大小。

· Top：获取此 Rectangle 结构上边缘的 y 坐标。

· Width：获取或设置此 Rectangle 结构的宽度。

· x：获取或设置此 Rectangle 结构左上角的 x 坐标。

· Y：获取或设置此 Rectangle 结构左上角的 y 坐标。

主要方法：

· Contains：确定指定的点是否包含在此 Rectangle 定义的矩形区域范围内。

· FromLTRB：静态方法，创建一个具有指定边缘位置的 Rectangle 结构。即用 Left，Top，Right，Bottom 来初始化矩形。

· Inflate：将 Rectangle 结构放大指定量。

· Intersect：确定表示两个矩形交集的 Rectangle 结构。

- Union：静态方法，获取包含两个 Rectangle 结构的交集的 Rectangle 结构。
- IntersectsWith：确定此矩形是否与 rect 相交。
- Offset：将此矩形的位置调整指定的量。
- op_Equality：静态方法，测试两个 Rectangle 结构的位置和大小是否相同。
- op_Inequality：静态方法，测试两个 Rectangle 结构的位置或大小是否不同。
- Ceiling：静态方法，通过将 RectangleF 值舍入到比它大的相邻整数值，将指定的 RectangleF 结构转换为 Rectangle 结构。
- Round：静态方法，通过将 RectangleF 舍入到最近的整数值，将指定的 RectangleF 转换为 Rectangle。
- Truncate：静态方法，通过截断 RectangleF 值，将指定的 RectangleF 转换为 Rectangle。

【例 8-1】定义一个左上角为 (10,10)，宽度为 200，高度为 100 的矩形。

Rectangle rect＝new Rectangle(10,10,200,100);

【例 8-2】定义一个 Point，坐标为 (100,50)；再定义一个 Size，宽度为 200，高度为 100；最后定义一左上角是该点、大小为该 Size 的矩形。

Point point＝new Point(100,50);

Size size＝new Size(200,100);

Rectangle rect＝new Rectangle(point,size);

（4）Color 结构

Color 结构表示 ARGB 颜色。虽然 Color 结构中定义了上百种系统定义的颜色，但这些颜色表示为属性，即 Color 是结构类型，而不是枚举类型。用于枚举系统已定义的颜色的对象是 KnownColor。

Color 结构没有构造函数，常用以下静态方法构造新的 Color 实例：

- FromArgb：通过设定 ARGB 分量新建 Color 实例。
- FromKnownColor：通过系统已定义颜色新建 Color 实例。
- FromName：通过系统已定义颜色名称新建 Color 实例。

【例 8-3】设置 textBox1 的背景色为纯蓝色，前景色的 ARGB 值为 (255,240,240,240)。

textBox1. BackColor＝Color. Blue;

textBox1. ForeColor＝Color. FromArgb(255,240,240,240)

2. Graphics 类

（1）取得 Graphics 实例

Graphics 是画图对象，封装了图形编程的核心功能。图形编程需要两个步骤：获取或创建 Graphics 实例；使用 Graphics 实例绘制图形。

通常用以下方法获取或创建图形对象：

①在窗体或控件的 Paint 事件中接收对图形对象的引用，作为 PaintEventArgs 的一部分。在为控件创建绘制代码时，通常会使用此方法来获取对图形对象的引用。

②调用某控件或窗体的 CreateGraphics 方法以获取对 Graphics 实例的引用，该对象表示该控件或窗体的绘图图面。如果想在已存在的窗体或控件上绘图，可以使用此方法。

③使用 Graphics 类的 FromImage 静态方法，由从 Image 继承的任何对象创建 Graphics

实例。一般在更改已存在的图像时使用此方法。

如果使用 CreateGraphics 方法创建实例,应该在结束时调用 Graphics 实例的 Dispose 方法撤销该实例。

如果在 Paint 事件中获取 Graphics 实例,需要注意的是 Graphics 实例是有生存期的,这个实例是作为 Paint 事件委托函数的参数给出的,因此,在参数生存期结束时,该 Graphics 实例将会由系统撤销。

Paint 事件在窗体或控件需要重新绘制的时候就会发生,例如窗体从最小化还原时,和其他事件一样,其发生的时机是由系统决定的。但是执行窗体或控件的 Refresh 方法,将强制重绘控件。

(2)主要属性

• DpiX:获取此 Graphics 的水平分辨率。表示为每英寸像素数。

• DpiY:获取此 Graphics 的垂直分辨率。

• PageScale:获取或设置此 Graphics 的全局单位和页单位之间的比例。float 类型。

• PageUnit:获取或设置用于此 Graphics 中的页坐标的度量单位。GraphicsUnit 枚举类型,如 GraphicsUnit. Pixel 和 Graphics. Inch 等。

• Transform:获取或设置此 Graphics 的世界变换。Matrix 类型,是一个变换矩阵。

• VisibleClipBounds:获取此 Graphics 的可见剪辑区域的边框。Rectangle 类型。

(3)主要方法

• Clear:清除整个绘图面并以指定背景色填充。

• DrawArc:绘制一段弧线,它表示由一对坐标、宽度和高度指定的椭圆部分。

• DrawBezier:绘制由 4 个 Point 结构定义的贝塞尔样条。

• DrawBeziers:用 Point 结构数组绘制一系列贝塞尔样条。

• DrawClosedCurve:绘制由 Point 结构的数组定义的闭合基数样条。

• DrawCurve:绘制经过一组指定的 Point 结构的基数样条。

• DrawEllipse:绘制一个由边框(该边框由一对坐标、高度和宽度指定)定义的椭圆。

• DrawIcon:在指定坐标处绘制由指定的 Icon 表示的图像。

• DrawIconUnstretched:绘制指定的 Icon 表示的图像,而不缩放该图像。

• DrawImage:在指定位置并且按原始大小绘制指定的 Image。

• DrawImageUnscaled:在由坐标对指定的位置,使用图像的原始物理大小绘制指定的图像。

• DrawImageUnscaledAndClipped:在不进行缩放的情况下绘制指定的图像,并在需要时剪辑该图像以适合指定的矩形。

• DrawLine:绘制一条连接由坐标对指定的两个点的线条。

• DrawLines:绘制一系列连接一组 Point 结构的线段。

• DrawPath:绘制 GraphicsPath。

• DrawPie:绘制一个扇形,该形状由一个坐标对、宽度、高度以及两条射线所指定的椭圆定义。

• DrawPolygon:绘制由一组 Point 结构定义的多边形。

• DrawRectangle:绘制由坐标对、宽度和高度指定的矩形。

- DrawRectangles：绘制一系列由 Rectangle 结构指定的矩形。
- DrawString：在指定位置并且用指定的 Brush 和 Font 对象绘制指定的文本字符串。
- FillClosedCurve：填充由 Point 结构数组定义的闭合基数样条曲线的内部。
- FillEllipse：填充边框所定义的椭圆的内部，该边框由一对坐标、一个宽度和一个高度指定。
- FillPath：填充 GraphicsPath 的内部。
- FillPie：填充由一对坐标、一个宽度、一个高度以及两条射线指定的椭圆所定义的扇形区的内部。
- FillPolygon：填充 Point 结构指定的点数组所定义的多边形的内部。
- FillRectangle：填充由一对坐标、一个宽度和一个高度指定的矩形的内部。
- FillRectangles：填充由 Rectangle 结构指定的一系列矩形的内部。
- FillRegion：填充 Region 的内部。
- FromImage：从指定的 Image 创建新的 Graphics。
- CopyFromScreen：执行颜色数据从屏幕到 Graphics 的绘图图面的位块传输。
- IsVisible：指示由一对坐标指定的点是否包含在此 Graphics 的可见剪辑区域内。
- MeasureString：测量用指定的 Font 绘制的指定字符串。返回 SizeF 结构。
- ResetTransform：将此 Graphics 的世界变换矩阵重置为单位矩阵。
- RotateTransform：将指定旋转应用于此 Graphics 的变换矩阵。
- ScaleTransform：将指定的缩放操作应用于此 Graphics 的变换矩阵，方法是将该对象的变换矩阵左乘该缩放矩阵。
- TransformPoints：使用此 Graphics 的当前世界变换或页变换，将点数组从一个坐标空间转换到另一个坐标空间。
- TranslateTransform：通过使此 Graphics 的变换矩阵左乘指定的平移来更改坐标系统的原点。
- Dispose：释放由 Graphics 使用的所有资源。

3. Pen 类

Pen 是用来画直线或曲线的类。以下是其构造函数重载：
- Pen（Brush）：用指定的 Brush 初始化 Pen 类的新实例。
- Pen（Color）：用指定颜色初始化 Pen 类的新实例。
- Pen（Brush，Single）：使用指定的 Brush 和 Width 初始化 Pen 类的新实例。
- Pen（Color，Single）：用指定的 Color 和 Width 属性初始化 Pen 类的新实例。

【例 8-4】定义一个宽度为 2 的黑色画笔。

Pen blackPen＝new Pen(Color. Black,2);

4. 各 Brush 类的派生类

（1）SolidBrush 类

指纯色画刷。其构造函数为：public SolidBrush (Color color)。

（2）TextureBrush 类

指纹理画刷。其主要构造函数为：
- TextureBrush（Image）：初始化使用指定图像作为纹理的新 TextureBrush 对象。

• TextureBrush（Image，Rectangle）：初始化使用指定图像中的一个矩形区域作为纹理的新 TextureBrush 对象。

【例 8-5】以完整图像和图像的矩形区域作为纹理的画刷。

//从文件中获取图像

Bitmap fish＝new Bitmap("nemo. bmp")；

//使用完整图像的纹理画刷

TextureBrush fishTextureBrush＝new TextureBrush(fish)；

//使用部分图像的纹理画刷

TextureBrush partFishTextureBrush＝new TextureBrush(fish,new Rectangle(55,35,55,35))；

使用本例构造的纹理画刷填充尺寸相同的圆的效果，如图 8-1 所示。

  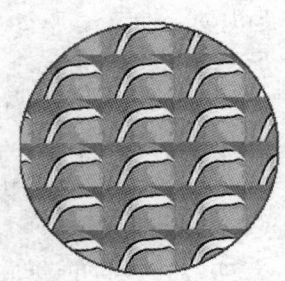

原始图像　　　　　　以完整图像为纹理的填充效果　　以部分图像为纹理的填充效果

图 8-1　以完整图像和部分图像为纹理的纹理画刷填充效果

（3）HatchBrush 类

指影线画刷。其构造函数为：

• HatchBrush（HatchStyle，Color）：使用指定的 HatchStyle 枚举和前景色初始化 HatchBrush 类的新实例。

• HatchBrush（HatchStyle，Color，Color）：使用指定的 HatchStyle 枚举、前景色和背景色初始化 HatchBrush 类的新实例。

HatchStyle 枚举包括 Horizontal，Vertical，ForwardDiagonal，BackwardDiagonal、Cross 和 DiagonalCross 几种取值。在前景色为 Black、背景色为 White 时，分别用这几种风格的影线画刷填充同样大小的矩形的效果如图 8-2 所示。

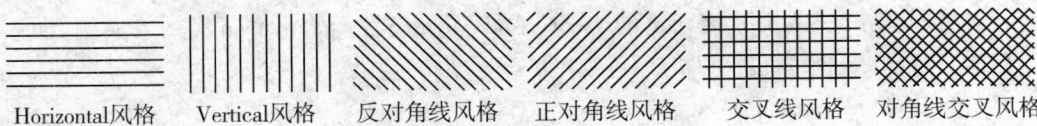

Horizontal风格　　Vertical风格　　反对角线风格　　正对角线风格　　交叉线风格　　对角线交叉风格

图 8-2　几种影线风格的影线画刷的填充效果

（4）LinearGradientBrush

指线性渐变画刷。主要构造函数为：

• LinearGradientBrush（Point，Point，Color，Color）：使用指定的点和颜色初始化 LinearGradientBrush 类的新实例。两个点确定一条直线，在这条直线的两个端点上，分别具有两种颜色,直线上其他的点是从起始颜色到结束颜色的渐变。

【例 8-6】假设已经有一个 Graphics 实例 g,定义一个线性渐变画刷,填充矩形。

LinearGradientBrush　redBlueHorizontalLinearGradientBrush = new LinearGradient-Brush(

new Point(0,0),new Point(40,0),Color. Red,Color. Blue);

g. FillRectangle(redBlueHorizontalLinearGradientBrush,0,0,200,200);

本例的填充效果如图 8-3 所示。

图 8-3　水平线性渐变画刷填充矩形的效果

(5)PathGradientBrush

指路径渐变画刷,它通过渐变填充 GraphicsPath 对象的内部。基本构造函数:

• PathGradientBrush (GraphicsPath):使用指定的路径初始化 PathGradientBrush 类的新实例。

基本属性:

• CenterColor:获取或设置路径渐变的中心处的颜色。

• CenterPoint:获取或设置路径渐变的中心点。默认为路径的几何中心。

• SurroundColors:获取或设置与此 PathGradientBrush 填充的路径中的点相对应的颜色的数组。并不要求该数组中颜色的个数与路径的端点数对应。如果路径是一个矩形,而 SurroundColors 数组中有四个 Color 元素,则矩形的四个角分别依次具有这四种颜色;如果有三个 Color,则矩形的后两个角(第一个是左上角,顺时针计)具有相同的最后一种颜色;如果有五种颜色,则会引发异常。如果路径是一个椭圆,实际上会有 13 个端点,因为椭圆是通过 Bezier3 曲线画出来的。

【例 8-7】假设已经指定路径为一个五角星,定义该路径的路径渐变画刷。

PathGradientBrush pgBrush = new PathGradientBrush(path);

pgBrush. CenterColor = Color. Red;

Color[] colors = {Color. Blue,Color. Blue,Color. CadetBlue,Color. Cornsilk,Color. Blue};

pgBrush. SurroundColors = colors;

本例的填充效果如图 8-4 所示。

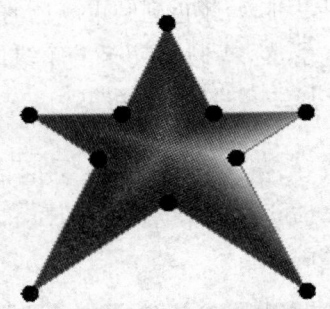

图 8-4 一个路径渐变画刷填充五角星的效果

5. GraphicsPath 类

GraphicsPath 类用来表示路径。GDI＋中的路径是独立于 Graphics 对象的，即使 Graphics 实例已经撤销，GraphicsPath 实例依然可以存在。

构造函数：

• GraphicsPath（）：用 Alternate 的 FillMode 值初始化 GraphicsPath 类的新实例。FillMode 枚举是路径的填充模式，有两种取值：交替 Alternate 和环绕 Winding。填充模式是判断一个点是否在路径内部，从而决定是否着色的算法。两种填充模式的原理，请参见计算机图形学等资料。

• GraphicsPath（FillMode）：使用指定的 FillMode 枚举初始化 GraphicsPath 类的新实例。

• GraphicsPath（Point[]，Byte[]）：使用指定的 PathPointType 和 Point 数组初始化 GraphicsPath 类的新实例。Point 数组是路径中的端点，对曲线来说，这些端点并不一定在路径上，例如贝塞尔曲线的控制端点。PathPointType 数组元素和 Point 数组元素是一一对应的，用来说明该端点的类型，这些类型用 PathPointType 枚举（该枚举的基类型是 Byte）来说明，如 PathPointType.Start 表示路径起始点，PathPointType.Bezier3 表示立方贝塞尔曲线的点。有了这些类型说明，系统就知道如何根据对应的端点来画出路径了。

• GraphicsPath（PointF[]，Byte[]）：使用指定的 PathPointType 和 PointF 数组初始化 GraphicsPath 数组的新实例。

• GraphicsPath（Point[]，Byte[]，FillMode）：使用指定的 PathPointType 和 Point 数组以及指定的 FillMode 枚举元素初始化 GraphicsPath 类的新实例。

• GraphicsPath（PointF[]，Byte[]，FillMode）：使用指定的 PathPointType 和 PointF 数组以及指定的 FillMode 枚举元素初始化 GraphicsPath 数组的新实例。

主要方法：

• AddEllipse：向当前路径添加一个椭圆。

• AddRectangle：向此路径添加一个矩形。还有多种方法支持向路径中添加图形元素，包括文字和子路径，不再详述。

• CloseAllFigures：闭合此路径中所有开放的图形并开始新的图形。它通过连接一条从图形的终结点到起始点的直线，闭合每一开放的图形。

• CloseFigure：闭合当前图形并开始新的图形。如果当前图形包含一系列相互连接的直线和曲线，该方法通过连接一条从终结点到起始点的直线，闭合该环回。

• StartFigure：不闭合当前图形即开始一个新图形。后面添加到该路径的所有点都被添加到此新图形中。

【例 8-8】定义一个 GraphicsPath 实例,其中有一条直线和一个矩形。

GraphicsPath path＝new GraphicsPath( );

path. AddLine(new Point(10,10),new Point(100,100));

path. AddRectangle(20,20,100,100);

此路径的 Point 数组中将包含 6 个点,对应的 PathPointType 数组中的 6 个元素的值均为 PathPointType. Line 枚举字节值。

7. Font 类

Font 类封装特定的文本格式,包括字体、字号、字形等。

基本构造函数:

• Font（String，Single)：使用指定的字体系列名称和大小初始化新 Font。大小以磅值为单位。

• Font（FontFamily，Single,FontStyle)：使用指定的字体系列、大小和字体风格初始化新 Font。字体风格是 FontStyle 枚举,包括 Regular,Bold,Italic,Strikeout,Underline。

字体系列 FontFamily 类定义有着相似的基本设计,但在形式上有某些差异的一组字样。其基本属性为 Families,该属性返回一个数组,该数组包含与当前图形上下文相关的所有 FontFamily 对象。FontFamily 对象都有一个名称,用 Name 属性访问。

【例 8-9】定义一个 Font 实例,宋体,16 磅。

Font font＝new Font("宋体",16);

8. Bitmap 类

Bitmap 类是 Image 类的派生类,因为它存储位图文件,常用来做基于像素的静止图像处理。

基本构造函数:

• Bitmap（String)：从指定的文件初始化 Bitmap 类的新实例。

常用属性:

• Height：获取此 Image 的高度(以像素为单位)。从 Image 继承。

• HorizontalResolution：获取此 Image 的水平分辨率(以"像素/英寸"为单位)。从 Image 继承。

• Size：获取此图像的以像素为单位的宽度和高度。从 Image 继承。

• VertialResolution：获取此 Image 的垂直分辨率(以"像素/英寸"为单位)。从 Image 继承。

• Width：获取此 Image 的宽度(以像素为单位)。从 Image 继承。

常用方法:

• GetPixel：获取此 Bitmap 中指定像素的颜色。

• MakeTransparent：已重载。使默认的透明颜色对此 Bitmap 透明。

• Save：已重载。将此图像以指定的格式保存到指定的流中。从 Image 继承。

• SetPixel：获取此 Bitmap 中指定像素的颜色。

• SetResolution：设置此 Bitmap 的分辨率。

8.2 GDI＋的图形编程

8.2.1 绘制图形小案例

下面将示例如何在窗体上绘制一个五子棋棋盘。先建立一个示例 Windows 应用程序，名称为 Gobang(五子棋)。为了美观，设置 Form1 的 BackgroundImage 属性为一幅图片，当然也可以在程序中用纹理画刷来绘制，请读者自行练习。

1. 在窗体类添加字段

(1)棋盘初始参数

需要设定棋盘格大小(LINE_SPACE)，还需要设定棋盘线数(LINE_COUNT)，一般为 15 * 15，绘制天元标记还需要设定标记的半径。具体设置各参数如下：

```
//以下数据设置比例与窗体 Size 有关，单位是像素，当前窗体 Size 为(506,583)
int LINE_SPACE = 32;
int LINE_COUNT = 15;
int CENTER_RADIUS = 3;   //天元位置小圆点的半径
```

(2)棋盘绘图参数

```
int BoardCenterX;     //中心点 X 坐标，用以标记天元位置等
int BoardCenterY;
int BoardLineLength;     //棋盘线长度，即方形棋盘的宽度和高度
int BoardLeft;     //棋盘矩形左上角 X 坐标
int BoardTop;     //棋盘矩形左上角 Y 坐标
```

(3)初始化棋盘绘图参数

在窗体构造函数中，计算棋盘绘图参数。

```
public Form1()
{
    InitializeComponent();

    //由窗体客户区宽度和高度计算出中心点，可以使棋盘居中
    BoardCenterX = ClientSize.Width / 2;
    BoardCenterY = ClientSize.Height / 2 + toolStrip1.Height;
    BoardLineLength = LINE_SPACE * (LINE_COUNT - 1);
    BoardLeft = BoardCenterX - LINE_SPACE * ((LINE_COUNT - 1) / 2);
    BoardTop = BoardCenterY - LINE_SPACE * ((LINE_COUNT - 1) / 2);
}
```

2. 获取 Graphics 实例

在窗体 Paint 事件委托函数中获取 Graphics 实例。

```
private void Form1_Paint(object sender, PaintEventArgs e)
```

```
{
    //画棋盘的方法
    drawBoard(e. Graphics);
}
```

3. 绘制棋盘

编写绘制棋盘的方法。

```
private void drawBoard(Graphics g)
{
    //棋盘标题
    string title="无禁手五子联珠游戏";
    Font font=new Font("隶书",25);
    SolidBrush blackBrush=new SolidBrush(Color. Black);
    //计算文字尺寸,以便使标题文字在棋盘顶线和窗体工具栏之间区域上垂直居中
    SizeF textSize=g. MeasureString(title,font);
    RectangleF textRect = new RectangleF(BoardCenterX - textSize. Width / 2,
     toolStrip1. Bottom + (BoardTop - toolStrip1. Height - textSize. Height)/2,
textSize. Width, textSize. Height);
    //显示标题
    g. DrawString(title, font, blackBrush, textRect);

    //画棋盘线的画笔
    Pen blackPen = new Pen(Color. Black, 1);

    //初始化棋盘线起始点坐标变量,
    float left = BoardLeft;
    float top = BoardTop;
    //纵线从上到下画,横线从左向右画,因此终止点坐标分量固定
    float RIGHT = BoardLeft + BoardLineLength;
    float BOTTOM = BoardTop + BoardLineLength;

    //循环画线
    for(inti = 0; i < LINE_COUNT; i++)
    {
        //横线
        g. DrawLine(blackPen, BoardLeft, top, RIGHT, top);
        //纵线
        g. DrawLine(blackPen, left, BoardTop, left, BOTTOM);
        //起始点坐标增量为棋盘方格边长
        left += LINE_SPACE;
```

```
        top += LINE_SPACE；
    }
    //画一个小圆点标记天元位置
    g. FillEllipse（blackBrush，BoardCenterX － CENTER_RADIUS，BoardCenterY
－ CENTER_RADIUS，CENTER_RADIUS ＊ 2，CENTER_RADIUS ＊ 2）；
}
```

绘制结果如图 8-5 所示。图中工具栏将在实训部分设置。

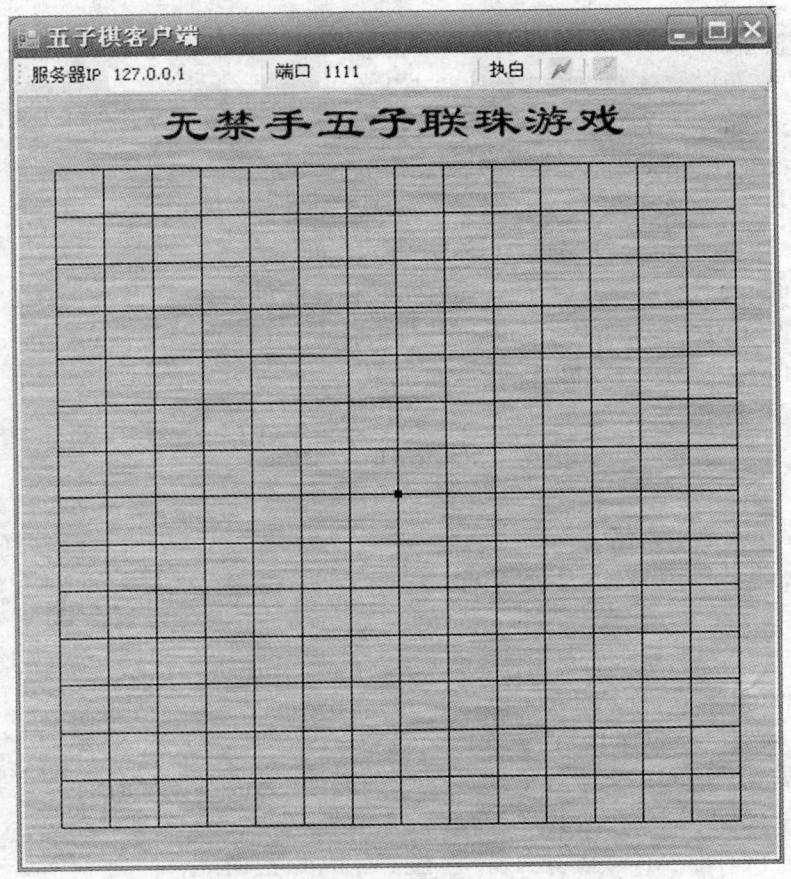

图 8-5　绘制棋盘的效果

8.2.2　填充图形小案例

本部分将接续上一部分的例子,示例用路径渐变画刷绘制立体感棋子。

1. 添加棋子大小参数

在 Form1 中添加棋子半径参数如下：

int COBBLE_RADIUS ＝ 15;//棋子半径

2. 获取 Graphics 实例

同样在窗体 Paint 事件委托函数中获取 Graphics 实例。添加绘制棋子的方法。

```
private void Form1_Paint(object sender, PaintEventArgs e)
{
    //画棋盘的方法
    drawBoard(e.Graphics);
    //画黑棋子的方法
    drawBlacks(e.Graphics);
    //画白棋子的方法
    drawWhites(e.Graphics);
}
```

3. 绘制棋子

为了简单起见,只在固定位置画棋子。如何根据用户单击某位置,或根据网络传来的位置,来画棋子,并且在绘制窗体时,画出所有棋子,参见实训部分。

下面编写在棋盘左上角绘制一枚白棋子的方法。

```
private void drawWhites(Graphics g)
{
    //为路径渐变画刷创建路径实例
    GraphicsPath path = new GraphicsPath();
    //在路径中添加圆形棋子轮廓,棋子中心点与棋盘左上角点重合
    path.AddEllipse(BoardLeft- COBBLE_RADIUS,BoardTop- COBBLE_RADI-
US,COBBLE_RADIUS * 2,COBBLE_RADIUS * 2);

    //定义棋子路径渐变画刷
    PathGradientBrush pgBrush = new PathGradientBrush(path);
    //白棋子中心点为不透明纯白色,视觉效果高亮度
    pgBrush.CenterColor = Color.FromArgb(255, 255, 255, 255);
    //将色彩路径渐变中心点设为棋子圆形的第一象限 45 度径线的中部
    pgBrush.CenterPoint = new PointF(BoardLeft +COBBLE_RADIUS / 2,Board-
Top -COBBLE_RADIUS / 2);
    //白棋子边界颜色,近白浅灰
    Color[] colors ={ Color.FromArgb(255, 200, 200, 200) };
    pgBrush.SurroundColors = colors;

    //填充棋子路径
    g.FillPath(pgBrush, path);
}
```

下面编写在棋盘中心点绘制一枚黑棋子的方法。

```
private void drawBlacks(Graphics g)
{
    GraphicsPath path = new GraphicsPath();
```

```
        path. AddEllipse(BoardCenterX— COBBLE_RADIUS,BoardCenterY— COBBLE
_RADIUS,COBBLE_RADIUS * 2,COBBLE_RADIUS * 2);

        PathGradientBrush pgBrush = new PathGradientBrush(path);
        //黑棋子中心点为不透明亮色
        pgBrush. CenterColor = Color. FromArgb(255, 150, 150, 150);
        pgBrush. CenterPoint = new PointF(BoardCenterX + COBBLE_RADIUS / 2,
BoardCenterY —COBBLE_RADIUS / 2);
        //黑棋子边界为不透明黑色,
        Color[] colors ={ Color. FromArgb(255, 0, 0, 0) };
        pgBrush. SurroundColors = colors;

        //填充棋子路径
        g. FillPath(pgBrush, path);
    }
```

绘制结果如图 8-6 所示。

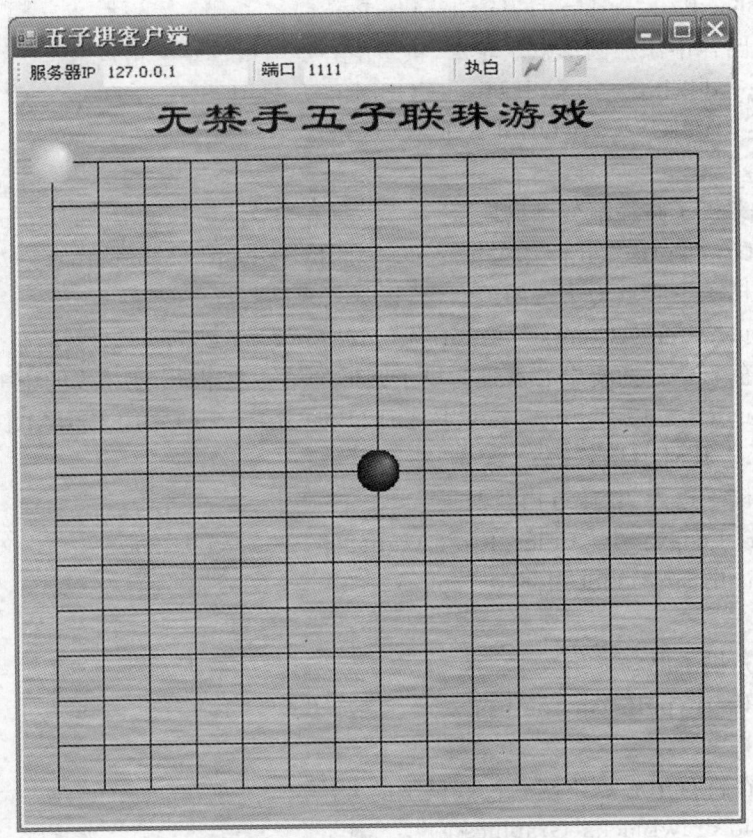

图 8-6   绘制棋子的效果

8.2.3 显示文字小案例

在前面绘制棋盘标题时已经演示了显示文字的操作。下面编写一段小程序遍历当前可用的 FontFamily,并用该字体显示其名称。

```
PointF p=new PointF(0,100);
foreach(FontFamily f in FontFamily. Families)
{
    g. DrawString(f. Name, new Font(f, 10), new SolidBrush(Color. White), p);
    p=PointF. Add(p, new Size(0, 15));
}
```

请读者自行新建项目,将上述代码放到合适的方法中,进行测试。

8.2.4 位图图像处理小案例

本部分将编写一个图像处理小程序,可以进行背景透明处理、浮雕风格处理、在背景中移动图像等操作。

新建一个 Windows 应用程序,名称:DemoBitmap。

1. 设置窗体控件

在窗体上放置如表 8-1 所示的控件。界面设计效果如图 8-7 所示。

表 8-1 位图图像处理小案例控件表

控件类型	属　　性	事件委托
PictureBox	Name:pictureBox1	
PictureBox	Name:pictureBox2	
Button	Name: buttonDrawFirst Text:画第一幅	Click:buttonDrawFirst_Click
Button	Name: buttonTransparent Text:透明	Click:buttonTransparent_Click
Button	Name:buttonEmboss Text:浮雕	Click:buttonEmboss_Click
Button	Name:buttonDrawSecond Text:画第二幅	Click:buttonDrawSecond_Click
Button	Name:buttonComposeMove Text:组合动画	Click:buttonComposeMove_Click

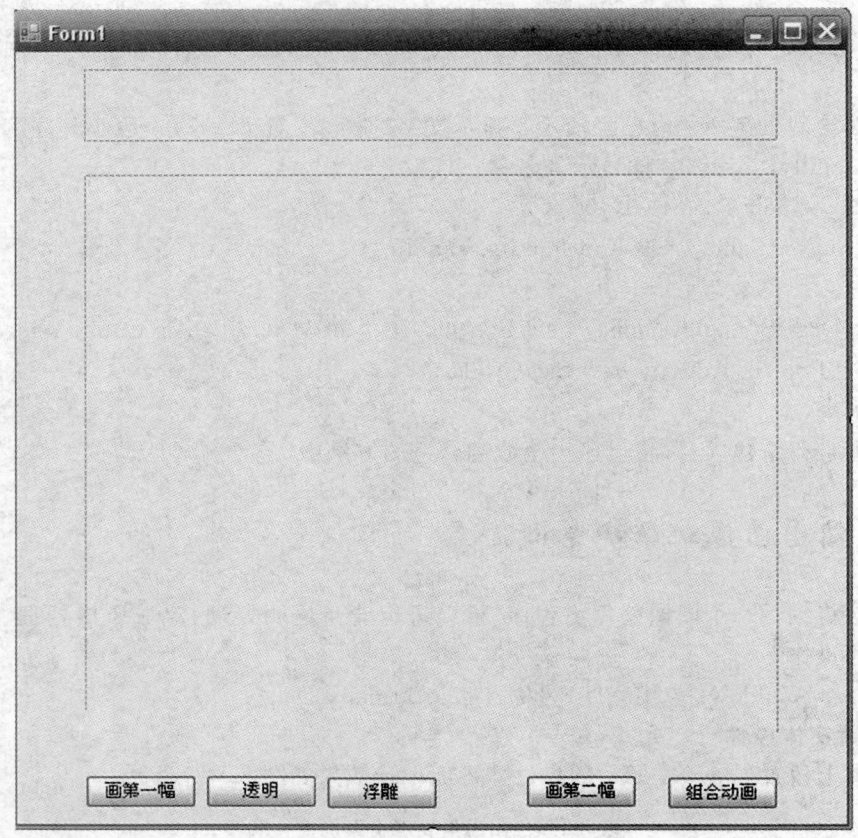

图 8-7   位图图像处理小案例界面设计效果

2. 添加图像资源

在"解决方案管理器"中,展开"Properties"结点,双击其中的"Resources. resx",在主界面出现的"Resources. resx"选项卡中,选择"添加资源"下拉按钮的"添加现有文件..."项,在"将现有文件添加到资源中"对话框中,选择一个图片文件添加到项目资源中。本例使用了"Winter. jpg"文件,默认资源名称为 Properties. Resources. Winter。

3. 编写代码

(1)填充背景和绘制文字

单击"画第一幅"按钮,将在 pictureBox1 中画出一幅图片,绿色背景上用隶书、20 磅、粗体显示了"Visual C# 2005 程序设计基础"字样。代码如下:

```
private void buttonDrawFirst_Click(object sender, EventArgs e)
{
    //新建与 pictureBox1 大小相同的位图,以便在上面填充背景和绘制文字
    Bitmap bmp = new Bitmap(pictureBox1. Width, pictureBox1. Height);
    //按指定单位,获取位图矩形尺寸
    GraphicsUnit gu = GraphicsUnit. Pixel;
    RectangleF bmpRect = bmp. GetBounds(ref gu);
```

```
    //获取位图画布
    Graphics g = Graphics.FromImage(bmp);

    //填充绿色背景
    SolidBrush greenBrush = new SolidBrush(Color.Green);
    g.FillRectangle(greenBrush, bmpRect);

    //文字和字体
    string text = "Visual C# 2005 程序设计基础";
    Font font = new Font("隶书", 20, FontStyle.Bold);
    //文字位置在位图中水平、垂直均居中
    SizeF textSize = g.MeasureString(text, font);
    PointF textPoint = new PointF(bmpRect.Left + (bmpRect.Width - textSize.
Width) / 2,
         bmpRect.Top + (bmpRect.Height - textSize.Height) / 2);

    //绘制红色文字
    SolidBrush redBrush = new SolidBrush(Color.Red);
    g.DrawString(text, font, redBrush, textPoint);

    //将绘制和填充完毕的位图传递给 pictureBox1 显示
    pictureBox1.Image = bmp;
}
```

(2)透明处理

单击"透明"按钮,将 pictureBox1 中的图片背景处理为透明。

```
private void buttonTransparent_Click(object sender, EventArgs e)
{
    //获取 pictureBox1 的图像,视为位图
    Bitmap bmp = ((Bitmap)pictureBox1.Image);
    //将位图左上角像素的颜色视为应该处理为透明的颜色
    bmp.MakeTransparent(bmp.GetPixel(0,0));
    //pictureBox1 刷新显示
    pictureBox1.Refresh();
}
```

(3)浮雕效果

单击"浮雕"按钮,对 pictureBox1 中的图片进行浮雕效果处理。

```
private void buttonEmboss_Click(object sender, EventArgs e)
{
    Cursor = Cursors.WaitCursor;
```

```
//获取 pictureBox1 的图像,转换为位图
Bitmap bmp = (Bitmap)pictureBox1. Image;

//逐列遍历位图中所有像素
for(int x = 0; x < bmp. Width; x++)
{
    int y;
    for( y = 0; y < bmp. Height-1; y++)
    {
        //获得当前像素点颜色和下方相邻像素点颜色
        Color c = bmp. GetPixel(x, y);
        Color c1 = bmp. GetPixel(x , y + 1);

        //以下是浮雕效果的一种算法
        int r = c1. R - c. R + 127;
        int g = c1. G - c. G + 127;
        int b = c1. B - c. B + 127;

        r = r > 255 ? 255 : r < 0 ? 0 : r;
        g = g > 255 ? 255 : g < 0 ? 0 : g;
        b = b > 255 ? 255 : b < 0 ? 0 : b;

        //设置于位图当前像素颜色为浮雕处理过的颜色
        bmp. SetPixel(x,y,Color. FromArgb(r,g,b));
    }
    //最右一列像素未参加循环处理,使其与左邻像素相同颜色
    bmp. SetPixel(x,y,bmp. GetPixel(x,y-1));
}
//pictureBox1 刷新显示
pictureBox1. Refresh();
Cursor = Cursors. Default;
}
```

(4)从资源中获取图像

单击"画第二幅图"按钮,从应用程序资源中获得图像,剪切放入 pictureBox2。

```
private void buttonDrawSecond_Click(object sender, EventArgs e)
{
    //新建位图,获取原始图片资源,尺寸不定,本例中比 pictureBox2 尺寸大
    Bitmap bmp = new Bitmap(Properties. Resources. Winter);
    //新建位图,尺寸与 pictureBox2 相同
```

```
        Bitmap cutBmp = new Bitmap(pictureBox2. Width, pictureBox2. Height);
        //获取画布,其尺寸与 pictureBox2 相同
        Graphics g = Graphics. FromImage(cutBmp);
        //在原始位图上剪切与 pictureBox2 尺寸相同的部分位图画到画布上
        g. DrawImage (bmp, new Rectangle (0, 0, pictureBox2. Width, pictureBox2. Height));
        //处理完毕的位图传递给 pictureBox2 显示
        pictureBox2. Image = cutBmp;
    }
```

(5)一幅图像作为动画,另一幅作为背景,实现底部飞入效果

单击"组合动画"按钮,将 pictureBox1 中的图像作为动画,从 pictureBox2 的底部飞入。以下是动画移动的过程:

第一步,做背景图的"干净"拷贝 c;

第二步,将动画在背景图某区域 a 与之复合得到组合图 d,背景图变"脏";

第三步,显示;

第四步,用背景图的拷贝 c 的区域 a 覆盖"脏"的背景图 d 的区域 a;使背景图变"干净";

第五步,计算动画移动的新区域,更新 a;

第六步,重复第二到第五步。

```
private void buttonComposeMove_Click(object sender, EventArgs e)
{
        //新建位图保存 pictureBox2 与 pictureBox1 复合前的图像,留作擦除用
        Bitmap originBmp = new Bitmap(pictureBox2. Image);
        //获取 pictureBox2 的画布
        Graphics g=Graphics. FromImage(pictureBox2. Image);
        //按指定单位获取 pictureBox2 的矩形区域,将成为动画的背景区域
        GraphicsUnit gu=GraphicsUnit. Pixel;
        Rectangle picture2Rect=Rectangle. Truncate(pictureBox2. Image. GetBounds(ref gu));
        //按指定单位获取 pictureBox1 的矩形区域,将成为动画的源矩形区域
        Rectangle srcRect = Rectangle. Truncate (pictureBox1. Image. GetBounds (ref gu));

        //动画部分在背景区域上的初始位置在背景底部,动画和背景宽度相同
        Point location = new Point(picture2Rect. Left, picture2Rect. Bottom);
        //每次绘制,动画的移动幅度,水平方向不动,垂直每次移动一个像素
        Size offset = new Size(0, 1);
        //动画位置矩形
        Rectangle positionRect;
        //处理动画移动的循环,范围是从背景底部到顶部的整个高度区间,
```

```
for(int h = 1; h < picture2Rect. Height; h+ = offset. Height)
{
        //本次次移动的动画矩形位置,还作擦除用的源矩形区域
        positionRect = new Rectangle(location, srcRect. Size);
        //将作为动画的 picture1 的图像复制到画布上动画新位置
        g. DrawImage(pictureBox1. Image, positionRect, srcRect, gu);
        //pictureBox2 的图像刷新显示
        pictureBox2. Refresh();
        //将事先保存的背景图部分绘制到画布,将上次被动画覆盖的部分还原
        g. DrawImage(originBmp, positionRect, positionRect, gu);
        //计算动画新位置
        location = Point. Subtract(location, offset);
        //下次绘制的目标矩形区域
        positionRect = new Rectangle(location, srcRect. Size);
    }
}
```

本案例执行效果如图 8-8 所示。

图 8-8　位图图像处理小案例执行效果

8.3   播放声音和视频

8.3.1   Windows Media Player 控件简介

Windows Media Player 是微软在 Windows 操作系统中捆绑的多媒体播放器,用它可以播放当前最流行格式的音频、视频和大多数混合型的多媒体文件。微软同时还提供了 Windows Media Player 的 ActiveX 控件,该控件提供了丰富的方法和事件来对视频和音频播放进行控制,在开发程序中使用它,完全可以实现 Windows Media Player 的功能。

该控件的主要属性:

- URL:要播放的音频或视频文件的 URL。默认只要设置该属性,就立即播放。
- fullScreen:是否全屏幕播放。
- enableContextMenu:是否允许使用右键菜单。
- Ctlenabled:各控制按钮是否可用。

8.3.2   Windows Media Player 控件的小案例

新建一个 Windows 应用程序项目,名为:WindowsMediaPlayer。

1. 添加 Windows Media Player 控件到工具箱

右击工具箱,单击"选择项",打开"选择工具箱项"对话框。

单击对话框中的"COM 组件"选项卡,选中"Windows Media Player"组件,如图 8-9 所示,再单击"确定"按钮。

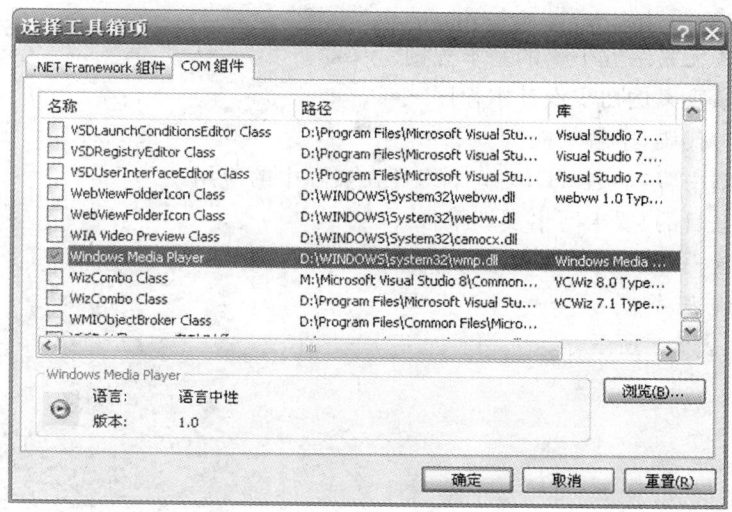

图 8-9 "选择工具箱项"对话框

在工具箱中会出现 Windows Media Player 控件。

2. 添加并设置 Windows Media Player 控件

从工具箱拖放一个 Windows Media Player 控件到 Form1,默认的实例名称为 axWindowsMediaPlayer1。

假设在 C 盘根目录存在视频文件 test. avi,则在属性面板中设置 axWindowsMediaPlayer1 的 URL 属性为:C:\test. avi。

现在运行程序,就可以播放视频和声音了。

8.4 本章小结

本章介绍了多媒体应用程序开发。主要阐述了 GDI+的结构和使用 GDI+绘制和填充图形、图像,以及输出文字的方法,还介绍了一种简单的播放声音和视频的方法。但本章对图形变换等没有探讨,请需要开发 CAD 程序的读者,查阅介绍 GDI+的专门书籍。

在 GDI+的基本应用中,Graphics 是画图对象,是类似于画布的呈现对象,说明在哪儿画;Pen 和 Brush 是绘制和填充的工具,说明怎样画;Point,Rectangle,Image,String 等是被绘制和填充的对象,说明画什么。

学习本章,应该能够理解基本 GDI+应用程序,初步掌握简单多媒体应用程序的设计方法。

8.5 实训:无禁手五子棋二人对下程序设计

实训目的

(1)熟悉 GDI+各种组件的应用。

(2)了解简单的多媒体应用程序开发。

实训要求

(1)预先了解无禁手五子棋的基本规则。

(2)根据本章小案例初步设计本程序。

(3)分析参考代码,了解功能。

(4)对照本章内容,掌握 GDI+基本组件在实际中的应用。

(5)根据以上目的、要求写出实训报告。

1. 服务器端

(1)主要控件表。

主要控件如表 8-2 所示。

表 8-2   五子棋程序控件表

控件类型	属 性	事件委托
Form1	Text：五子棋服务器端 Size：504,581 FormBoardStyle：FixedSingle BackgroundImage：BackGround 资源	Click：Form1_Click FormClosing：Form1_FormClosing MouseMove：Form1_MouseMove Paint：Form1_Paint
ToolStrip	Items： toolStripLabel1， toolStripTextBoxServerIP， toolStripSeparator1， toolStripLabel2， toolStripTextBoxPort， toolStripSeparator2， toolStripButtonLink， toolStripSeparator4， toolStripButtonDelink	toolStripButtonLink_Click toolStripButtonDelink_Click
Timer	Name：timer1	

(2)参考代码。

Form1.cs 和 TcpServer.cs 的参考代码，可从支持网站下载。

2. 客户端

控件表类似服务器端。

Form1.cs 和 TcpClient.cs 的参考代码，可从支持网站下载。

8.6   习题

1. 试将实训中的程序中的棋子设为方形彩色棋子。

2. 去除实训中 Form1 的 BackgroundImage 属性，而在 drawBoard 方法中用纹理画刷填充 Graphics 对象，从而获得背景图。

3. 参照 8.3，在工具箱中添加 Shockwave Flash Object 控件，以播放 Flash 动画。

4. 参照 8.2.4，在掌握使用 PictureBox 控件，获得相应的 Graphics 对象，添加图形，然后刷新 PictureBox 控件显示的方法的基础上，修改实训程序，使用 PictureBox，令画焦点棋子和获胜棋子时不必重画棋盘和所有棋子，以提高程序性能。

参 考 文 献

[1]Microsoft Corporation,Microsoft Developer Network,www. microsoft. com/china/msdn/default. as-px,2006 年.

[2]Timothy C. Lethbridge,Robert Laganiere 著,张红光,温遇华,徐巧丽,张楠译.《面向对象软件工程》,北京,机械工业出版社,2003 年.

[3]Simon Robinson,Ollie Cornes 等著,康博译.《C♯高级编程》第 2 版,北京,清华大学出版社,2002 年.

[4]郭文夷,戴芳胜等编著.《Visual C♯.NET 可视化程序设计》,上海,华东理工大学出版社,2005 年.

[5]王昊亮,李刚等编著.《Visual C♯程序设计教程》,北京,清华大学出版社,2003 年.

[6]孙维煜,刘杰,胡方霞,陈发吉等编著.《C♯案例开发》,北京,中国水利水电出版社,2005 年.

[7]鼎新,查礼编著.《C♯程序设计基础》,北京,清华大学出版社,2002 年.